内生安全

新一代网络安全框架体系与实践

奇安信战略咨询规划部　奇安信行业安全研究中心 著

人 民 邮 电 出 版 社
北 京

图书在版编目（CIP）数据

内生安全 ：新一代网络安全框架体系与实践 / 奇安信战略咨询规划部，奇安信行业安全研究中心著. -- 北京 ：人民邮电出版社，2021.4
ISBN 978-7-115-55848-0

Ⅰ. ①内… Ⅱ. ①奇… ②奇… Ⅲ. ①计算机网络－网络安全－研究 Ⅳ. ①TP393.08

中国版本图书馆CIP数据核字(2020)第268265号

内 容 提 要

本书是奇安信公司对内生安全理念以及实施策略的深度解读，详细介绍了内生安全理念的产生背景、内生安全的内涵与特性、内生安全建设的方法论基础、内生安全的关键要素等内容。本书还阐述了“新一代网络安全框架”的具体内容和建设方法，具体包括新一代身份安全、重构企业级网络纵深防御、数字化终端及接入环境安全、面向云的数据中心安全防护、面向大数据应用的数据安全防护、面向实战化的全局态势感知体系、面向资产/漏洞/配置/补丁的系统安全、工业生产网安全防护、内部威胁防护体系、密码专项十大工程，以及实战化安全运行能力建设、安全人员能力支撑、应用安全能力支撑、物联网安全能力支撑、业务安全能力支撑五大任务。

本书可以为政企“十四五”网络安全的规划、设计提供思路与建议。新一代网络安全框架从甲方视角、信息化视角、网络安全顶层视角呈现出政企网络安全体系全景，通过以能力为导向的网络安全体系设计方法，规划出面向“十四五”期间的建设实施项目库（重点工程与任务），并设计出将网络安全与信息化相融合的目标技术体系和目标运行体系，可供政企参考借鉴。

◆ 著　　　奇安信战略咨询规划部
　　　　　奇安信行业安全研究中心
责任编辑　傅道坤
责任印制　王　郁　彭志环

◆ 人民邮电出版社出版发行　　北京市丰台区成寿寺路 11 号
邮编　100164　　电子邮件　315@ptpress.com.cn
网址　https://www.ptpress.com.cn
北京科印技术咨询服务有限公司数码印刷分部印刷

◆ 开本：720×960　1/16
印张：17.25　　　　　2021 年 4 月第 1 版
字数：326 千字　　　　2025 年 3 月北京第19次印刷

定价：89.00 元

读者服务热线：(010)81055410　印装质量热线：(010)81055316
反盗版热线：(010)81055315

编委会

作者简介

奇安信战略咨询规划部：负责奇安信战略咨询规划业务，针对“十四五”规划、新基建与数字化转型，以系统工程方法，结合政企大型机构的业务战略与信息化战略，为政企机构梳理网络安全战略目标；并以“内生安全框架”体系规划设计方法与工具，从“技术、管理、运行”的多个视角，为政企机构进行它们所需的网络安全能力体系的梳理，从“顶层规划、体系设计、实现设计”不同层面，帮助政企机构进行规划设计、可研报告、概要设计、路线图等设计工作；以“三同步”原则，推进网络安全和信息化的“全面覆盖、深度融合”，帮助政企构建动态综合的网络安全防御体系及实战化运行体系，为政企数字化业务发展保驾护航。

奇安信行业安全研究中心（以下简称中心）：奇安信集团旗下专注于行业网络安全研究的机构，为政府、公安、军队、保密、交通、金融、医疗卫生、教育、能源等行业客户及监管机构提供专业安全分析与研究服务。

中心以奇安信集团的安全大数据、全球威胁情报大数据为基础，结合前沿网络安全技术、国内外政策法规，以及两千余起应急响应事件的处置经验，全面展开行业级、领域级、国家级网络安全研究。

中心自2016年成立以来，已累计发布各类专业研究报告100余篇，共计300余万字，在勒索病毒、信息泄露、网站安全、APT（高级持续性威胁）、应急响应、人才培养等多个领域的研究成果受到海内外网络安全从业者的高度关注。

同时，中心还联合各个专业团队，主编出版了多本网络安全图书专著，包括《走近安全：网络世界的攻与防》《透视APT：赛博空间的高级威胁》《应急响应》《网络安全应急响应技术实战指南》《工业互联网安全：百问百答》等，为网络安全知识的深度传播做出了重要贡献。

章节贡献人

第 1 章	信息化的发展与安全的挑战	许传朝、裴智勇
第 2 章	内生安全的内涵与特性	李建平、裴智勇
第 3 章	内生安全建设的方法论基础	韩永刚、王轴可、刘前伟
第 4 章	新一代网络安全框架	杨　波、刘　洋、刘前伟
第 5 章	新一代身份安全	张泽洲、金　一
第 6 章	重构企业级网络纵深防御	陆明烈
第 7 章	数字化终端及接入环境安全	张晓兵、林晓明
第 8 章	面向云的数据中心安全防护	刘　浩、周　灿、林玉波
第 9 章	面向大数据应用的数据安全防护	刘川意、段少明、潘鹤中、向夏雨、李新鹏、刘前伟
第 10 章	面向实战化的全局态势感知体系	黄　海、马江波、尹智清
第 11 章	面向资产/漏洞/配置/补丁的系统安全	赵梦虎、伍星亮、佟　彤、邬　怡
第 12 章	工业生产网安全防护	宋　强
第 13 章	内部威胁防护体系	丁大鹏
第 14 章	密码专项	乔思远、金　一
第 15 章	实战化安全运行能力建设	潘　山、尹智清
第 16 章	安全人员能力支撑	杨东晓、冯　涛、柯善学
第 17 章	应用安全能力支撑	李　钠、刘前伟
第 18 章	物联网安全能力支撑	刘宇馨
第 19 章	业务安全能力支撑	卢维清

序

随着数字经济时代的到来，政府和企业开始全面实施网络化、数字化，业务和数据的安全性也因此成为重中之重。尤其是伴随着 5G、数据中心、工业互联网等新型基础设施建设的推进，数字经济加速向纵深发展，传统基础设施亟需转型升级，这进而形成了融合基础设施，加速了物理与虚拟边界的消融，带来了全新的安全挑战。

内生安全重塑网络安全体系

在新的网络安全形势下，政企机构的网络安全投入不断增加，但与此同时，网络攻击、数据泄露事件依然层出不穷。网络安全行业陷入投入不断增加、安全形势却日益严峻的尴尬局面。安全威胁之所以“防不住”，主要原因是传统的产品堆叠的网络安全体系已经不能有效应对当前的网络安全挑战。在传统的互联网时代，网络安全企业和个人习惯采取“事后补救”的措施来应对网络威胁，也就是等出了事后再采取安全措施。这种方式往往是“头痛医头、脚痛医脚”，是局部的、针对单点的，而不是彻底的和全面的。这种“局部整改”为主的安全建设模式，导致网络安全体系化缺失、碎片化严重、协同能力差，使得网络安全防御能力与数字化业务的保障要求严重不匹配。

为了满足数字化建设的安全防护需求，政企机构必须抛弃这种“事后补救”的安全建设思路，将防护关口前移，防患于未然，通过内生安全系统的工程建设，构建全面的“事前防控”网络安全防护体系，用“实战化、体系化、常态化”的要求，实现动态防御、主动防御、纵深防御、精准防护、整体防控、联防联控。

“内生安全”通过系统聚合、数据聚合和人的聚合，内置于信息化环境中并不断自我生长出安全能力。内生安全有“一个中心，五个滤网”，从网络、数据、应用、行为、身份这 5 个层面来有效实现对网络安全体系的管理，从而构建无处不在、处处结合、实战化运行的安全能力体系。

内生安全落地的关键是框架

内生安全的实施是一套复杂的系统工程，需要一个新形态的能力体系做支撑，需要用工程化、体系化的方式实施，而实施的关键就是安全框架。

在信息化系统功能越来越多、规模越来越大、与用户的交互越来越深时，单一的、堆叠的安全产品和服务（哪怕是最新最先进的）都无法保证不被黑客攻破。但是，内生安全系统能够让安全产品和服务相互联系、相互作用，在整体上具备单个产品和服务所没有的功能，从而保障复杂系统的安全。

过去 20 年，在信息化建设方面，国内外采用的是系统工程思想，通过行之有效的 EA（Enterprise Architecture，企业架构）方法论与框架，引导与推动了大规模、体系化、高效整合的信息化建设，很好地支撑了各行业的业务运营。针对网络安全，有些西方国家采用体系化思想，设计出了适应它们的发展阶段的 NIST（美国国家标准与技术研究院）等框架。但由于我国的网络安全基础比较薄弱，无法套用西方现成的框架进行安全体系建设，因此采用了“局部整改”为主的安全建设模式。

针对我国的国情，我们提出了“内生安全——新一代网络安全框架”，从工程实现的角度，将安全需求分步实施，逐步建成面向未来的安全体系。这套框架从顶层视角出发，以系统工程的方法论结合内生安全的理念，支撑各行业的建设模式从“局部整改外挂式”走向“深度融合体系化”，在数字化环境内部建立无处不在的网络安全“免疫力”，真正实现内生安全。

框架实施的关键是组件

内生安全要想成功落地，最理想的情况是建设一个完整的框架。但现实情况是，大多数政府和企业的信息化系统都是新老结合，往往需要花费若干年的时间，才能完成对老系统的替换。这是一个“立新破旧”的过程。从安全系统与信息化系统聚合的实施角度来看，如果对老系统用老办法，对新系统用新办法，则未来老系统被替代时，老的安全系统也不得不替换掉，这种割裂的处理方式将造成巨大的浪费。这就要求我们对安全体系进行统一设计，并分步实施。在安全体系的基础上，把安全框架组件化，让这些组件既是新体系的一部分，又能部署到老系统中，从而适应信息化系统这种渐进式的、立新破旧的过程，以避免不断地把安全系统推倒重来，并确保现在安全上的投资是面向未来的。

我们用工程化的思想，把安全体系中的安全能力，映射成为可执行、可建设的网络安全能力组件，由此构成了内生安全框架。这些组件与信息化系统进行体系化的聚合，是安全框架落地的关键。

在“内生安全——新一代网络安全框架”中，我们设计解构出了“十大工程、五大任务”，这是该框架的具体落地指导，涵盖了当前所有的主流场景以及与技术相关的信息化系统所需要的安全能力。这个体系中包含了 130 多个信息化组件、79 类网络安全组件，覆盖了 29 个安全域场景。这相当于打造了一个信息化巨系统内生安全框架的建设样板，每一个工程和任务都可以理解成样板房里的不同“房间”。政企机构可以结合自身信息化的特点，选取不同的“房间”进行组合，定义自己的关键工程和任务。

“内生安全——新一代网络安全框架”的意义

“内生安全——新一代网络安全框架”是从信息化的角度规划安全建设，立足解决未来 10～20 年的网络安全问题。这一框架可以指导政企机构进行体系化的网络安全规划建设，从过去“局部整改为主的外挂式”建设模式走向“深度融合的体系化”建设模式，使之能够输出体系化、全局化、实战化的网络安全能力，构建出动态综合的网络安全防御体系。

“内生安全——新一代网络安全框架”催生了新的安全需求，为网络安全生态发展创造了更大的空间。要满足新的网络安全需求，必须借助生态整合的力量，协同网络安全厂商、基础设施厂商、应用开发厂商，以及教育、科研机构、主管部门和用户，共同打造“产、学、研、用、管”一体化的网络安全产业生态。

——齐向东，奇安信集团董事长

前言

经历了过去二十多年的发展，网络安全已经落后于以体系化发展的信息化，与信息化发展不匹配，不仅仅是安全能力达不到要求，还存在规模落差、成熟度落差和覆盖面落差。这不但无法支撑数字化、智能化时代的信息化保障，同时也带来了网络安全产业发展自身的诸多问题，比如小规模、零散化、同质化。要解决网络安全发展问题，不能依靠单个产品创新，也不是等待政策的来临，更不能要求客户无限制地增加预算。

网络安全产业要改变零散发展的模式，重要的是从信息化的角度，采用面向规划的新一代网络安全框架，构建内生安全能力，同时布局产业增长。

根据中国信息通信研究院 2019 年的数据，我国网络安全产业规模为 608 亿元，在整个数字经济产业中占比只有 1.7%；而 IDC（国际数据公司）的数据显示，网络安全投入在 IT 整体预算中的占比仅为 1.84%，不仅远低于美国的 4.78%，甚至低于全球平均的 3.74%。网络安全产业规模与市场预期不平衡，与数字化转型和数字经济发展所需要的信息化保障能力不匹配，网络安全产业亟待破解规模小的困局。

奇安信自 2014 年成立以来，一直在开展技术创新，提出了包括数据驱动安全等创新理念。但在逐渐壮大规模的过程中，奇安信也碰到了业界很多网安企业都面临的问题——如何破解产业规模小的困局。

回顾网络安全产业的发展历程，过去主要受事件和合规驱动，并没有相应的方法论，网络安全建设非常零散，而且多是应激式的局部建设。网络安全建设长期存在缺规划、缺预算、缺人手、缺运营的情况，这导致其难以支撑数字化、智能化时代的信息化保障。

近年来，实战演练正在成为监督、检查和检验网络安全工作和能力水平的常态化手段。事实证明，实战演练对于网络安全的推动效果十分明显，如何常态化对抗威胁是亟待解决的难题。

如何解决这一难题，扩大网络安全产业规模，这一直困扰着网络安全行业的每个人。

在信息化的重构和新建过程中，在云网改造、大数据系统建设，以及业务、数据和应用发生变化时，通过系统融合、数据融合、人员融合，实现网络安全能力与信息化环境的融合内生，在这个过程中可以有效地把安全方法论与 IT（信息技术）对标，解决网络安全落后于信息化发展的主要问题。

信息化使用 EA（企业架构）方法论，将信息化从零散的建设发展到系统化的服务，使信息化有更好的发展和未来。对网络安全来说，在规划建设信息化系统时就嵌入安全机制和措施；同时，在规划时确立安全运行的机制；这种机制可以有效破解产业规模小、发展散乱的困境。

要改变过去网络安全零散发展的模式，以甲方视角，从信息化角度，用面向规划的内生安全框架来布局产业增长。所谓内生安全框架，是指奇安信基于长期政企网络安全防护实践形成的安全框架。该框架的核心是指导政企机构体系化的网络安全规划建设，从过去局部整改为主的外挂式建设模式走向深度融合的体系化建设模式，使之能够输出体系化、全局化、实战化的网络安全能力，以内生安全理念建立数字化环境内部无处不在的“免疫力”，构建出动态综合的网络安全防御体系。而在这个过程中，通过规划、建设、服务等扩大网络安全预算，进而提升网络安全产值。内生安全框架具有集约化和工程化的特点，更符合我国政企机构通过开展“五年规划”来集中力量办大事、解决大问题的成功做法。

内生安全框架的落地实践可以总结为：一套方法论、四个放大器、两个全景模型、贯穿项目全生命周期和两个确保。其中，一套方法论是指从信息化角度，用系统工程思想与 EA 方法进行网络安全规划设计，以能力为导向，以架构为驱动。基于这套方法论形成了安全产业的四个放大器：一是基于 SANS（美国系统网络安全协会）的滑动窗口模型识别出客户所需的所有安全能力；二是安全能力与信息化深度融合；三是安全能力全面覆盖信息化环境；四是形成可闭环运行体系。通过采用工程化思想，规划建设内生安全框架，最终会生成两个全景模型——通过规划形成政企机构防御技术全景模型和政企机构防御运行全景模型，以此指导政企机构的网络安全防御体系的建设和运行。与此同时，网络安全服务过程将贯穿项目全生命周期——从规划、可研、立项、招投标、集成交付到可运行，确保客户安全项目可建设、能运行。

由此，可以形成一个巨大的网络安全服务化的市场。以内生网络安全框架体系的两个全景模型为基础可以生成网络安全建设视图和网络安全产业机遇地图，可用于指导网络安全产业的创新和发展。

内生安全框架对于政企机构来说，可以帮助规划设计和落地，同时推动政企机构需求侧的不断打开，由此拓宽供给侧的市场。这对于网络安全行业而言，可实现标准化、体系化、集约化生产，加快形成布局合理、分工有序、相互衔接的规模效应，从而告别此前的“小零同”（小规模、零散化、同质竞争）状况，在更宽的赛道上发展。

在这个过程中，整个国家的网络空间安全亦将受益。因为通过体系化的建设，关键信息行业与机构真正拥有的网络安全能力体系，将成为国家网络空间中有效防御的一环，保障整体的国家网络安全战略落地。

在《中共中央关于制定国民经济和社会发展第十四个五年规划和二〇三五年远景目标的建议》（以下简称《建议》）中，提出了加快数字化发展，并明确要求保障国家数据安全，加强个人信息保护；《建议》提出了统筹发展和安全的新理念，网络安全作为国家安全能力体系的一部分，要全面加强网络安全保障体系和能力建设。

网络安全行业要抓住“十四五”规划机会，落实中央要求，面向国家大数据战略的信息化发展保障需要，依托内生安全框架进行网络安全顶层规划，指引网络安全建设从“零散”走向“全局”，彻底改变过去“头痛医头、脚痛医脚”的局部的、针对单点的建设模式，走向彻底、全面解决问题的体系化全局建设模式，全面加强网络安全保障体系和能力建设，为国家大数据战略保障护航。

本书组织结构

本书分为以下 3 个部分。

- 第 1 部分：为什么需要内生安全

本部分通过梳理我国信息化发展历程和网络安全发展历程，结合国家网络安全战略的新要求和数字化时代安全的新挑战，解释当前的信息化为什么需要内生安全。

- 第 2 部分：什么是内生安全

本部分详细阐述了内生安全的理念、特点、优势、价值，以及落地的三大关键因素，首次披露了内生安全的方法论基础，并且对新一代网络安全框架进行了全面解读。

- 第 3 部分：怎样建设内生安全

本部分详细介绍了落实“内生安全——新一代网络安全框架”的十大工程、五大任务的具体内容，对每一个工程或任务的产生背景、基本概念、设计思想、总体架构、关键技术、预期成效、建设要点与方法进行了说明。

致谢

在本书的内容组织过程中，以及“内生安全——新一代网络安全框架”理论的梳理、归纳和提升中，信息化和网络安全专家王轴可贡献了大量实践经验和智慧，帮助提升了本书内容的系统性、专业性、指导性和实用性，在此特别表示感谢。

——吴云坤，奇安信集团总裁

资源与支持

本书由异步社区出品，社区（https://www.epubit.com/）为您提供相关资源和后续服务。

提交勘误

作者和编辑尽最大努力来确保书中内容的准确性，但难免会存在疏漏。欢迎您将发现的问题反馈给我们，帮助我们提升图书的质量。

当您发现错误时，请登录异步社区，按书名搜索，进入本书页面，单击“提交勘误”，输入勘误信息，单击“提交”按钮即可。本书的作者和编辑会对您提交的勘误进行审核，确认并接受后，您将获赠异步社区的 100 积分。积分可用于在异步社区兑换优惠券、样书或奖品。

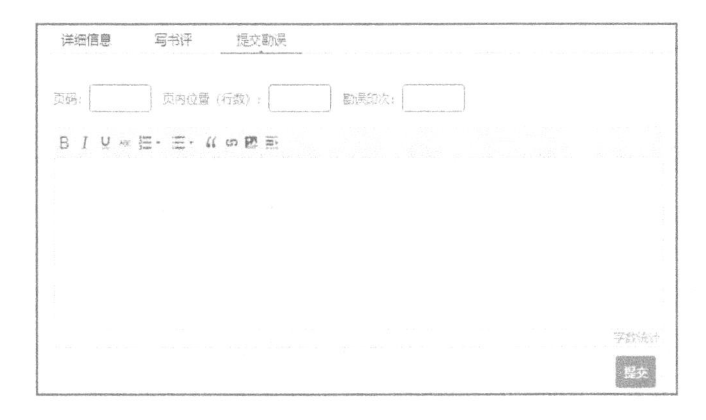

扫码关注本书

扫描下方二维码，您将会在异步社区微信服务号中看到本书信息及相关的服务提示。

与我们联系

我们的联系邮箱是 contact@epubit.com.cn。

如果您对本书有任何疑问或建议，请您发邮件给我们，并请在邮件标题中注明本书书名，以便我们更高效地做出反馈。

如果您有兴趣出版图书、录制教学视频，或者参与图书翻译、技术审校等工作，可以发邮件给我们；有意出版图书的作者也可以到异步社区在线投稿（直接访问 www.epubit.com/ selfpublish/submission 即可）。

如果您所在的学校、培训机构或企业，想批量购买本书或异步社区出版的其他图书，也可以发邮件给我们。

如果您在网上发现有针对异步社区出品图书的各种形式的盗版行为，包括对图书全部或部分内容的非授权传播，请您将怀疑有侵权行为的链接发邮件给我们。您的这一举动是对作者权益的保护，也是我们持续为您提供有价值的内容的动力之源。

关于异步社区和异步图书

“异步社区”是人民邮电出版社旗下 IT 专业图书社区，致力于出版精品 IT 技术图书和相关学习产品，为作译者提供优质出版服务。异步社区创办于 2015 年 8 月，提供大量精品 IT 技术图书和电子书，以及高品质技术文章和视频课程。更多详情请访问异步社区官网 https://www.epubit.com。

“异步图书”是由异步社区编辑团队策划出版的精品 IT 专业图书的品牌，依托于人民邮电出版社近 30 年的计算机图书出版积累和专业编辑团队，相关图书在封面上印有异步图书的 LOGO。异步图书的出版领域包括软件开发、大数据、AI、测试、前端、网络技术等。

异步社区

微信服务号

目 录

第1部分 为什么需要内生安全

第1章 信息化的发展与安全的挑战 2

1.1 信息化的发展历程 2

1.1.1 政策驱动的政务信息化发展历程 2

1.1.2 政企机构信息化发展的4个阶段 5

1.1.3 EA方法在信息化发展中的指导作用 6

1.2 网络安全的发展历程 7

1.2.1 合规导向和事件驱动交织 7

1.2.2 网络安全的零散化发展 9

1.2.3 网络安全建设方法论的缺失 10

1.3 国家网络安全战略的新要求 12

1.4 数字化时代的安全新挑战 13

1.4.1 数字化时代的产业新形态 13

1.4.2 数字化时代的安全新威胁 14

1.5 信息化保障呼唤内生安全 16

1.5.1 围墙式安全 16

1.5.2 数据驱动安全 17

1.5.3 内生安全的提出 18

第2部分 什么是内生安全

第2章 内生安全的内涵与特性 20
2.1 内生安全的理念 20
2.2 内生安全的特点 21
2.3 内生安全优势和价值 23
2.3.1 适应新基建和数字化的需要 23
2.3.2 从防护能力上，可以实现安全能力的动态成长 25
2.3.3 最大限度降低安全风险和损失 26
2.4 三大关键落地内生安全 27
2.4.1 安全的关键是管理 27
2.4.2 管理的关键是框架 28
2.4.3 框架的关键是组件化 29

第3章 内生安全建设的方法论基础 30
3.1 EA方法论简述 30
3.1.1 EA的定义 30
3.1.2 EA的诞生与演变 31
3.1.3 EA的作用 32
3.1.4 典型的EA框架 33
3.1.5 组件化业务模型 38
3.2 内生安全思想与EA方法论 41
3.2.1 采用系统性框架指引网络安全建设 41
3.2.2 将当前需求与未来发展相结合 43
3.2.3 网络安全要与信息化深度融合 46
3.2.4 建设实战化的网络安全运行能力 47
3.2.5 持续引入信息化与网络安全新技术 48

第4章 新一代网络安全框架 50
4.1 新一代网络安全框架的概述 50
4.2 新一代网络安全框架的主要组件 51
4.2.1 网络安全能力体系 51

4.2.2 网络安全规划方法论与工具体系 52
4.2.3 组件化安全能力框架 53
4.2.4 建设实施项目库 55
4.2.5 政企机构网络安全技术部署参考架构 55
4.2.6 政企机构网络安全运行体系参考架构 55
4.3 新一代网络安全框架的关键工具 56
4.3.1 政企机构网络安全防御全景模型 56
4.3.2 政企机构网络安全协同联动模型 57
4.3.3 政企机构网络安全项目规划纲要 58

第3部分 怎样建设内生安全

第5章 新一代身份安全 60
5.1 数字化转型与业务发展的新要求 60
5.1.1 数字化转型驱动身份安全改变 60
5.1.2 传统身份安全面临的问题 60
5.2 什么是新一代身份安全 62
5.2.1 基本概念 62
5.2.2 设计思想 64
5.2.3 总体架构 65
5.2.4 关键技术 67
5.2.5 预期成效 71
5.3 新一代身份安全建设要点 72
5.3.1 建设要点 72
5.3.2 关注重点 74

第6章 重构企业级网络纵深防御 76
6.1 数字化转型与业务发展的新要求 76
6.1.1 新技术新业务发展挑战 76
6.1.2 企业面临更复杂的网络环境 77
6.1.3 传统的网络纵深防御机制问题 77
6.2 如何重构企业级网络纵深防御 78

6.2.1 基本概念 78
6.2.2 设计思想 78
6.2.3 总体架构 79
6.2.4 关键技术 80
6.2.5 预期成效 81
6.3 重构企业级网络纵深防御的方法与要点 82
6.3.1 总体流程 82
6.3.2 资产识别 83
6.3.3 网络结构安全设计 83
6.3.4 网络纵深防御设计 87
6.3.5 安全措施部署 92
6.3.6 运行管理 97

第 7 章 数字化终端及接入环境安全 99
7.1 数字化转型与业务发展的新要求 99
7.1.1 新技术新业务发展挑战 99
7.1.2 企业终端攻防形势与传统安全措施的局限 100
7.2 什么是数字化终端及接入环境安全 101
7.2.1 基本概念 101
7.2.2 设计思想 102
7.2.3 总体架构 104
7.2.4 关键技术 105
7.2.5 预期成效 108
7.3 数字化终端及接入环境安全建设要点 109
7.3.1 总体流程 109
7.3.2 终端系统安全栈建设 109
7.3.3 末梢网络安全栈建设 112
7.3.4 终端统一安全运行支撑能力建设 112
7.3.5 外部系统协同能力建设 113

第 8 章 面向云的数据中心安全防护 115
8.1 数字化转型与业务发展的新要求 115
8.1.1 数字化转型促进数据中心向云化发展 115

8.1.2 云化数据中心面临的安全挑战 115
8.1.3 传统云安全建设问题与误区 116
8.2 什么是面向云的数据中心安全防护 118
8.2.1 基本概念 118
8.2.2 设计思想 118
8.2.3 总体架构 119
8.2.4 关键技术 121
8.2.5 预期成效 122
8.3 面向云的数据中心安全防护建设的方法和要点 123
8.3.1 总体设计流程 123
8.3.2 云环境识别要点 124
8.3.3 云数据中心的对外边界防护建设要点 125
8.3.4 内部弹性可扩展的安全能力建设要点 126
8.3.5 云特权操作管控建设要点 126
8.3.6 安全与云 IT 业务聚合建设要点 126
8.3.7 云内外整体安全管控建设要点 127

第 9 章 面向大数据应用的数据安全防护 128

9.1 数字化转型与业务发展的新要求 128
9.1.1 数字化转型面临的数据安全挑战 128
9.1.2 传统的数据安全存在的问题 129
9.2 什么是面向大数据应用的数据安全防护 130
9.2.1 基本概念 130
9.2.2 设计原则 131
9.2.3 总体架构 131
9.2.4 关键技术 134
9.2.5 预期成效 135
9.3 面向大数据应用的数据安全防护建设要点 136
9.3.1 数据安全治理 136
9.3.2 数据安全管理及风险分析 136
9.3.3 数据安全建设要点 137

第10章 面向实战化的全局态势感知体系 139
10.1 数字化转型与业务发展的新要求 139
10.1.1 数字化转型对态势感知带来的挑战 139
10.1.2 传统态势感知建设问题与误区 140
10.2 什么是面向实战化的全局态势感知体系 141
10.2.1 基本概念 141
10.2.2 设计思想 141
10.2.3 总体架构 142
10.2.4 关键技术/能力 143
10.2.5 预期成效 143
10.3 面向实战化的全局态势感知体系建设要点 145
10.3.1 建设要点 145
10.3.2 建设流程 146

第11章 面向资产/漏洞/配置/补丁的系统安全 150
11.1 数字化转型与业务发展的新要求 150
11.1.1 数字化发展带来的挑战 150
11.1.2 传统系统安全面临的问题 151
11.2 什么是面向资产/漏洞/配置/补丁的系统安全 152
11.2.1 基本概念 152
11.2.2 设计思想 152
11.2.3 总体架构 153
11.2.4 关键技术 154
11.2.5 预期成效 155
11.3 面向资产/漏洞/配置/补丁的系统安全建设要点 156
11.3.1 建设流程 156
11.3.2 建设要点 157

第12章 工业生产网安全防护 161
12.1 数字化转型与业务发展的新要求 161
12.1.1 工业联网带来新的安全挑战 161
12.1.2 工业生产网面临的安全形势 162
12.1.3 传统安全防护机制不适用于工业生产网 164

12.2 什么是工业生产网安全防护 165
12.2.1 基本概念 165
12.2.2 设计思想 168
12.2.3 总体架构 168
12.2.4 关键技术 171
12.3 工业生产网安全防护建设要点 172
12.3.1 关键建设点 172
12.3.2 安全能力需要长期积累 174

第 13 章 内部威胁防护体系 175
13.1 数字化转型与业务发展的新要求 175
13.1.1 数字化转型扩大了内部威胁的范围 175
13.1.2 内部威胁攻击越来越频繁 176
13.1.3 传统网络安全防护体系的问题 176
13.2 什么是内部威胁防护体系 177
13.2.1 基本概念 177
13.2.2 设计思想 178
13.2.3 总体架构 179
13.2.4 关键技术 179
13.2.5 预期效果 180
13.3 内部威胁防护体系建设要点 181
13.3.1 内部威胁防护体系建设的前置条件 181
13.3.2 网络数据泄露防护系统 181
13.3.3 数据采集 181
13.3.4 内部威胁感知平台 182
13.3.5 人员管理制度 183

第 14 章 密码专项 185
14.1 数字化转型与业务发展的新要求 185
14.1.1 新技术新业务发展挑战 185
14.1.2 基于内生安全的密码与网络安全融合发展 186
14.2 什么是密码专项框架 187

14.2.1 基本概念 187
14.2.2 设计思想 187
14.2.3 整体架构 187
14.2.4 关键技术 188
14.2.5 预期效果 190
14.3 建设密码专项框架的方法与要点 191
14.3.1 建设方法 191
14.3.2 建设要点 193

第 15 章 实战化安全运行能力建设 194
15.1 通过安全运行回归安全本质 194
15.1.1 安全运行在业务发展中面临的挑战 194
15.1.2 安全运行与安全运维、运营 195
15.1.3 安全运行与企业架构 196
15.2 什么是实战化安全运行能力 197
15.2.1 基本概念 197
15.2.2 设计思想 197
15.2.3 总体架构 197
15.2.4 预期成效 200
15.3 实战化安全运行能力建设要点 200
15.3.1 安全运行能力建设的内容元模型 200
15.3.2 “基础架构安全”领域建设要点 201
15.3.3 “纵深防御”领域建设要点 203
15.3.4 “积极防御”领域建设要点 204
15.3.5 “威胁情报”领域建设要点 205

第 16 章 安全人员能力支撑 207
16.1 数字化转型与业务发展的新要求 207
16.1.1 人在网络安全中的重要性越来越高 207
16.1.2 为什么需要安全人员能力 207
16.2 什么是安全人员能力 208
16.2.1 基本概念 208

16.2.2 设计思想 208
16.2.3 总体架构 209
16.2.4 关键要点 211
16.2.5 预期成效 214
16.3 安全人员能力建设的方法与要点 214
16.3.1 总体流程 214
16.3.2 网络安全组织机构建设 215
16.3.3 网络安全人员能力建设 220
16.3.4 全员网络安全意识教育 222

第 17 章 应用安全能力支撑 223
17.1 数字化转型与业务发展的新要求 223
17.1.1 数字化转型对应用安全提出新要求 223
17.1.2 网络安全形势与威胁 224
17.1.3 传统能力的不足 224
17.2 什么是应用安全能力支撑 225
17.2.1 基本概念 225
17.2.2 设计思想 225
17.2.3 总体架构 226
17.2.4 关键技术 226
17.2.5 预期成效 227
17.3 应用安全能力支撑的方法和要点 227
17.3.1 构建应用安全能力 228
17.3.2 构建应用安全能力的重点任务 229

第 18 章 物联网安全能力支撑 231
18.1 物联网支撑企业数字化转型带来新的威胁 231
18.1.1 物联网特性带来安全挑战 232
18.1.2 物联网安全现状 233
18.1.3 物联网安全保障能力缺失 233
18.2 什么是物联网安全能力支撑 234
18.2.1 基本概念 234

18.2.2 设计思想 235
18.2.3 参考模型 235
18.2.4 关键技术 237
18.2.5 预期成效 238
18.3 物联网安全能力支撑建设方法与要点 239
18.3.1 物联网终端基础安全 239
18.3.2 物联网安全接入平台 240
18.3.3 物联网云端相关平台 241

第19章 业务安全能力支撑 242
19.1 业务转型与业务安全新要求 242
19.1.1 业务线上化转型成为发展新趋势 242
19.1.2 业务线上化发展带来新挑战 242
19.1.3 新形势下的业务安全痛点 243
19.1.4 业务安全能力新要求 244
19.2 什么是业务安全能力 244
19.2.1 基本概念 244
19.2.2 能力范围 245
19.2.3 总体架构 245
19.2.4 核心技术 245
19.2.5 关键要素 246
19.2.6 预期成效 246
19.3 业务安全能力支撑建设要点 247
19.3.1 业务支撑要点 247
19.3.2 建设技术要点 248

第1部分

为什么需要内生安全

➲ 第1章　信息化的发展与安全的挑战

Chapter 01 

01

第1章 信息化的发展与安全的挑战

2020 年 4 月 9 日，《中共中央　国务院关于构建更加完善的要素市场化配置体制机制的意见》（以下简称"《意见》"）正式发布。《意见》首次将数据列为与土地、劳动力、资本、技术并列的生产要素。

这可以看作是信息化发展历史上的一个里程碑，数据作为数十年信息化应用和发展的结果，已经成为经济社会发展的核心生产要素之一，这也意味着信息化作为当今时代经济社会发展核心驱动力的地位正式确立。

正是在这样的时代背景下，网络安全工作者顺应信息化建设与发展的内在需求，创造性地提出了"内生安全"这一新型网络安全建设思想。为了深入地理解"内生安全"思想，首先就必须理解我国的信息化发展历程和网络安全发展历程，同时理解数字化时代网络安全工作的时代特征。

1.1　信息化的发展历程

回顾我国的信息化发展历程，不同领域、不同角色会有不同的维度和视角。但无论是哪种维度，都需要以国家的经济社会发展为大背景，从政企发展需求，或从政策驱动视角来观察。在下文中，我们从国家政策驱动和建设方法两个维度进行梳理。

1.1.1　政策驱动的政务信息化发展历程

长期以来，我国在政企机构信息化方面的政策驱动属性较强，企业信息化与政务信息化紧密相关，政务信息化的发展历程在一定程度上决定了企业信息化的发展历程。

我国的政务信息化发展经历了以下 4 个主要的阶段。

- 第一阶段：办公自动化阶段

主要目标是普及推广计算机在办公系统中的应用。1992 年，《国务院办公厅关于建设全国政府行政首脑机关办公决策服务系统的通知》（国办发〔1992〕25 号）出台，推动了政府系统办公自动化的快速发展。

- 第二阶段：业务流程自动化阶段

1993 年，国务院信息化工作领导小组拟定了《国家信息化“九五”规划和 2010 年远景目标（纲要）》；1994 年底，我国正式启动了国民经济信息化的起步工程——“三金工程”：金桥工程、金关工程和金卡工程。“三金工程”是我国中央政府主导的以政府信息化为特征的系统工程，是我国政府信息化的雏形。

随着互联网的兴起，1999 年 1 月，40 多个部委的信息主管部门共同倡议发起了“政府上网工程”，目标是部委和各级政府部门上网。同时利用政府职能启动行业用户上网工程，例如“企业上网工程”。在“政府上网工程”推动下，我国大部分政府职能部门如税务、工商、海关、公安等部门都已建成了覆盖全系统的专网；当初的“三金工程”也扩展到了“十二金工程”。

- 第三阶段：全面信息化阶段

2006 年，中共中央办公厅、国务院办公厅印发《2006—2020 年国家信息化发展战略》。这是中国信息化发展史上第一次制定的中长期战略性发展规划。规划提出，坚持以信息化带动工业化，以工业化促进信息化，坚持以改革开放和科技创新为动力，大力推进信息化，充分发挥信息化在促进经济、政治、文化、社会和军事等领域发展的重要作用，不断提高国家信息化水平。

- 第四阶段：数字化阶段

也有人称该阶段为“互联网+”阶段。2015 年，国务院印发《关于积极推进“互联网+”行动的指导意见》，“互联网+”成为我国经济社会创新发展的重要驱动力量。“互联网+”是两化（信息化和工业化）融合的升级版，将互联网作为当前信息化发展的核心特征提取出来，并与工业、商业、金融业等服务业全面融合。

2016 年，中共中央、国务院印发《国家创新驱动发展战略纲要》，强调把数字化、网络化、智能化、绿色化作为提升产业竞争力的技术基点。之后国家相继发布了一系列政策措施，国务院印发《“十三五”国家信息化规划》，围绕建设数字中国，明确了17项发展指标，部署了10项重大任务、16项重点工程；2017年，党的十九大报告中明确提出：要建设网络强国、数字中国、智慧社会，推动互联网、大数据、人工智能和实体经济深度融合；2019年3月，“智能+”首次被写入政府工作报告。报告中提出：打造工业互联网平台，拓展“智能+”，为制造业转型升级赋能。

在这些政策推动下，我国的信息化进入了一个数字化、智能化的新阶段，充分利用大数据、人工智能等新技术，推进决策支持的知识化，依靠数据提高生产力，这也是数据成为生产要素的先决条件。

下面列举了2006年以来（第三阶段和第四阶段），我国在信息化发展历程中的一些重大政策驱动事件。

- 2006年5月，中共中央办公厅、国务院办公厅印发《2006—2020年国家信息化发展战略》，是我国信息化发展史上第一次制定的中长期战略性发展规划。
- 2012年6月，国务院印发《国务院关于大力推进信息化发展和切实保障信息安全的若干意见》（国发〔2012〕23号），确定了“宽带中国”工程；信息化和工业化深度融合；要“建立健全信息安全保障体系”等6项重点工作。
- 2012年7月，国务院印发《“十二五”国家战略性新兴产业发展规划》，确定新一代信息技术产业为重点发展方向和主要任务之一。
- 2013年8月，国务院印发《“宽带中国”战略及实施方案》，到2020年，我国宽带网络基础设施发展水平与发达国家之间的差距大幅缩小。
- 2015年5月，国务院印发《中国制造2025》，明确指出以信息化与工业化深度融合为主线，重点发展十大领域。
- 2015年7月，国务院印发《关于积极推进“互联网+”行动的指导意见》“互联网+”成为我国经济社会创新发展的重要驱动力量。
- 2016年1月，国务院印发《“十三五”国家科技创新规划》，将智能制造和机器人列为“科技创新2030项目”重大工程之一。
- 2016年5月，中共中央、国务院印发《国家创新驱动发展战略纲要》，强调把数字化、网络化、智能化、绿色化作为提升产业竞争力的技术基点。

- 2016年7月，中共中央办公厅、国务院办公厅印发《国家信息化发展战略纲要》，强调加快建设数字中国、大力发展信息经济是信息化工作的重中之重。
- 2016年12月，国务院印发《“十三五”国家信息化规划》，围绕建设数字中国，明确了17项发展指标，部署了10项重大任务、16项重点工程。
- 2017年3月，“数字经济”首次被写入政府工作报告，要推动“互联网”深入发展、促进数字经济加快成长，数字经济成为国家发展战略的重要一环。
- 2017年10月，党的十九大报告中明确提出，要建设网络强国、数字中国、智慧社会，推动互联网、大数据、人工智能和实体经济深度融合。
- 2018年9月，国家发改委、教育部等19部门联合印发《关于发展数字经济稳定并扩大就业的指导意见》，提出以大力发展数字经济促进就业为主线，加快形成适应数字经济发展的就业政策体系。
- 2019年3月，“智能+”首次被写入政府工作报告。该报告指出：打造工业互联网平台，拓展“智能+”，为制造业转型升级赋能。

1.1.2 政企机构信息化发展的4个阶段

在政策与信息技术发展的双重驱动之下，政企机构结合自身的发展特点，一般也会先后经历多个不同的发展阶段。行业内普遍比较认同《企业信息技术总体规划方法》（石油工业出版社，2012年）一书中对政企机构的信息化建设阶段的划分。该书将政企机构的信息化建设阶段由低到高分为4个阶段：分散建设阶段、统一建设阶段、集成应用阶段和共享应用阶段。

以这一划分为基础，我们对这4个阶段的基本概念和含义进行了如下诠释和分析。

- 分散建设阶段：也可以称为离散式建设阶段，其主要特征是各自为战，单独建设。企业不同的部门按照某项业务或管理功能需求，分别或者分散建设支持该需求的信息化系统，比如财务系统、人事系统、供销系统等。
- 统一建设阶段：也可以称为集中建设阶段，其主要特征是企业按照企业发展战略，对信息系统进行统一的、全局性的、体系化的规划建设，并对信息系统的实施、管理和运营制定相关制度。

- 集成应用阶段：也可以称为业务支撑阶段，其主要特征是信息化开始成为企业发展战略的重要组成部分。信息系统与业务系统深入融合，全面支撑企业业务运营和业务发展，信息系统的价值得到了企业业务部门的全面认同。
- 共享应用阶段：也可以称为业务一体化阶段，其主要特征是信息化与业务真正实现一体化，相互依存，相互推动，信息化成为业务发展和转型升级的重要组成部分。在此阶段，信息和数据逐渐发展为企业的生产要素，所以在这个阶段对信息系统的安全性和可靠性提出了更高的要求。

从全球来看，国际领先的企业大多在 1995 年后进入了信息化建设的第二阶段，2000 年后进入第三阶段，其信息化规划和建设上升到了企业战略高度。当政企机构的信息化建设达到第四阶段时，业务与信息化系统已经变得密不可分。

1.1.3　EA 方法在信息化发展中的指导作用

2000 年后，我国的信息化发展逐步走向了规模化和体系化。零散的、“摸着石头过河”式的建设方法已经完全无法适应企业的信息化发展需求。越来越多的政企机构，特别是许多行业领先的企业，开始采用企业架构（Enterprise Architecture）方法，简称 EA 方法（或 EA 方法论），来指导自身的信息化系统规划和建设，以体系化构建企业所需要的信息化（组织）能力。其中国内比较知名的成功案例包括：

- 华为公司，从 2002 年开始以 EA 方法来牵引企业的 IT 业务需求；
- 中国建设银行，从 2004 年开始进行企业架构的设计工作；
- 中国工商银行，从 2006 年开始设立企业架构设计队伍。

EA 方法的采用在上述企业的信息化发展历程中，起到了至关重要的作用，为其实现行业领跑地位奠定了重要的技术基础。IDC 在 2010 年发布了一份《2010 企业架构中国管理者调查报告》，报告显示“企业架构的初期普及实施已经开始。超过 73%的大型、超大型企业已经开始或完成构建企业架构，相当数量的大型企业已经意识到企业架构对企业业务及战略的支撑能力，并以此作为企业实现未来竞争力的关键”。

EA 方法强调，要站在全局的、整体的、系统的高度，根据企业发展战略，设计信息化的总体架构体系来制定和实施信息化规划。EA 方法为企业科学、规范、全面地进行信息化规划建设提供了参考方法，对全球政企机构的信息化发展起到了巨大的推动作用，引导规划建设了大量体系化的、高效整合的业务运营体系，为企业的业务运营起到了很好的支撑作用。

1.2 网络安全的发展历程

作为信息化的基础保障，信息安全和网络安全伴随着信息化的发展而不断发展变化。过去二十多年间，我国的信息安全和网络安全的发展，主要是由合规导向和事件驱动相互交织，在这个过程中呈现出了明显的零散化发展特征。

1.2.1 合规导向和事件驱动交织

1994 年是我国信息安全领域的一个转折点。1994 年 2 月 18 日，国务院发布了《中华人民共和国计算机信息系统安全保护条例》，该条例规定了计算机信息系统安全保护的主管机关、安全保护制度、安全监管等。从 1994 年起，我国信息安全法律法规体系进入了初步建设阶段，一大批相关法律法规先后出台，包括《计算机信息网络国际联网安全保护管理办法》《金融机构计算机信息系统安全保护工作暂行规定》等。从这个时期开始，信息安全建设开始进入合规遵从阶段。

1998 年，随着互联网开始普及，爆发了著名的 CIH 病毒，该病毒在 2 个月时间内蔓延全球，超过 6000 万台电脑受到了不同程度的破坏。进入 1999 年，国家、行业甚至是企业开始严密防范“千年虫”，并耗费了大量资金来解决千年虫问题。

信息安全问题由此受到高度重视。2000 年 10 月，十五届五中全会通过的《中共中央关于制定国民经济和社会发展第十个五年计划的建议》中明确提出“强化信息网络的安全保障体系”。国务院专门成立了“国家信息化工作领导小组”，负责组织协调国家计算机网络与信息安全管理方面的重大问题。同时，国家加强了信息安全基础设施的建设，成立了“国家计算机网络与信息安全管理中心”，以加强对公共信息网络中信息内容的管理，要求加强“中国信息安全测评认证中心”的建设，以便尽早建立起国家的信息安全测评认证体系。

2003 年，中央办公厅、国务院办公厅颁发《国家信息化领导小组关于加强信息安全保障工作的意见》（中办发〔2003〕27 号）（以下简称 27 号文件）。27 号文件明确指出“实行信息安全等级保护”，这也标志着我国信息安全法律体系的建设进入一个更高的阶段。

27 号文件的颁发是中国信息安全工作的一个分水岭。《计算机世界》报 2005 年的文章中援引信息安全业内人士的话称，“27 号文件具有奠基意义：其一，这是我们国家首次对信息安全有了一个全面认识，从整体上，从顶层统筹考虑信息安全的政策、方针、规划，以统筹领导信息安全的各个部门，而在这以前工作是比较零散的；其二，在 27 号文件颁发后的两年，信息安全相关工作有了大的推进，信息安全等级保护、风险评估、密码保护、网络信任体系、应急响应与灾难备份、产品管理、产业发展等基础性工作的相关政策、标准正在制定并将陆续出台”。

2004 年至 2006 年，公安部联合四部委开展涉及 65117 家单位，共 115319 个信息系统的等级保护基础调查和等级保护试点工作，为全面开展等级保护工作奠定基础。

2004 年，公安部等四部门印发了《关于信息安全等级保护工作的实施意见》。2007 年至 2012 年，围绕信息安全等级保护工作的管理办法和相关标准陆续发布，信息安全建设全面进入等级保护阶段。

2013 年，国外一家安全公司发布了全球第一份 APT（Advanced Persistent Threat，高级持续性威胁）研究报告；同年，轰动全世界的“斯诺登事件”爆发。这两起标志性的事件，使得具有政府背景的高级威胁和高级威胁组织成为全球安全关注焦点。当年 CNCERT/CC（国家互联网应急中心）公布的数据显示，我国境内至少 4.1 万余台主机感染具有 APT 特征的木马程序，涉及大量政府部门、重要信息系统以及高新技术企事业单位，木马控制服务器绝大多数位于境外。

2014 年，中央网络安全和信息化领导小组成立（于 2018 年改为中国共产党中央网络安全和信息化委员会），标志着网络安全正式上升至国家战略层面。2016 年，《中华人民共和国网络安全法》和《国家网络空间安全战略》陆续发布，特别是 2016 年习近平总书记的“4 • 19”讲话，表明网络安全在国家发展战略中的地位越来越明确和突出。2018 年在全国网络安全和信息化工作会议上，习近平总书记发表重要讲话，深入阐述了网络强国战略思想。

2017 年 5 月 12 日，“永恒之蓝”勒索病毒大规模爆发，全球至少 150 个国家、30 万用户中招，波及金融、能源、医疗等众多行业，造成的损失达 80 亿美元。这次事件使所有人认识到，网络安全直接关系国家安全、经济安全和社会稳定。

2017 年之后，《中华人民共和国密码法》《网络安全等级保护条例（征求意见稿）》《关键信息基础设施安全保护条例（征求意见稿）》《信息安全技术 关键信息基础设施安全检查评估指南》《网络安全审查办法》等配套法律法规陆续出台，我国的网络安全治理体系逐步完善。

1.2.2 网络安全的零散化发展

合规导向和事件驱动的网络安全建设模式、建设过程是为了满足合规的某些指标要求、某项新技术的出现，或者是应对某一单一威胁进行建设。这种发展模式的特点，总结起来就是一种创可贴式的建设模式：网络安全发展没有自己的主线，旁从于信息化发展，对信息化系统进行修补。与体系化发展的信息化相比，安全建设模式大多以“局部整改”为主，缺乏以复杂系统性思维引导的规划与建设实践，致使网络安全体系化缺失、碎片化严重，安全能力相互割裂，缺乏协同联动与整体运行。

合规导向和事件驱动的网络安全建设模式还引发了其他一些安全痼疾。例如：技术上，常常片面依赖边界隔离和特征库匹配；预算支出上，建设重点大多是合规驱动的硬件采购；建设上，重硬件产品轻安全运行，重设备采购轻架构安全的情况非常普遍，缺乏对网络安全工作目标的认知，认为满足合规即可保证安全，形成虚假的安全感，未能起到有效的防护作用。

事实上，除等级保护测评外，在相当长的一段时间内，我们也缺少其他更加有效的手段对安全能力进行评估。这也导致了很多政企机构的信息化负责人都会误以为通过等级保护测评后即可高枕无忧。由于缺少对安全能力或安全建设成熟度的评价体系，安全能力的建设必然会出现缺失，“缺规划、缺经费、缺人手、缺运行”的现象非常普遍。

- 缺规划：没有规划，安全后置，“创可贴”式的建设导致产品堆砌、防护失衡，手段“碎片化”。
- 缺经费：网络安全预算相对于 IT 整体预算占比不足。难以应对“实战化、常态化”挑战，无法达到预期目标。
- 缺人手：人是网络安全实战化运转的基础。内部安全人员编制不足，外部采购没有名目，人员能力不足。
- 缺运行：几乎没有运营，IT 与安全“两张皮”，资产不清，管理难落地，安全体系无法有效运行。

客观地说，在过去相当长的一段时间内，合规导向和事件驱动的网络安全建设模式也起到了保护信息化正常发展的作用。但随着信息化进一步向数字化升级，这种缺乏顶层设计、工程化考虑不足的模式，已经难以达到保障数字化业务的更高标准，更达不到国家网络空间安全战略的要求，无法以面向对抗的实战化运行模式应对升级的威胁。其结果是，网络安全建设整体处于被动发展模式，安全工作难以落实，网络安全创新能力难以释放，网络安全的零散化发展特点格外明显。

1.2.3 网络安全建设方法论的缺失

处于快速发展中的数字化转型阶段的信息化领域，政企机构采用企业架构（Enterprise Architecture，EA）方法论为引导，在管理层、IT 人员和业务人员之间建立充分沟通的桥梁并达成共识，以顶层视角全局思考信息化建设，使信息化与业务紧密结合，各子系统间形成有效联动，消除功能重复建设，引导规划建设大规模、体系化、高效整合的业务运营体系，很好地支撑了业务运营。

与之形成强烈反差的是在网络安全领域，建设者普遍缺乏以复杂系统思维引导的规划与建设实践，导致形成了以往以“局部整改”“辅助配套”为主的安全建设模式，致使网络安全体系化缺失、碎片化严重，网络安全防御能力与数字化业务运行的高标准保障要求严重不匹配。

长期以来，由于政企机构网络安全体系的基础设施完备度不足，安全对信息化环境的覆盖面不全，与信息化各层次结合程度低，安全运行可持续性差，应急能力就绪度低，资源保障长期不充足，导致政企机构在面对“当前数字化业务的平稳、可靠、有序和高效运营是否得到了充足的网络安全保障？”等问题时普遍缺乏信心。

对比国内的网络安全与信息化的发展历程，我们不难发现：

- 从政策驱动来看，网络安全工作与信息化工作几乎是同时起步（1993-1994 年），但是发展速度却大相径庭；
- 从重视程度来看，直到最近几年，国家才从战略层面开始高度重视网络安全，网络安全建设被提升到与信息化建设相同的地位，故而提出“一体之两翼，驱动之双轮”；
- 从方法论角度看，信息化建设已经在实践中逐步形成了以 EA 方法为代表的系统性方法论；而网络安全建设则仍然以合规导向和事件驱动为主，明显缺乏系统化的方法论指导。

图 1.1 所示为信息化发展历程与网络安全发展历程的对比。

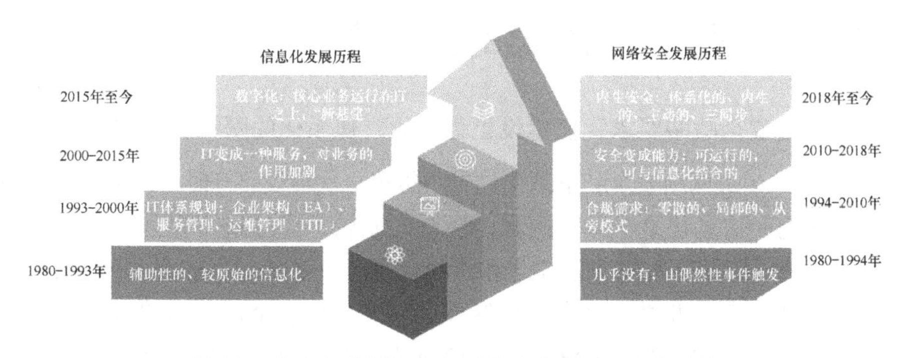

图 1.1　信息化发展历程与网络安全发展历程的对比

20 世纪 80 年代到 20 世纪 90 年代初，信息化建设和网络安全建设都处于比较原始的状态。对于生产和办公而言，信息化建设是辅助性的，而网络安全建设则几乎普遍缺失，只有当某些极端或严重的安全事件发生时，才有可能触发一些小规模的安全建设。

20 世纪末期，IT 体系规划方法已经基本成形，EA 方法、服务管理和运维管理等理论体系和实践都已经初步形成；而网络安全建设开始进入以合规需求为主导的时期，总体表现为零散的、局部的、创可贴式的（哪里出了问题补哪里）建设。合规需求主导的网络安全建设一直持续到 21 世纪的前 10 年。

2000 年以后，IT 建设或者信息化建设已经逐渐演变成为支撑业务的基础服务，对业务的影响持续加剧；2015 年以后，越来越多的政企机构开始将核心业务运行在信息化系统之上，数字化转型持续加速。国家层面，以数字化为基础的“新基建”建设也开始全面推进。体系化的方法论为信息化建设的持续深入奠定了理论基础和方向指引。

与信息化发展相比，网络安全建设的发展阶段相对滞后。直到 2010 年以后安全能力建设才被逐步认可，可运行的、可与信息化结合的网络安全建设模式开始受到重视。2018-2020 年，以“内生安全”为代表的体系化的、主动的、以三同步为原则（信息化系统应当与网络安全系统同步规划、同步建设、同步运营）的安全建设思想及方法论才逐步形成体系。

总体对比中国的信息化发展历程与网络安全发展历程不难看出，缺少科学的、系统性的方法论，是网络安全建设始终显著落后于信息化建设的重要原因之一。而内生安全思想正是破解这一发展困境的关键。

1.3　国家网络安全战略的新要求

国家网络安全战略要求我们建设更强大的、体系化的网络安全防线。

2014 年，中央网络安全和信息化领导小组第一次会议召开时，习近平总书记强调，网络安全和信息化是一体之两翼、驱动之双轮，必须统一谋划、统一部署、统一推进、统一实施。做好网络安全和信息化工作，要处理好安全和发展的关系，做到协调一致、齐头并进，以安全保发展、以发展促安全，努力建久安之势、成长治之业。上述要求指明了网络安全与信息化相互依存、同步发展的大方向，明确了“四个统一”缺一不可的体系化建设要求。

2016 年，在“4・19 网络安全和信息化工作座谈会”上，习近平总书记提出“安全是发展的前提，发展是安全的保障，安全和发展要同步推进。要树立正确的网络安全观，加快构建关键信息基础设施安全保障体系，全天候全方位感知网络安全态势，增强网络安全防御能力和威慑能力”的要求。

随着全球经济全面进入数字化转型期，我国也提出了“数字中国”“网络强国”等一系列与数字化转型紧密相关的战略部署，将数字化转型作为重要发展战略与经济驱动力。数字化转型是在信息化极大地降低了政企机构运行成本的基础上，进一步将信息技术与政企机构业务运行、管理流程融合在一起，形成新的业务运行模式。

2020 年 3 月，中共中央政治局常务委员会召开会议提出，要加快 5G 网络、数据中心等新型基础设施的建设进度。与传统基建相比，“新基建”内涵更加丰富，涵盖范围更广，更能体现数字经济特征，有助于加速推动中国经济转型升级。

在数字化转型为政企机构的业务运行带来巨大收益的同时，信息技术与业务的深度融合也使网络安全风险更具有实质性的意义。网络安全问题对业务更加具有破坏性乃至灾难性。从某种角度看，网络安全风险将会等效于业务运行风险；同时数字化技术的应用也会为业务运行引入更多新的风险。政企机构信息系统一旦被入侵或被破坏，将会直接危害到业务运行，进而危害到生产安全、社会安全甚至国家安全。

数字化转型对政企机构运行模式的转变是颠覆性的、不可逆转的，传统的信息化模式也将无法满足目前经济环境下的业务运行要求。因此，政企机构必须立足于有效保障数字化业务运行的安全、高效、可靠运行，建设具有动态、综合、可持续等特点的数字化业务安全保障体系。

“十四五”是数字化转型的关键阶段，网络安全模式亟需转变。广大政企机构需把握住“十四五”的契机，践行安全与信息化同步规划、同步建设、同步运行思想，通过安全规划承接国家网络安全战略，建立从顶层设计、部署实施到安全运行的一整套网络安全新模式，使网络安全向面向对抗的实战化运行模式升级。

1.4 数字化时代的安全新挑战

数字化是信息化发展的高级形态，主要表现为多种新型数字化技术对生产方式的深刻改变以及与传统领域的业务融合。国内著名产业研究机构“前瞻产业研究院”的一份报告中称：从 2018 年开始，中国企业数字化转型加速，政企加速云化进程，大数据应用于企业管理经营决策。

如果说网络安全建设在过去 20 年的滞后发展，使得信息化建设的快速发展没有得到充分的保护，那么在数字化时代，系统性的网络安全建设方法的缺失，将为生产、生活、经济发展、社会稳定乃至国家安全带来深远的影响和致命的伤害。

1.4.1 数字化时代的产业新形态

IT 在经历了大型机、小型机、PC、互联网等持续的技术变革后，已经进入以云计算、大数据和人工智能为核心的新一轮技术创新周期。近十年，伴随着移动互联网、大数据、云计算、物联网、人工智能等新兴技术的发展，政企信息化也开始向数字化、网络化、智能化方向发展。

特别是云计算技术的成熟，推动了 IT 基础架构的巨大变迁，将传统独立垂直的硬件设施资源虚拟化为融合共享的云基础设施，分时复用、按需付费的模式降低了系统部署门槛的同时，也打破了传统系统的独立的烟囱式架构，实现了当前“数据融合共享、应用协同交互”平台型架构的重塑。

新技术的应用，使行业的生产经营发生了颠覆性的重构，大量复杂的、非结构化的数据得以利用。大范围的数据获取结合人工智能技术的处理能力，使管理决策向半自动化、自动化方向发展。从某种程度上看，数据本身是数字化系统最重要的生产输出，它们不仅可以用于生产的监控与管理，同时其本身也具有巨大价值。数据本身是重要的机构资产。

1.4.2 数字化时代的安全新威胁

与数字化转型和数字经济的发展相伴的，是网络安全威胁形势的重大变化。其中，攻防对抗过程的变化直接导致了传统安全思想和防御体系的全面失效，具体表现在以下几个方面。

- 战场的变化，从网络与系统演变到“云、大、物、移、工”

新技术的应用也会带来新的安全风险。例如：IT 基础设施和业务系统向云的迁移，必然导致安全风险向云端集中；IoT 设备接入生产、办公系统，必然形成新的不可控的安全缺口；大数据的汇聚带来了高效的信息交互，但同时也增加了数据泄露和数据被篡改、破坏的风险。

仅就政企机构而言，传统的网络安全攻防战场通常是本地的网络或系统。但新型数字化技术的普及应用，使云服务系统、大数据系统、工业生产系统等成为新的攻防主战场。同时，安全防护相对较弱的 IoT 设备、移动终端，也往往会成为攻击者入侵机构内部网络的新突破口。

不仅如此，在很多实际系统中，不同类型的网络设备或系统、不同用途的数字化技术，往往是相互交织、结合使用的。如果我们总是孤立地去解决一个一个的具体问题，或者是简单地使用某些单一的、片面的技术方法，则无法真正有效地解决“新战场”上的安全问题。

- 对手的变化，从普通网络犯罪演变到组织与国家级对抗

最早期的网络攻击者大多数是没有明确攻击目标的技术爱好者；2000 年以后，以牟利为目标的个体攻击者开始大量涌现；再后来，有组织的黑产团伙、有主张的黑客团伙和有国家背景的攻击组织开始活跃，逐渐成为与政企机构网络安全工作对抗的主要“对手”。

对手的升级变化，使我们正在面临越来越多的未知威胁，对越来越多的攻击根本无法进行完全有效的防御。也就是说，任何边界上的防御体系一定会被打穿，任何已知的系统都可以被渗透。这就要求我们必须认真地考虑“系统被打穿以后会怎么样”，以及“系统被打穿以后该怎么办”的问题。

- 武器与战术的变化，勒索蠕虫、APT 和供应链攻击成为主要威胁

勒索病毒的出现不过是最近几年的事情，却颠覆了人们的传统安全认知。早期的勒索病毒主要是针对高价值人群发动定点攻击。但 2017 年以后，以关键信息基础设施、网络服务器为目标的勒索攻击逐渐成为主流，并且出现了大量可以自动传播的勒索蠕虫病毒。2018 年以来，勒索病毒几乎成为导致政企机构停产停工的首要网络安全威胁。

APT 攻击被普遍认为是理论上无法完全有效防御的攻击。一方面，政府支持的 APT 活动正在持续增加，这些攻击者往往拥有大量的资源、工具和技术，使得 APT 溯源难度显著提升；另一方面，由于 APT 组织的网络武器库频繁泄露，使无政府背景的攻击者更容易获取资源，从而实施难以被发现的、新的、复杂的 APT 攻击。

供应链攻击则是一种有效的、另辟蹊径的攻击策略。当攻击者遇到难以直接攻破的组织或系统时，就会考虑发起供应链攻击，即对该组织的供应商发起攻击，或对供应商的供应商发起攻击，最终实现对攻击目标的渗透。例如，将恶意软件植入合法软件包，在企业采购的设备芯片中设置“后门”等。供应链攻击在高级威胁中比较常见，某些黑产团伙也会使用。

在数字化时代，勒索病毒、APT 攻击、供应链攻击等新型威胁的危害被进一步放大。使用传统的方法对“固有地盘”严防死守，并不能有效地防御这些新威胁。

- 打击目标的变化，从瞄准网络与系统演变到瞄准数据和业务应用

生产和业务系统的数字化也为攻击者提供了新的“价值空间”。仅就国内情况而言，在以往相当长的一段时间内，政企机构并不是网络攻击的首选目标。毕竟，攻击普通网民或消费者更加容易，也获益更快。即使是针对机构系统的拖库、撞库等攻击，最终目的也仍然是针对普通网民的“盗窃”或“诈骗”。所以，机构只要进行必要的网络与系统防护，一般不会受到严重威胁。

但是，随着业务系统数字化转型的深入，数据和业务应用逐渐成为攻击者的首选目标。这一方面是因为安全防护的不足使得数据和业务系统的暴露面增大，攻击门槛大大降低；另一方面则是因为一旦攻击成功，攻击者就有可能获得“超额回报”。

以勒索攻击为例，如果勒索病毒只能攻击几台办公电脑，攻击者可能无法获得任何收益；但如果攻击机构的服务器，破坏机构的核心数据或核心业务系

统，攻击者获得赎金的可能性要比勒索高价值的个人大得多。这也是近年来勒索病毒将服务器作为主要攻击目标的根本原因。

可以预见，随着新技术应用的深入、国家对抗的持续、网络犯罪组织化的升级，网络安全威胁将越发呈现出多样化和未知性；新的攻击组织、新的攻击技术、新的攻击手法将层出不穷；外部威胁和内部威胁相互交织，商业利益诉求和恐怖破坏目的相互交织；以 APT 为代表的组织化的定向攻击将常态化，而传统模式的安全思维将受到越来越严峻的挑战。

1.5 信息化保障呼唤内生安全

攻防战场的变化，要求我们必须在新的技术环境下重构安全建设体系；对手的变化、武器与战术的变化，要求我们必须以“系统一定会被打穿”为安全建设的前提假设。而打击目标的变化，要求我们必须把数据和业务的安全保障作为安全建设的首要目标。面对新的信息化环境和威胁形势，围墙式的、外挂式的安全已不可持续，信息化环境的保障需要“内生安全”。

1.5.1 围墙式安全

早期的网络安全建设思想大都是围墙式的。自 20 世纪 80 年代全球首个杀毒软件诞生，一直到本世纪初的十几年间，围墙式安全一直是网络安全建设的主导思想。

简单地说，就是使用一套软件或硬件系统，把要保护的区域与外界的网络环境隔离开来，就好像是在信息化系统的外面建造了一座高高的围墙。早期的安全软件、防火墙、入侵检测等设备大都是这种围墙式安全思想的产物。

围墙式安全思想也曾经发挥过非常积极的作用，但在数字化的生产环境中，在新的安全威胁形势下，却暴露出以下 3 个明显的弊端：

- 围墙之内不设防，一旦边界被突破，系统就会完全沦陷；
- 样本库、规则库等往往缺乏有效维护，更新缓慢，所谓的围墙形同虚设；
- 不同的防护设备和系统之间相互孤立，无法形成合力。

这也是为什么很多政企机构虽然购买了大量软硬件防护设备，但还是会频频被攻陷的原因所在。

1.5.2 数据驱动安全

2015 年以后，业务系统的安全问题开始得到越来越多的重视，围墙式安全的脆弱性日益明显。人们开始考虑在内部业务系统的 IT 环境中部署更多的安全措施，并且将各种安全措施与云端相连（即安全上云），并通过外部（来自安全公司）安全大数据与内部（来自各类安全措施）安全大数据的结合，提升整体安全防护能力。

这种新的安全建设理念，已经不再追求 100%的有效防御，而是把安全建设的重心转移到安全监测与威胁发现上。从技术角度看，数据是网络安全的基础，行为是风险监测的关键；所有基础的安全产品都不再仅仅是以隔离和防护为目标，而是兼具安全监测和数据采集的作用。这种以数据为核心的新安全理念被概括为"数据驱动安全"。

相较于围墙式安全，数据驱动安全理念的进步非常明显。

- 首先，将安全措施部署在业务系统的 IT 环境中，使得安全防御不再只是网络边界处一层薄薄的外壳，而是有了一定的防御纵深。也正是从这一时期开始，安全工作者开始对纵深防御理论展开了持续的、深入的迭代研究。
- 其次，与云端相连之后，所有的防护措施都变得更加智能，智慧安全的概念开始流行。特别是威胁情报技术的引入，使安全公司可以将自身强大的威胁感知能力赋能给服务的政企机构，从而使被服务机构的安全能力成倍提升。
- 最后，当越来越多的安全措施与云端相连后，协同联动的防御体系成为可能。以安全软硬件为节点、以云端安全能力为支撑、以人为核心的安全运营体系逐步形成。EDR（终端检测与响应）技术、NDR（网络检测与响应）技术、NGSOC（新一代安全运营平台）、态势感知等基于大数据的安全产品与服务日渐普及，并极大地推动了政企机构整体安全能力的提升。

不过，数据驱动安全的早期实践还有一些明显的不足，其主要问题在于仍然没有能够从根本上解决业务或生产系统的安全问题，主要原因有以下几个方面。

- 首先，在绝大多数情况下，在这一阶段的安全建设中，网络安全与业务本身仍然是互相分离的。虽然很多安全措施部署在业务系统的 IT 环境中，但绝大多数安全措施及解决方案并不是为业务系统量身设计的，仍然是以传统 IT 安全为目标的各种技术手段的组合。
- 其次，由于未能将业务大数据与安全大数据进行融合分析，因此无论是来自内部的安全大数据还是外部的威胁情报，其实际作用都会大打折扣。因为如果脱离了具体业务环境，很多针对业务系统的安全威胁根本不成立，也无法被发现。

- 最后，绝大多数的大型政企机构都不会将安全数据和业务环境向安全公司上报。这就使得安全公司不太可能仅仅通过云端安全大数据，就能构筑起业务级的威胁情报和安全分析能力，因此很难解决政企机构的真实痛点。

不过，客观来说，“数据驱动安全”理念的实践为“内生安全”思想的提出奠定了重要的基础。同时，“数据驱动安全”理念本身也是“内生安全”思想的重要组成部分。只不过在后来的“内生安全”思想体系中，驱动安全的“数据”范畴被大大扩展，从单纯的安全大数据扩展到业务大数据，最终实现了外部安全大数据、内部安全大数据与业务大数据的深度融合与统一。

1.5.3 内生安全的提出

围墙式安全的局限性，致使其在数字化环境中不可避免地遭遇重重挑战。政企机构的信息化建设，需要一种全新的安全思维。我们需要的并不只是一层比一层更加坚固的防护罩，而是一种本身能够与信息化环境相融合的安全能力，做到与信息化环境的深度融合与全面覆盖，从而构建本身就具有内在“免疫力”和“抵抗力”的新型信息化环境。

这就要求我们必须以信息化的视角、业务的视角和全局的视角，来重新构筑整个网络安全防护体系；要求我们必须将网络安全的元素融入到信息化建设的方方面面；要求我们必须在信息化建设中，全面落实“三同步”原则，即信息化系统应当与网络安全系统同步规划、同步建设、同步运营。

内生安全正是在上述认知基础上建立起来的全新的网络安全建设思想。2019年召开的北京网络安全大会以“聚合应变，内生安全”为主题。此后，内生安全的思想得到了广泛传播，并快速地得到了业界的普遍认同。以该思想为指导的“新一代网络安全框架”，及该框架下的“十大工程、五大任务”，已经成为指导大中型政企机构网络安全规划建设的重要参考。

需要说明的是，内生安全思想并不是对围墙式安全的彻底否定，而是为原有的建设“盲区”提供了新的有效的“解题思路”。但是，内生安全体系的建设仍然需要坚实的“围墙”。

第2部分

什么是内生安全

- 第2章　内生安全的内涵与特性
- 第3章　内生安全建设的方法论基础
- 第4章　新一代网络安全框架

Chapter 02

02

第2章 内生安全的内涵与特性

2.1 内生安全的理念

内生安全，就是在信息化环境内不断衍生出安全能力，即使网络的边界防御被打穿，系统仍然能够在一定程度上保持健康运行，并保证数据和业务安全。

内生安全是一种全新的网络安全建设思想。与内生安全相对的概念是外生安全。绝大多数的传统安全防护方法都属于外生安全。具体来说，就是当用户需要保护一个系统时，就在该系统的外面设置一层防护罩，将系统与外界环境隔离开来。小到一款杀毒软件，大到整个机构的边界防御，其实质都是在隔离的基础上进行防护。围墙式安全和外挂式安全都是外生安全的不同表现形式。

内生安全的根本目标是保障业务和业务系统的安全，而不是单纯地保障IT系统和IT设备的安全。所以，内生安全要求在信息化环境内部建设安全能力，使生产系统、业务系统自身具有一定的免疫力，而不是完全依赖于系统之外的隔离和防护。

内生安全落地实现的保障机制是“三同步”原则，即信息化系统与网络安全系统必须同步规划、同步建设、同步运营。只有把网络安全工作贯穿到信息化系统的规划、建设、运营的整个生命周期，将信息化建设与运维工作相结合，将网络安全的防护与响应过程相结合，达到工作任务事项级别的深度绑定，才能够真正实现具有免疫力的内生安全系统。

1. 同步规划

同步规划，是内生安全的关键与起点，强调关口前移与预算保障。具体指在信息化系统的设计规划中，充分考虑网络安全，确保网络安全成为信息化系统的有机组成。首先通过与信息化同步规划安全体系，落实“关口前移”，实现安全与信息化的深度结合和全面覆盖。然后通过规划来解决各层级、各业务口对网络安全的理解不一致。

2. 同步建设

同步建设是内生安全的落地和保障，强调在信息化建设的方方面面充分考虑引入并融合安全能力。既要积极建设网络安全基础设施，又要开展信息系统内建安全机制的建设。安全能力建设需要基于“叠加演进”的原则，既要积极建设网络安全基础设施，又要建设信息系统内在安全机制。

3. 同步运营

同步运营，是内生安全的生命，通过规划、建设形成的安全能力需要具备运营、技术、人和管理规范，才能形成一个完整体系，将安全能力有效输出。而且 IT 运营中所有与网络安全相关的环节都要与网络安全工作充分对接，而不仅仅是执行扫描、检查、渗透等零散工作。

2.2 内生安全的特点

内生安全要求信息系统的安全体系具有自我免疫（自适应安全能力）、内外兼修（自主安全能力）、自我进化（自成长安全能力）三大特点。

1. 自我免疫（自适应安全能力）

自我免疫，是指安全系统必须像人体免疫系统一样，具有自适应功能，即使网络被攻破，也能保证业务安全。

网络安全与人的身体健康同理：人之所以能保持健康，是因为当病毒和细菌入侵时，免疫系统会调动各种防御力量来消灭病菌。安全系统也需要具备这样的能力，即针对一般性攻击，能够自动发现、自动修复、自我平衡；针对大型攻击，能够自动预测、自动告警和应急响应；针对极端网络灾难，能够确保关键业务不中断。

要实现自适应的安全能力，需要将信息化系统与安全系统相聚合，将信息化系统中的网、云、数据、应用、端分层解耦，以便把安全能力融入其中。为了使安全能力业务需求满足，还需要将接口、协议、数据标准化，以实现异构兼容。同时安全系统也要进行解耦，将安全能力资源化、目录化，通过标准接口进行协同。实现这种聚合后，安全能力即可融入到业务系统的各个环节中，好比业务系统内生出了一种安全能力。这种聚合联通了网络控制系统和业务控制系统，当网络检测到攻击时，业务控制系统会自动收紧安全访问控制权限；当业务检测出异常时，网络控制系统会自动采取措施来严防死守。

2. 内外兼修（自主安全能力）

内外兼修，是指安全体系必须同时具有内外两种能力："外"能及时感知威胁、发现风险；"内"能与业务系统深度融合。

一个具备免疫功能的系统，无法完全依靠外部力量建立起来。无论外部检测技术多么先进，也无法检查内部系统的问题。同样地，我们需要把安全系统和业务系统进行深度融合。如果只依靠外部的力量和安全数据，或者只有泛化的安全思维，则无法解决内部的安全问题。

要实现自主安全能力，需要将业务数据和安全数据相聚合。数据既是业务的核心，也是解决安全问题的核心。以往安全关注的是网络运行数据，但要建立自主的内生安全，还必须关注相关的业务数据。这些业务数据包括业务元数据、业务访问行为数据等。

网络安全数据，包括流量数据、终端数据、漏洞数据、系统日志等，更多地用以描述网络行为。但在攻防对抗中，攻击者都会隐藏、伪装网络行为。只有把业务数据和网络数据聚合起来，将网络威胁与业务异常结合起来进行分析，才能更准确地发现攻击者。

聚合上述两种数据，需要建立起业务与安全统一的"实体关系"数据模型，把不同的数据聚合成一个完整的安全数据视图，通过检索、AI及更广泛的知识来发现隐藏在多层关系背后的安全问题。所谓"实体"，是指客观的对象，如身份账号、IP、域名、URL、证书等；"关系"则表示对象和对象之间的联系、事件、行为。

3. 自我进化（自成长安全能力）

自我进化，是指安全体系必须能够伴随着业务的成长和变化，在不断抵抗各类网络攻击的过程中，不断自我改进和自我完善。

以人体的免疫系统为例，锻炼身体、适应严酷的环境、不断对抗疾病都会提高免疫力。同样地，网络安全体系在不断抵抗攻击的过程中，也会提高防护能力。因此，我们需要安全能力伴随着业务变化日益强壮，其核心是工作人员的进步和成长，通过不断发现和解决问题，才能提高安全防护水平。

要实现自成长安全能力，需要将 IT 人才和安全人才相聚合。在网络安全体系中，工作人员是不可或缺的角色。在一个具体的安全业务场景中，我们既需要懂金融、工业等专业知识的 IT 人才，也需要具备打补丁、配置安全策略等专业能力的安全人才。只有将 IT 人才和安全人才聚合起来，才能使安全系统有效运转。所以，企业与组织在建设自身安全体系时，不能只考虑技术体系的 IT 人才建设，安全人才的投资建设也非常关键。在规划阶段，提前进行安全人才储备，将 IT 人才和安全人才聚合起来，是后续安全系统发展壮大的根基。

2.3 内生安全优势和价值

在数字化生产及办公环境中，内生安全的防护优势与价值非常明显。下面我们从防护目标、防护能力和防护效果三个方面进行分析和说明。

2.3.1 适应新基建和数字化的需要

从防护目标上看，内生安全可以适应新基建和数字化的需要。

这里首先来简单介绍一下新基建的概念。

1. 新基建与数字化

2018 年 12 月，中央经济工作会议在确定 2019 年重点工作任务时提出“加强人工智能、工业互联网、物联网等新型基础设施建设”，这是新基建首次出现在中央层面的会议中。2020 年 3 月 4 日，中共中央政治局常务委员会召开会议，强调“加快 5G 网络、数据中心等新型基础设施建设进度”。

2020 年 4 月 20 日，国家发改委在新闻发布会上首次明确了新型基础设施的范围。新型基础设施是以新发展理念为引领，以技术创新为驱动，以信息网络为基础，面向高质量发展需要，提供数字转型、智能升级、融合创新等服务的基础设施体系。

国家发改委对新型基础设施的内容给出了权威解释，主要包括以下 3 方面内容。

- 信息基础设施：主要包括以 5G、物联网、工业互联网为代表的通信网络基础设施；以人工智能、云计算、区块链等为代表的新技术基础设施；以数据中心、智能计算中心为代表的算力基础设施等。
- 融合基础设施：主要指深度应用互联网、大数据、人工智能等技术，支撑传统基础设施转型升级，进而形成的融合基础设施。例如，智能交通基础设施、智慧能源基础设施等。
- 创新基础设施：主要是指支撑科学研究、技术开发、产品研制的具有公益属性的基础设施。例如，重大科技基础设施、科教基础设施、产业技术创新基础设施等。

国家发改委还特别指出，伴随着技术革命和产业变革，新型基础设施的内涵、外延也会随之发生改变。

新基建是数字经济发展的战略基石，是数字化发展的典型代表，其核心本质是数字化。所有新基建都是围绕数字化社会的构建来规划的。新基建进一步促进了网络空间与物理空间的连通和融合。新基建的平台是否稳固、安全，是数字经济能否稳定健康发展的关键。

2. 新基建的安全特点

从网络安全的角度看，新基建具有覆盖范围广、系统复杂度高、系统暴露面大、安全事故损失大等特点。

- 覆盖范围广

无论是从技术角度、产业角度还是地域角度来看，新基建的覆盖范围都是非常广泛的，因此不可能采用“孤岛式”或“分片式”的方法对新基建系统进行安全管理，而是需要一种大范围可控的安全建设方法。

此外，由于涉及整个社会生产生活的方方面面，因此，新基建设施一旦建成并开始运行，就不太可能停止运行来进行安全检修。“修修补补”的安全方式显然不适用于新基建。

- 系统复杂度高

新基建是新型 IT 技术与新型生产技术、新型业务模式相互融合的产物，其系统的复杂度与传统 IT 或信息化系统不可同日而语。越是复杂的系统，出现安全漏洞的频率就会越高，可能遭遇的安全风险就越大，入侵者的隐秘行迹就越难以被发现。

- 系统暴露面大

覆盖范围广和系统复杂度高的直接结果之一是系统暴露面大幅增加。新基建系统中的任何一个节点、任何一种设备、任何一次协议交换、任何一套业务系统，都有可能成为攻击者入侵的突破口。网络防御难度呈指数级增加。

- 安全事故损失大

在新基建时代，物理与现实的结合日趋紧密。针对物理世界的网络攻击会对现实世界造成巨大的影响和损失。事实上，正是由于新基建对数字化环境的高度依赖，使得数字化环境一旦遭遇网络攻击，就有可能造成大规模的停产停工。这不仅可能带来巨大的经济损失，甚至还有可能造成人员伤亡并引发社会混乱和灾难。

3. 内生安全对新基建和数字化的意义

一方面是安全风险的成倍增加，另一方面是事故损失的影响扩大。能否为新基建搞好安全基础建设，成为部署网络安全工作的一大考验。我们必须全盘考虑新基建的网络安全建设问题，以及网络边界被打穿后的系统安全及可靠性问题。

这就要求我们必须从整个新基建系统的规划设计之初，以内生安全的建设思想为指导，充分考虑安全问题，深植网络安全能力，保持高水平安全运维，并为系统提供可升级、可扩展的安全方案，确保在各种网络安全风险环境中，都能有效地保障数据和业务安全。

2.3.2 从防护能力上，可以实现安全能力的动态成长

从防护能力上，内生安全可以实现安全能力的动态成长。

数字化时代，业务结构与业务需求的快速变化将成为企业经营的常态，这就要求信息化系统不断根据业务需求进行快速调整。同时，网络安全环境也处于瞬息万变的状态，安全策略必须能够快速适应业务变化与威胁变化。

按照传统的网络安全建设思路，网络安全的规划建设与业务系统的发展是相互独立的，面对不断变化和调整的业务系统，网络安全的滞后性和延迟性问题将不断凸显。这必然导致网络安全能力与信息化发展不匹配，结果是信息化

系统建设得越多，安全漏洞就越多，发生安全事故的风险也越大。政企机构的网络安全防护能力需要与信息化系统、业务系统的建设同步成长。

只有按照内生安全的建设思想，将业务系统与安全系统深度聚合，IT 人员与安全人员深度聚合，实现安全能力与业务能力的同步增长和动态增长，才能实现可持续的安全能力。

业务系统与安全系统深度聚合可以有效解决安全与业务相互独立的问题，实现安全能力与业务系统的深度融合，实现对业务系统的安全防护需求的动态响应。

IT 人员与安全人员的深度聚合可以提升系统本身的安全性，最大限度地减少安全漏洞和由此带来的安全风险，改变“系统越多，漏洞越多，风险越大”的传统局面，做到在源头降低安全风险。

2.3.3　最大限度降低安全风险和损失

从防护效果上看，内生安全可以最大限度地降低安全风险和损失。

传统网络安全防护重建设，轻运营；重预防，轻响应；重安全设备采购，轻安全能力建设；重外部威胁，轻内部风险；重系统风险，轻业务风险。

在网络攻击手段日益复杂、系统漏洞层出不穷、内部风险和业务风险日益突出的背景下，传统的安全理念和防护手段无法真正降低安全风险和减少损失。结果导致有些时候，为了防护某些损害不大的风险，却付出了高昂的防护代价；有些时候，某些看似偶然的风险，却造成了极大的损失，如停工停产、业务中断、数据被破坏等。传统网络安全工作能够为政企机构实现怎样的安全保障，防护价值如何，往往都是不确定的。

只有在内生安全理念的指导下，通过系统化的安全建设，层层设防，步步为营，才能最终保障将安全风险的损失降到最低。将安全与业务紧密结合，有力保障数据和业务安全，这也是内生安全防护的终极目标。

以内生安全思想为指导的安全体系建设，网络安全工作可以贯彻到规划、开发和运营的全过程；通过细致的运营，融合业务数据与安全数据，能够更加敏锐智能地发现各种安全威胁；通过最大程度发挥检测与响应的价值，能够更加及时地阻止和消除网络入侵行为，将安全风险和损失降至最低。

2.4 三大关键落地内生安全

网络安全是高度对抗性的行业，网络安全系统包括技术、数据、人员和体制机制等，是一个复杂的系统。为了保障业务的安全性，实现系统的有效运转，不能仅仅考虑产品和技术因素，而是要综合考虑技术、管理、运行等多方面的因素。

2.4.1 安全的关键是管理

首先，漏洞是不可避免的，只要系统 0day 漏洞还没有被黑客穷尽，就永远面临着未知威胁。这个漏洞可能存在于芯片、操作系统、应用系统、网络设备等任何地方，随时可能导致数据被盗，也有可能会直接导致系统崩溃。如果只采用攻防技术来防护，这类安全问题是永远无法解决的。其次，绝大部分威胁是由内部各种非法和违规的操作行为造成的。根据 FBI 和 CIA 等机构联合进行的一项安全调查报告显示，超过 85%的网络安全威胁来自于内部，危害程度远远超过黑客攻击和病毒造成的损失。最后，所有的体系都是人为操控管理的，但人本身的弱点造成了网络体系最大的脆弱性。上述问题的存在，决定了不管技术多先进，我们的体系最终会失效。

安全的关键是管理。这里的管理不是传统意义上的管理，它既不是单纯的人员管理、行政管理、体制机制管理，也不是传统的条文式管理、流程式管理，而是一套“新管理”模式。它由数据驱动，通过与安全体系中的能力平台和服务平台有效对接，实现对安全技术、安全运行等各方面要素的有效管理，从而发现和规避黑客利用安全体系中的漏洞发起的攻击，克服人的不可靠性，弥补人的能力不足。

这种新管理模式的表现形式，可以是网络安全管理平台，也可以是网络安全管理运营中心。内生安全，代表的正是这种新形态的网络安全管理模式。它采用“一个中心、五个滤网”模式，从网络、数据、应用、行为、身份五个层面来有效实现对网络安全体系的管理，从而构建无处不在、处处结合、实战化运行的安全能力体系。这种新管理模式，需要有强大的能力体系支撑，需要采用工程化、体系化的方式进行实施，这套方法的成果构成了内生安全框架。

2.4.2　管理的关键是框架

实现内生安全是一套复杂的系统工程，需要采用工程化、体系化的方式实施，实现它的关键就是安全框架。内生安全框架有 3 个重点：“厘清楚”“建起来”“跑得赢”，目的是通过“新管理”，使网络安全体系具有动态防御、主动防御、纵深防御、精准防护、整体防护、联防联控的能力。

实现内生安全所代表的这种新形态的网络安全管理是一套复杂的系统工程，它需要一个新形态的能力体系作为支撑，需要采用工程化、体系化的方式来实施，其实现关键是安全框架。

在信息化系统的功能越来越多、规模越来越大、与用户的交互越来越深的情况下，即使是最先进的单一的、堆叠的安全产品和服务，也无法保证不被黑客穿透，但内生安全系统能够使安全产品和服务相互联系、相互作用，在整体上具备单个产品和服务缺失的功能，从而保障复杂系统的安全。建设内生安全采用的就是系统工程的思想。

内生安全框架是从工程实现的角度，针对我国的国情研制出来的，它将安全需求分步实施，逐步建立面向未来的安全体系。该框架从顶层视角出发，支撑各行业的建设模式从“局部整改外挂式”走向“深度融合体系化”，在数字化环境内部建立无处不在的网络安全“免疫力”，真正实现内生安全。

内生安全体系建设，需要先体系化地梳理、设计保障政府和企业数字化业务所需要的安全能力，才能确保这些安全能力能够融入到信息化与业务系统中去。在设计的过程中，我们要根据政府和企业自身信息化项目的实际情况，对安全能力进行挑选、组合和规划，制定明确标准。

融合是建设的关键，将安全能力深度融入物理、网络、系统、应用、数据与用户等各个层次，确保深度结合；还要将安全能力全面覆盖云、终端、服务器、通信链路、网络设备、安全设备、工控、人员等要素，避免局部盲区，实现全面覆盖。这种将安全能力合理地分配到正确位置的建设过程，就是安全能力组件化的过程。

在具体的建设过程中，需要一个全景化的技术部署模型，全面描绘政企机构的整体网络结构、信息化和网络安全的融合关系，以及安全能力的部署形态。在这个基础上，我们就可以把所有的安全能力组件分别以系统、服务、软硬件资源的形态，合理部署到信息化系统的不同区域、节点、层级中。

内生安全体系强调安全运行，把管理作为关键，就能“人定胜天”，跑得赢漏洞，跑得赢内鬼，跑得赢黑客。

2.4.3 框架的关键是组件化

从安全系统与信息化系统聚合的实施角度来看，如果割裂地对老系统采用老办法，新系统采用新办法，当老系统将来被替代时，安全系统也不得不替换掉，从而造成巨大的浪费。这就要求对安全体系进行“统一设计，分步实施”，在体系的基础上，将安全框架组件化，使这些组件作为新体系的一部分部署到老系统中，从而适应信息化系统这种渐进式的、“立新破旧”的过程，避免不断地重建安全系统，并确保现在安全系统的投资是面向未来的。

从国际经验看，ISO/IEC 27000 信息安全管理体系是按照组件化的方式设计的，包含 14 个类别、35 个目标、114 个控制措施。遵循这样的经验，采用工程化的思想，将体系中的安全能力映射成为可执行、可建设的网络安全能力组件，构成内生安全框架，然后将这些组件与信息化进行体系化的聚合，是安全框架落地的关键。

为了穷尽安全能力组件的类型，我们研究了针对党、政、军、央企、金融等大型机构网络安全的新技术产品和服务体系，为这些体系设计并解构出了十个网络安全工程，以及五方面的支撑能力任务，亦称“十大工程、五大任务”，简称“十工五任”。

“十工五任”是内生安全框架的具体落地手册，具备一个复杂庞大的信息化系统所需要的全部安全能力。这相当于打造了一个信息化巨系统内生安全框架的建设样板，每一个工程和任务，都可以理解成样板房里的不同“房间”。政企机构可以结合自身信息化的特点，选取不同的“房间”进行组合，定义自己的关键工程和任务。

Chapter 03 

03

第 3 章 内生安全建设的方法论基础

3.1 EA 方法论简述

过去 20 年，无论国内还是国外，EA（Enterprise Architecture，企业架构）方法论在引导与推动大规模、体系化、高效整合的信息化建设，支撑各行各业科学地展开业务运营等方面起到了至关重要的作用。事实上，EA 方法论不仅指导了信息化建设，在组织架构、国防建设等方面也起到了重要作用。本书提到的内生安全思想及其指引下的“新一代网络安全框架”的很多思路也来源于 EA 方法论。

什么是 EA？我们为什么需要 EA？这个诞生于 30 年前的方法论为何至今仍然在解决 IT 系统性问题中发挥着举足轻重的作用？我们在将 EA 方法论借鉴应用到网络安全时，哪些思想可以实际应用，哪些思想只是作为参考开阔思路，而不适合在我国的网络安全领域具体落地？本节将对这些问题进行系统性的探讨。

3.1.1 EA 的定义

EA 是通过创建、沟通和提高用以描述企业未来状态和发展的关键原则，进而将商业愿景和战略转化成有效的企业变更的过程。EA 方法主要用于演进或维护现存的信息技术体系，或是引入新的信息技术体系，以实现组织的战略目标和信息资源管理目标。

EA 的重要目的是将跨组织的、零散的遗留流程（人工或自动）优化进一个集成的环境，使其可以及时响应变更，并有效地支持业务战略的交付。如果说企业是具有一系列共同目标的组织的集合，那么 EA 则是为了有效地实现这一目标，去定义企业的结构和运作模式的概念蓝图；是构成企业的所有关键元素及其关系的综合描述；是通过创建、沟通和优化用以描述企业未来状态和发展的关键原则和模型，将商业愿景和战略转化成有效的企业变更的过程。如果将日益复杂的数字化环境看作一个复杂的系统，EA 其实就是系统工程在信息化领域的结合应用。

EA 是承接企业业务战略与 IT 战略之间的桥梁与标准接口，是企业信息化规划的核心。对于持续变更的业务环境，IT 系统也需要随之演进，而 EA 则能为响应这种演进提供战略背景支撑。EA 是企业顶层设计的图纸，决定企业结构、组成部分、各部功能、空间关系等元素。

一般而言，EA 可以分为两大部分：业务架构和 IT 架构。目前大部分 EA 方法都是从 IT 架构发展而来的。

- 业务架构：是把企业的业务战略转化为日常运作的渠道。业务战略决定业务架构，包括业务的运营模式、流程体系、组织结构、地域分布等内容。
- IT 架构：是指导 IT 投资和设计决策的 IT 框架，是建立企业信息系统的综合蓝图，包括数据架构、应用架构和技术架构三部分。

其中，业务架构的重点是流程和数据，而 IT 架构的重点是应用和技术。前者增加了商业愿景和任务目标驱动力，后者增加了可落地的实施策略和计划。

3.1.2 EA 的诞生与演变

1987 年，美国人 John Zachman 在其发表的 *A Framework for Information Systems Architecture* 论文中首次提出了“信息系统架构框架”的概念，由此奠定了 EA 的理论基础。

John Zachman 在论文中指出，为了避免企业在日益复杂的业务中分崩离析，信息系统架构已经不再是一个可有可无的选择，而是企业的必需。论文从信息、流程、网络、人员、时间、基本原理等 6 个透视角度来分析信息系统架构；同时提供了与这些视角相对应的 6 个模型，包括语义、概念、逻辑、物理、构件和功能模型。由于其杰出的开创性工作成果，John Zachman 被公认为是 EA 领域的开拓者。

1996 年，美国的 Clinger-Cohen 法案（也称为“信息技术管理改革法案”）中首次确定了术语“IT 架构”。该法案的主旨是美国政府应指导下属联邦政府机构通过建立综合方法来管理信息技术的引入、使用和处置等。Clinger-Cohen 法案要求政府机构的 CIO 负责开发、维护一个合理的、集成的 IT 架构（ITA），并帮助实施。当时的术语 ITA 被解释为 ITEA（IT 与 EA 的组合，即企业 IT 架构）。

由于该法案的实施，美国的一些政府机构率先开始使用 EA，这对 EA 的应用推动发挥了非常重要的作用。美国国家标准与技术研究院（National Institute of Standards and Technology，NIST）于 1989 年发布企业架构模型（NIST EA Model），于 1999 年发布联邦企业架构框架（Federal Enterprise Architecture Framework，FEAF），于 2003 年发布国防部体系架构框架（Department of Defense Architecture Framework，DoDAF）。同时，在企业机构和一些标准化组织中，也涌现出一些具有影响力的框架，例如 TOGAF（The Open Group Architecture Framework，开放标准组织体系结构框架）。还有 IBM 使用的 CBM（Component Business Model，组件化业务模型），美国情报体系使用的 JARM（Joint Architecture Reference Model，联合架构参考模型），这些都是业界实践后抽取出来的标准方法论。另外，微软、Gartner 也都对 EA 有相应的理解。

在实际的落地应用中，Zachman 的基础框架已经较少使用；而 TOGAF 更多以成果为目的，整个体系过于复杂；DoDAF 的应用场景与我国的现实情况有较大的不同；JARM 引入了值得借鉴的层次模型来表述能力体系；而 CBM 则注重可用于实践的能力体系；EA^3 Cube 框架也给出了多维度视角。这些典型的方法与框架，将在 3.1.4 节与 3.1.5 节进行概要性的阐述，以帮助我们更好地理解 EA 的方法论思路，并考虑如何借鉴应用到网络安全领域。

3.1.3　EA 的作用

很多企业在进行信息化建设时，常常以技术为主导，仅将关注点放在当前问题的 IT 实现上，缺乏全局思考，经常与业务脱节。这往往会导致上线的新系统无法对业务提供有效支持，无法适应业务快速变化的需求；各系统间无法形成有效联动；也存在功能重复建设的情况。简单来说，就是管理层、IT 人员和业务人员之间没有进行充分沟通并达成共识。

在数字化时代，“业务即 IT，IT 即业务”。我们已经不可能割裂地来看待业务与 IT。在外部环境迅速变化、内部环境日益复杂的情况下，一个完备而科学的 EA 就显得极为重要，它可以在利益相关者之间、信息系统之间、人与系统之间搭建无障碍的沟通桥梁，保障各方拥有共同的理解与愿景。

因此，通过 IT 对信息进行有效的利用及管理，是业务成功的关键因素，也是获取竞争优势不可缺少的手段，可以借此实现下述目的。

- 更高效率的 IT 运行：具体包括降低软件开发、支持和维护的成本；增强应用的可移植性；提高互操作性和简化系统与网络管理；简化系统构件的替换与升级。
- 更好的投资收益，更低的投资风险：具体包括降低 IT 基础设施的复杂度；最大化 IT 基础设施投资回报率；增加开发、购买和外包 IT 解决方案的弹性；降低新投资以及 IT 成本风险。
- 更快、更简单和更便宜的采购：具体包括扩大采购行为的信息可控性；最大化采购速度和灵活性，维持架构一致性；增强供应商开放系统的能力。

3.1.4 典型的 EA 框架

1. Zachman 框架

Zachmam 框架的全称是企业架构和信息系统架构 Zachman 框架（Zachman Framework for Enterprise Architecture and Information Systems Architecture）。

Zachman 框架是一种逻辑结构（见图 3.1），模型分为两个维度。

- 横向维度采用 6W（What、How、Where、Who、When、Why）进行组织，分别为什么（数据）、如何（功能）、哪里（网络）、谁（人员）、何时（时间）、为什么（动机）。
- 纵向维度反映了 IT 架构层次，分别为范围（规划人员）、企业模型（系统所有人员）、系统模型（体系结构设计人员）、技术模型（构建人员）、详细模型（集成人员）、功能模型（用户）。

横向结合 6W，Zachman 框架分别由数据、功能、网络、人员、时间、动机分别对应回答 What、How、Where、Who、When 与 Why 这 6 个问题。

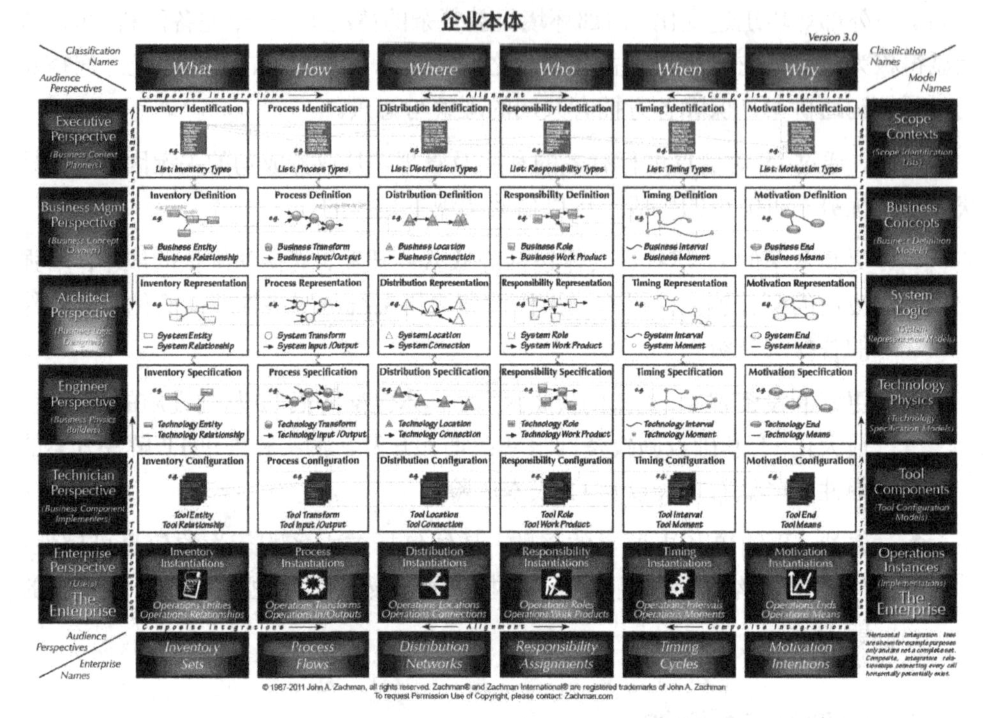

图 3.1　Zachman 框架模型 3.0

纵向按企业中不同角色的关注点进行划分。

- 规划人员关注范围模型，能够看到企业的发展方向、业务宗旨和系统边界范围。
- 系统所有人员关注企业模型，能够使用企业术语定义企业的本质，看到的是企业的结构、处理、组织等。
- 体系结构设计人员关注系统模型，能够使用更严格的术语定义企业业务，看到的是每项业务处理所要完成的功能。
- 构建人员关注技术模型，使用技术模型来解决企业业务的信息处理需求。
- 集成人员关注详细模型，需要解决与特定语言、数据库存储表格及网络状况等相关的具体问题。
- 用户关注功能模型，也是系统的最终用户，考虑系统能否支持自身的工作。

从这两个维度将所有 IT 构件进行分割，可以划分成相对独立的模块，以便于独立管理，如图 3.2 所示。

	数据	功能	网络	人员	时间	动机
规划人员	范围模型	业务事项	业务过程	业务地点	组织	重要事件	目标战略
系统所有人员	企业模型	语义模型	过程模型	逻辑系统	工作流模型	主进度	业务计划
体系结构设计人员	系统模型	逻辑数据模型	应用架构	系统架构	接口架构	处理结构	业务规划模型
构造人员	技术模型	物理数据模型	系统设计	技术架构	屏幕架构	控制结构	规划设计
集成人员	详细模型	数据定义	程序	网络架构	安全架构	时间定义	规则实现
用户	功能模型	数据	功能	网络	组织	进度	战略

图 3.2　拓展的 Zachman 模型

采用 Zachman 框架进行 IT 规划的一般步骤如下。

步骤 1．确定组织的愿景和原则。

- 确定 IT 架构业务、组织与 IT 系统范围，识别业务驱动力。
- 确定 IT 架构愿景和目标。
- 制定 IT 架构定义的原则。
- 识别 IT 架构相关需求。
- 研究与学习业界 IT 架构最佳实践。

步骤 2．现状描述分析。

- 搜集现有 IT 系统的现状资料。
- 业务现状分析，识别现有 IT 系统在业务支撑方面存在的问题。

步骤 3．目标机构定义。

- 引入最佳实践，并结合企业实际，定义目标 IT 架构，包括数据、应用、基础设施架构。

步骤 4．差距与改进点分析。

- 目标架构与现状的差距与改进点分析。

- 将具体 IT 需求纳入目标架构框架。

步骤 5．改进点优先级排序。

- 对 IT 架构的改进点以及具体需求进行优先级排序。

步骤 6．制定 IT 架构的实施计划。

- 确定向目标 IT 架构迁移的具体实施计划。
- 确定目标 IT 架构实施的推行组织。

步骤 7．持续改进 IT 架构规划过程，各个环节不断优化。

- 制定目标 IT 架构的持续改进计划。
- 制定 IT 架构的管理维护机制。

从 1987 年至今，EA 发展了 30 余年，许多专家与组织都试图对 EA 的内涵进行定义，国际上也涌现出一批企业架构方法论。其中，影响力比较大的有 TOGAF、FEAF 和 DoDAF。

TOGAF 是联盟性组织 The Open Group 主导开发的框架，在企业信息化建设中起着举足轻重的作用；FEAF 是指导美国联邦政府组织结构和管理的框架，在美国联邦政府的管理与组织中扮演了重要角色；DoDAF 作为美国国防部指导开发的框架，在国防信息化建设中发挥了重要作用。

2．TOGAF

TOGAF 全称为 The Open Group Architecture Framework，是由致力于技术标准制定和推广的非营利组织 The Open Group 制定的用于开发 EA 的方法，是目前具备影响力的主流 EA 框架之一，主要应用于企业。TOGAF 是一种协助开发、验收、运行、使用和维护架构的工具。在福布斯排名前 50 的公司中，有 80%的公司采用了 TOGAF 框架。

TOGAF 更接近于一个常用的标准 EA 描述，提供了架构开发方法、架构能力框架、架构内容框架、企业连续体及参考模型等一系列组件。

TOGAF 是 The Open Group 中的“体系结构框架组”成员共同开发制定的。该小组的会员包含全球领先的 IT 客户及厂商，基本上代表了架构发展的最佳实践。使用 TOGAF 作为架构框架，可以实现架构开发的一致性，反映利益相关者的需要，并为当前需求以及未来可能的业务需求提供应有的考虑。

在国际上，TOGAF 已经被证实可以灵活、高效地构建企业 IT 架构。TOGAF

在国内的引进已对国内 IT 产业产生了重要影响。2009 年之前，国内 IT 企业很少参与国际标准的制定，致使国内企业的 IT 建设与欧美企业之间有较大差距。引进 TOGAF 后，国内企业的 IT 技术架构基本与国外先进的技术架构保持同步。TOGAF 帮助国内企业节约了成本，增加了业务模式的灵活性，加强了个性化和随需应变的能力；同时提高了信息系统的应用水平，还对企业的业务模式创新起到了一定的推动作用。

3. FEAF

FEAF（Federal Enterprise Architecture Framework，联邦企业架构框架）是从美国国家标准与技术研究院 EA 模型（NIST EA Model）的基础上扩展而来的，以使其满足美国联邦政府治下机构及企业架构的组织和管理需求。在实际应用中，FEAF 更多地用于指导美国联邦政府组织的结构和管理的框架设计。

FEAF 提供了一个组织结构和收集渠道，方便成员将各自的架构集中到企业架构中去。该框架是非限制性的，适用于所有的联邦内机构，特别是已存在架构的机构。如今，FEAF 已经发展出了许多更先进的模型。FEAF 可以看作一个基础框架，为 EA 的建设提供了一整套开发方法。

FEAF 的架构共分为 4 个层次。

- 第一层次是 FEAF 的最高层次，它介绍了开发和维护联邦企业架构所需的 8 个组成部分。
  - 架构推动者（Architecture Driver）
  - 战略方向（Strategic Direction）
  - 当前架构（Current Architecture）
  - 目标架构（Target Architecture）
  - 转换过程（Transitional Process）
  - 架构片段（Architectural Segment）
  - 架构模型（Architectural Model）
  - 标准（Standard）
- 第二层次将架构驱动力、当前架构、目标架构以及架构模型的内容，从业务和设计两方面进行了细化。第二层次更详细地说明了由当前架构到目标架构的转换过程（例如构型管理和工程转变控制）的参照标准。标准包括用于促进互用性的强制性标准，以及自愿指导方针和最佳做法。

- 第三层次在第二层次的基础上，将当前设计架构与目标设计架构细化为数据架构、应用架构和技术架构。转换过程的内容也被进一步细化和明确。
- 第四层次通过借鉴 EA 规划技术，为业务架构模型的建立提供了方法，从不同的角色视角与六个方面（What、How、Where、Who、When、Why）出发，完整描述出 EA 应包含哪些内容。

4. DoDAF

DoDAF（Department of Defense Architecture Framework）是由美国国防部的工作小组制定的系统架构框架，于 1996 年 6 月推出，主要用于指导国防信息化建设。DoDAF 的前身是“指挥、控制、通信、计算机、智能、监视和侦察”（Command, Control, Communications, Computers, Intelligence, Surveillance and Reconnaissance）架构框架。

DoDAF 演变至今已经具有以下一些特点：

- 体系结构开发过程从以产品为中心转向以数据为中心，主要为决策提供数据；
- 从初期的三大视图（作战视图、技术视图和系统视图）更新到现有的 8 种视图，分别是全视图、数据与信息视图、标准视图、能力视图、作战视图、服务视图、系统视图和项目视图；
- 描述了数据共享和在联邦环境中获取信息的需求；
- 定义和描述了国防部企业架构；
- 明确和描述了与联邦企业架构的关系；
- 创建了国防部架构框架元模型；
- 描述和讨论了面向服务架构（Service-Oriented Architecture）开发的方法。

3.1.5 组件化业务模型

CBM（Component Business Model，组件化业务模型）是 IBM 开发的业务模型组件化的方法，通过将组织活动重新分组到数量可管理的离散化、模块化和可重用的业务组件中，帮助企业实现有组织的提供服务的能力，实现内部、外部的专业化。该模型可以帮助企业在扩张和发展的同时，在不增加其复杂性的前提下，降低风险，提高效率。

1. 业务组件

业务组件是 CBM 的核心概念，是构建专业化企业的功能模块，每个组件包含 5 个维度，如图 3.3 所示。

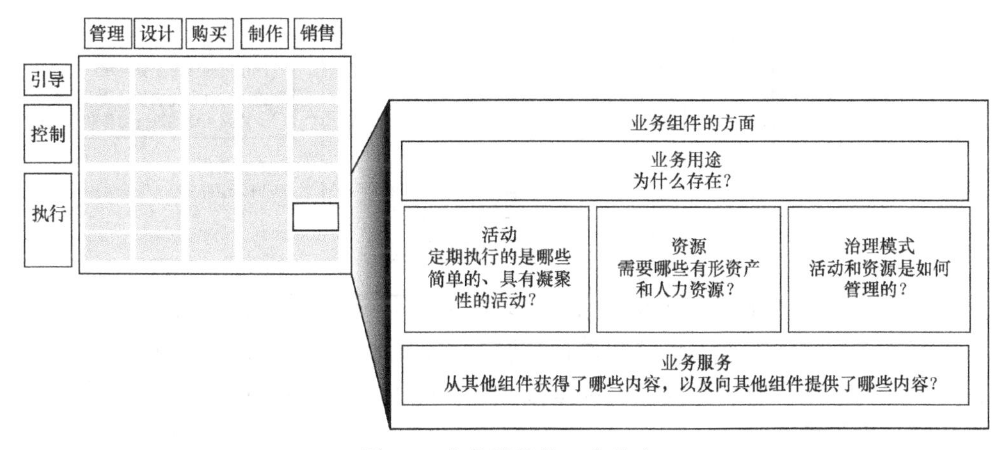

图 3.3 业务组件的 5 个维度

- 业务用途（business purpose）：组件的业务用途是其在组织内部存在的意义，表现为该组件向其他组件提供的价值。
- 活动（activity）：为了实现业务用途，每个组件都要执行一系列相互独立的活动。
- 资源（resource）：组件需要各种资源（如人员、知识、资产等）来支持这些活动。
- 治理模式（governance model）：每个组件都要根据自己的治理模式，以相对独立的方式进行管理。
- 业务服务：每个业务组件都可以提供和接收业务服务。

业务组件的优势之一来自组件之间通过松散耦合方式进行链接，具备灵活、快速响应、适应性强的特点，另外一个优势是组件内各活动的凝聚力强，可对外提供高效率、高质量的服务。

2. CBM 模型

CBM 模型通过两个维度对组件进行组织，分别是业务能力和责任级别。如图 3.4 所示。

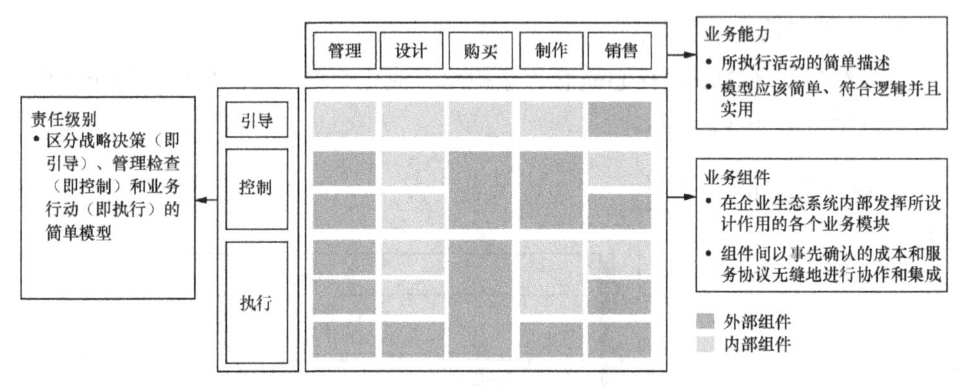

图 3.4 CBM 模型示意图

业务能力即企业创造价值的能力。通过明确不同部门的业务功能、划分边界来确定关系，确保所有工作都在进行，而且不会进行重复的工作。不同行业不同公司建立的模型会有所不同，但都是按照业务能力、工作来划分组件，并按照特定的顺序进行排序。

责任级别分为战略决策（引导）、管理检查（控制）、业务行动（执行）。战略决策（引导）主要向其他业务组件提供战略、总体方向和公司政策，聚焦于明确战略的发展方向，建立总体的方针政策，调配资源，管理和指导各个业务板块。管理检查（控制）主要指企业的管理活动，如监控、管理特殊情况和战术决策等业务，负责把战略落实到运营过程中，并监控和管理业务指标与企业员工，发挥监管资产和信息的作用。业务行动（执行）是指通过具体的业务执行来实现的业务功能，处理业务请求和业务数据，注重作业效率和处理能力，处理各种资产和信息。

3. CBM 如何设计

CBM 通过设计组织的未来形式，推动企业内部和外部向专业化发展。该过程包括以下 3 个方面：

- 通过分析业务和市场环境，得到现有公司的业务组件整体视图；
- 在不断变化的环境中，按照迁移规划方案向专业化发展；
- 促使组织、基础设施向组件化的企业方向不断优化。

3.2 内生安全思想与 EA 方法论

内生安全是信息化与网络安全发展的内在要求，是解决复杂体系网络安全问题的必由之路，但实现内生安全需要有实践基础上的方法论的指引。

EA 方法论是指导政企机构信息化建设行之有效的方法论，非常值得日益复杂的网络安全领域进行借鉴。尽管 EA 的各类实现框架并不能简单地套用在网络安全的规划建设上，很多也不能完全适应本土化的网络安全建设环境，但其核心思想和方法体系却可以为我们实现内生安全思想指引下的新一代网络安全框架的设计提供有力的支撑和借鉴。

3.2.1 采用系统性框架指引网络安全建设

作为系统工程思想在信息化领域的应用，EA 方法要求我们打破零散式的规划与建设，系统性地构建信息化体系，从而引导与推动大规模、体系化、高效整合的信息化建设。但是与信息化发展不同的是，网络安全行业一直缺乏与信息化系统工程方法相匹配的框架，来指导未来的网络安全体系建设。尤其在数字化转型不断深入的过程中，需要有一套行之有效的以系统工程方法论结合“内生安全”理念而形成的网络安全规划建设框架，引导政企等大型机构规划和建设网络安全。

我们要做的是从 EA 的方法体系与各种框架中找到适合中国网络安全状况的方法，并结合我国的实际国情，加以开发与利用，以及结合内生安全理念，形成适用于网络安全的框架、方法、配套工具等。这里也需要特别说明，传统的 EA 框架中也包含网络安全的内容，但这里的网络安全更多是提出了安全需求，而不是体系化地阐述如何去进行网络安全的能力建设，这与我们的目的是有区别的。

在这项工作中，我们在使用 EA 方法论时，需要清晰地理解其真正的目的是为了帮助政企等大型机构厘清并实现其所需要具备的网络安全能力体系，而不是为了建设某种系统。政企机构所需要具备的网络安全能力体系是什么、包含什么，以及应该如何有序地进行构建并真正运行起来才是关键。平台、系统等只是实现这个能力体系的具体措施。

一些非常有益的借鉴思路与方法如下。

- 汲取 IBM CBM 方法中的能力组件思路，能够帮助我们确定在一个大型机构的业务与信息化环境中，或者更广阔的网络空间中，网络安全需要形成多少种能力，这些能力应该在哪里建设，以及如何有序地建设，才能够形成该机构所需要的完整的全局的网络安全能力体系。而在国内政企机构所需要的网络安全能力体系上，滑动标尺模型（参见3.2.2节）则给出了很好的思路。

- 汲取 EA^3 Cube 架构中的多视角思维，结合我国大型机构的实际需求，从“技术、管理、运行”多方面视角来对网络安全的能力覆盖进行展开。
- 我们还可以汲取JARM中的多层级思路，将一个大型机构的信息化环境进行多层级的划分，在每个层级上结合整体的网络安全能力体系分类，以及组件化思维，形成更精细的、层次化的网络安全能力组件，从而指导政企机构的网络安全体系的设计与建设落地。

对于同样是复杂系统的网络安全建设问题，EA 的基本思想与方法论同样适用。我们要做的是充分进行合理恰当的选取与应用，从全局视角，以系统性的方法进行整体的设计、建设与运行；应当综合考虑业务现状与信息化环境的未来发展，规划设计与之相匹配的网络安全能力体系，并像建设信息化一样，将网络安全的能力与信息化环境融合内生，全面覆盖，深度融合，从而保障政企核心业务的顺畅运行。

应用上述思路，我们可以形成一套全面的实用型框架，以及配套的方法论、工具集，从而为网络安全的建设模式升级提供方法与依据。本书后续章节将要介绍的“新一代企业网络安全框架”（以下简称“新框架”）就是结合网络安全、系统工程与项目管理，以及大量国内政企机构信息化与网络安全建设的实践经验，总结成一套适合于国内政企机构，特别是大中型政企机构信息化发展的、系统性的网络安全建设框架。新框架既是对网络安全模式升级新方法的探索，也是“内生安全”理念的有效落地。

新框架借鉴 EA 方法论，以“网络安全能力体系”建设为中心，识别出在信息化的各个层面，构成网络安全能力的能力组件，并将这些安全能力组件全面覆盖到政企普遍存在的信息化各领域，进而规划出网络安全建设实施“项目库”（需要逐步实施的项目的集合）。随着这些项目的实施，安全防护体系将逐步融入信息化环境，进而共同实现全面的安全能力。最终，随着安全技术体系与安全运行体系的建立与完善，可以实现“内生安全”的全面落地，使政企机构能够具备体系化的安全防御能力。

新框架必须重点设计所需安全能力之间的依赖协同关系，以及通过安全能力的协同所能提供给信息化的安全服务。要明确安全服务能力与信息化各层次的结合方式，建立以能力为中心的安全能力服务化模式。

新框架涉及的安全能力应全面覆盖云、终端、服务器、通信链路、网络设备、安全设备、工控、人员等 IT 要素，避免局部盲区而导致的防御体系失效；还需要将安全能力深度融入物理、网络、系统、应用、数据与用户等各个层次，确保安全能力在 IT 系统的各层次有效集成。

3.2.2 将当前需求与未来发展相结合

网络安全的零散化发展有一个重要的表现，就是根据漏洞位置进行修补，根据安全需求进行安全建设。但 EA 方法论告诉我们，系统建设的目标不仅仅是维护现存的技术体系，还应充分考虑企业未来状态及新型技术体系的引入，以此实现企业未来的战略目标和管理目标。将 EA 方法论用于网络安全，就要求我们在规划建设阶段，不能仅仅局限在服务于当前的业务系统和解决已知的网络安全问题，而是应当结合企业的业务与信息化发展，使网络安全建设能够服务于企业的战略目标和管理目标，敏捷应对未来的网络安全扩展需求。

这就要求企业在制定网络安全规划、实施网络安全建设的过程中，至少必须做到以下两点。

- 所有的网络安全规划与建设应当在某种通用型的统一框架下进行，这样才能确保接口、协议、组件、模块等建设的标准化和可扩展性，尽可能减少或避免封闭式建设在安全扩展、商业替换及技术换代等方面给企业带来的高昂成本。
- 企业需要明确自身网络安全建设所处的发展阶段，并结合自身的发展目标制定科学的发展规划。

如本书前文所述，政企机构的信息化建设，一般可以归纳为 4 个不同的发展阶段：分散建设阶段、统一建设阶段、集成应用阶段和共享应用阶段。而在网络安全领域，也有这样一个行业共识度较高的发展阶段模型，即滑动标尺模型。

网络安全滑动标尺（The Sliding Scale of Cyber Security）模型是 SANS 机构研究员 Robert M. Lee 在 2015 年 8 月发表的一份白皮书 *The Sliding Scale of Cyber Security* 中建立的一个网络安全的分析模型，是目前国内外公认度比较高的一个分析模型。该模型把网络安全的行动措施和资源投入进行了分类，使机构能够很方便地辨识自己所处的阶段，以及应该采取的措施和投入。对网络安全从业者来说，它可以帮助我们审视产品和服务的布局。

滑动标尺模型把机构的网络安全建设分为 5 个主要的阶段，分别为架构建设（Architecture）、被动防御（Passive Defense）、积极防御（Active Defense）、威胁情报（Intelligence）和进攻反制（Offense），如图 3.5 所示。

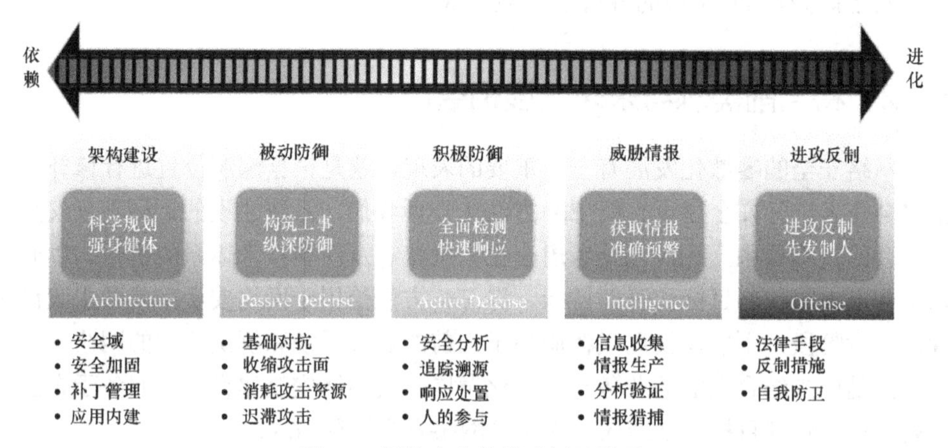

图 3.5 网络安全的滑动标尺模型

这 5 个阶段对应 5 个逐步进化的能力。对于政企机构来说，为了使安全建设的投资更合理，回报率更高，应该按照滑动标尺从左向右的顺序进行建设。下面将滑动标尺模型给出的网络安全能力五大阶段进行简要说明。

1. 架构建设

在系统规划、建设和维护的过程中，我们应该充分考虑安全要素，确保这些安全要素被设计到系统中，从而构建一个安全要素齐全的基础架构。

早期建设的很多信息系统，由于没有考虑架构安全问题，致使系统在投入运行后，需要不断地打“补丁”。但实际上，在绝大多数情况下，如果系统的设计架构不够安全，那么打再多的补丁也无济于事。

2. 被动防御

被动防御的能力体系建立在架构安全的基础上，目的是在假设攻击者存在的前提下，保护系统的安全。被动防御可在没有人员介入的情况下，附加在系统架构之上，提供持续的威胁防御或威胁洞察力。

被动防御的目标也可以理解为“人不犯我，我不犯人”。当攻击发生时，系统会做出防御响应。但在响应之前，系统不会主动提前发现攻击者；而在响应之后，系统也不不力求捕获攻击者。从某种角度上来看，被动防御就像是给整个机构拉出了战场防御的“纵深”，并在阵地的不同层次、不同区域上进行层层设防。

3. 积极防御

在积极防御的能力体系中，数据分析被充分利用，分析人员开始介入，形成人机互动，并对网络内的威胁进行监控、响应、学习和应用知识（理解）的过程。

与被动防御相比，积极防御将攻防过程从一次对一次，发展成一个有历史、有现在、有未来的长期过程；将攻击发生时的瞬间防御转换为日常的监测、分析和学习的过程；并且把对单次攻击本身的检测，延伸到对攻击者和攻击者行为的持续关注。在积极防御体系中，数据和人都是非常关键的。

4. 威胁情报

安全建设需要收集数据，将数据转换为信息，并将信息生产加工为评估结果以填补已知知识的缺口。与积极防御相比，威胁情报阶段不但要收集和分析内部数据，而且还要使用外部数据，也就是威胁情报。威胁情报一般来自于外部机构或第三方机构，通常由网络安全服务商提供。威胁情报的产出能力、效率和质量，是现今网络安全服务商技术水平的核心标志之一。需要指出的是，在比较安全服务商的威胁情报能力时，不能只关注情报数量的多少，还需要考虑这些情报与机构自身所面临的安全威胁的结合程度是否紧密。

5. 进攻反制

进攻反制是指在友好网络之外，对攻击者采取直接的压制或打击行动。按照国内网络安全的法律法规要求，对于一般的政企机构来说，进攻反制阶段所能做的，主要是借助于国家网络安全监管力量，通过法律手段对攻击者进行反击。

需要说明的是，滑动标尺模型上的不同能力组成并没有技术先进程度的优劣之分，这些能力对于一个完整有效的防御体系来说都是必要的。比如目前在全球网络安全技术领域都很热门的零信任技术体系，其实横跨了基础架构安全与被动防御的两个能力组成部分。而零信任与信息化环境结合的各类“执行点”，也分布在如网络、云计算环境、数据平台等各类纵深防御的防线当中。如果我们不能在基础架构安全中，很好地打通资产、漏洞、配置、补丁这四大关键流程，并在被动防御中有效地过滤各类威胁检测的安全数据“杂音”，则由“数据驱动”理念所进行的安全大数据分析与态势感知在积极防御阶段也无法有效地进行工作。

在后文将要介绍的新一代企业网络安全框架中，我们结合国内网络安全实践需要，将滑动标尺模型优化为政企机构需要叠加演进建设的 4 个安全能力，即基础结构安全、网络纵深防御、积极防御和威胁情报等能力。结合这 4 种安全能力，政企机构需要识别和设计构成网络安全防御体系的基础设施、平台、系统和工具集。

3.2.3 网络安全要与信息化深度融合

对于数字化系统来说，IT 与业务是密不可分的。从 EA 方法论出发，网络安全也应当与信息化相融合，保障业务安全有序发展。

网络安全是保障业务安全与发展的重要因素，任何网络安全风险，最终都将导致不同程度的业务安全风险。事实上，数字化的业务系统复杂度越高，整个系统的不确定性就越高，其可能存在的网络安全漏洞与风险也就越大。

正因如此，新框架通过网络安全与信息化的技术聚合、数据聚合、人才聚合，为信息化环境各层面及运维开发等领域注入“安全基因”。企业网络安全体系的建设，可将 EA 方法论中关于复杂信息化体系的设计思想应用于网络安全领域，确保安全规划与建设能以全景视角、整体运行视角来审视网络安全能力体系建设，确保安全体系的建设以能力为导向，以架构为驱动，切实指导安全工作的开展。

在安全体系规划建设中，借鉴 EA 方法论中关于信息化复杂体系的设计思想来设计网络安全，使安全能力全面覆盖信息化的各个方面，且安全建设需要各个领域相互协同、整体联动，同时使安全与信息化融为一体，成为信息化运行的一部分。政企网络安全体系规划与建设应以保护信息化资产为基础，进一步关注人员、系统、数据以及运行支撑体系之间的交互关系，进行整体防护。

需要面向叠加演进的基础结构安全、网络纵深防御、积极防御和威胁情报等能力，识别、设计构成网络安全防御体系的基础设施、平台、系统和工具集，并围绕可持续的实战化安全运行体系以数据驱动方式进行集成整合，从而构建出动态综合的网络安全防御体系。要避免以偏概全的传统模式，以全覆盖、层次化思路进行规划设计，以围绕网络的纵深防御体系为基础，进一步围绕数据确定防御重点，围绕人员开展实战化安全运行，规划建设动态综合的网络安全防御体系，使安全能力全面覆盖云、终端、服务器、通信链路、网络设备、安全设备、工控、人员等 IT 要素，避免局部盲区而导致的防御体系失效；还需要将安全能力深度融入物理、网络、系统、应用、数据与用户等各个层次，确保安全能力能在 IT 的各层次有效集成。

3.2.4 建设实战化的网络安全运行能力

EA 方法论告诉我们，信息化系统的设计规划不能只考虑开发与建设，还必须考虑系统的运营和使用过程。从某种程度上说，一个没有运营的方案不是一个可行的方案；一个没有运营的框架不是一个完整的框架。

将 EA 的方法论落实在网络安全建设中，我们应当以“三同步”原则推进安全和信息化的“全面覆盖、深度融合”，建设网络安全基础设施和实战化运行能力，并围绕可持续的实战化安全运行体系以数据驱动方式进行集成整合，从而构建出动态综合的网络安全防御体系。

实战化安全运行能力的建设要求我们切实提升网络安全预防和响应水平。通过将安全工作中的大量隐性活动显性化、标准化、条令化，将安全政策要求全面落实到具体责任岗位的细致工作事项中。通过安全运行流程打通团队协作机制，以威胁情报为主线支撑安全运行，提升响应速度和预防水平。

此外，还应确保安全运行的弹性和可持续性。通过健全网络安全组织，明确岗位职责，建立人员能力素质模型和培训体系，形成安全组织常设化、建制化，确保安全运行的可持续性。通过建立层级化的日常工作、协同响应、应急处置机制，做到对任务事项、事件告警、情报预警、威胁线索等各个方面的管理闭环，面对突发威胁能快速触发响应措施，迅速、弹性恢复业务运转。

实战化安全运行能力要求我们做到有备无患。随着威胁向有组织的攻击发展，政企机构需要以可量化的方式识别能力上限和底线，需要打破“紧平衡”建设方式来规划、设计和建设网络安全体系。这就要求政企机构在进行规划与设计时，要充分考虑随时可能突发的网络安全威胁升级情况，坚持“宁可备而不用、备而少用，不可用而不备”的原则，在建设中预置可扩展的能力，在运行中预留出必要的应急资源，确保在面对网络空间重大不确定性风险时，数字化运营不会受到重大影响。

3.2.5　持续引入信息化与网络安全新技术

EA 方法论指引我们在信息化的规划建设中，不仅应当使设计框架有能力为新技术的持续引入提供扩展支撑，同时还能随着技术环境的整体变化做出不断的调整。同样，内生安全思想指导下的新一代企业网络安全框架，也应当能够促进网络安全创新技术的持续引入与运用。

事实上，本书后文将要介绍的新框架，已经将可信、拟态、AI、CWPP、EDR、SOAR、自适应、零信任、SASE 等各种安全创新技术融入到整体网络安全体系中，使网络安全防御的效率与效果持续提升。新框架为技术创新提供了“土壤”，使新技术的效能在体系化的网络安全环境得到充分发挥；反之，将新技术积极融入安全体系，使其成为体系不可获取的一部分，又能对整个体系的安全水平提高起到如虎添翼的作用。

具体说明如下。

- 新框架应用可信计算技术，确保关键系统计算任务的逻辑组合不被篡改和破坏，在计算运算的同时进行可信防御，为网络与信息系统培育免疫能力。
- 新框架应用拟态防御技术，针对关键系统建立起动态变化的多重并行协同防御能力，解决利用未知漏洞、未知后门等未知攻击的“防御难”问题。
- 新框架以大数据分析、云计算、物联网为基础，将 AI（Artificial Intelligence，人工智能）技术应用到复杂的业务环境下，使深度学习、自然语言处理、行为画像等能力得以充分发挥，对发现威胁入侵、识别异常行为、提高网络安全运行效率起到促进作用。
- 新框架将 CWPP（Cloud Workload Protection Platform，云工作负载保护平台）技术应用于云计算，实现各层安全能力与云资源环境的相互融合，解决混合云数据中心基础架构中服务器工作负载的独特保护要求。
- 新框架以终端的一体化安全能力和数据资源为 EDR（Endpoint Detection & Response，终端检测与响应）技术的资产发现、安全加固、威胁检测、响应处置、情报利用提供基础，促进终端安全与安全体系的整体协同。
- 新框架以态势感知平台为支撑的实战化安全运行机制，在技术和流程层面为应用 SOAR（Security Orchestration，Automation and Response，安全编排、自动化与响应）技术提供基础，支持安全运行人员更加高效准确地完成安全事件的分析、处理和处置工作，有效地发挥人防与技防融合提升的效果。

- 新框架以大数据、人工智能、自动化、行为分析、威胁检测、安全防护、安全评估等技术，共同支撑“自适应安全”的落地，结合国内网络安全现状，拓展持续自适应风险与信任评估机制的应用。
- 新框架采用零信任思想进行架构设计，进一步缩小攻击面，在夯实基础设施、应用系统安全的基础上，围绕“数字身份”建立最小化权限，基于属性的访问控制、动态细粒度授权等重要安全思想建立了安全与业务的双基础设施。
- 新框架融入 SASE（Secure Access Service Edge，安全访问服务边缘）思想，结合零信任、CARTA（Continuous Adaptive Risk and Trust Assessment，持续自适应风险与信任评估）等新技术，将安全策略尽可能靠近实体所在位置，消除安全能力异构，加强整体安全管控，提升防御效能。

此外，新框架还能有效促进网络安全行业的创新生态。通过建立实战化的安全运行，根据 IT 运维与开发的特点，将安全人员技能、经验与先进的安全技术相适配。以需求为牵引，促进网络安全技术的成果转化，使各种先进创新技术得到切实的应用。通过持续的安全运行输出安全价值，有效支撑网络安全的创新生态。

Chapter 04

04

第4章 新一代网络安全框架

4.1 新一代网络安全框架的概述

新一代企业网络安全框架（见图4.1）为政企“十四五”网络安全规划、设计提供了思路与建议。该框架从“甲方视角、信息化视角、网络安全顶层视角”展现出政企网络安全体系全景，通过以能力为导向的网络安全体系设计方法，规划出面向“十四五”期间的建设实施项目库（重点工程与任务），并设计出将网络安全与信息化相融合的目标技术体系和目标运行体系，供政企参考借鉴。

该框架通过叠加演进的能力分类方法，形成面向政企信息化全领域的网络安全能力体系。政企机构可以结合自身情况，采用框架中包含的系统工程方法，对每个安全领域的安全能力进行组合，并重点设计能力间的逻辑关系以形成能力逻辑架构，规划出覆盖网安全领域的建设实施项目库。在规划周期内，项目库中的工程和任务依据路线图确定的时间开展可研、立项、建设。随着项目和任务的落地，政企将逐步建成目标技术体系架构与目标运行体系架构，体系化网络安全能力也将随之形成，从而实现保障数字化业务的目标。

政企可将新一代网络安全框架作为参考模板，然后结合自身情况，充分利用框架中包含的规划方法、工具、项目库、参考架构、规划模型，科学、严谨地规划出适合政企业务发展的新一代网络安全体系。

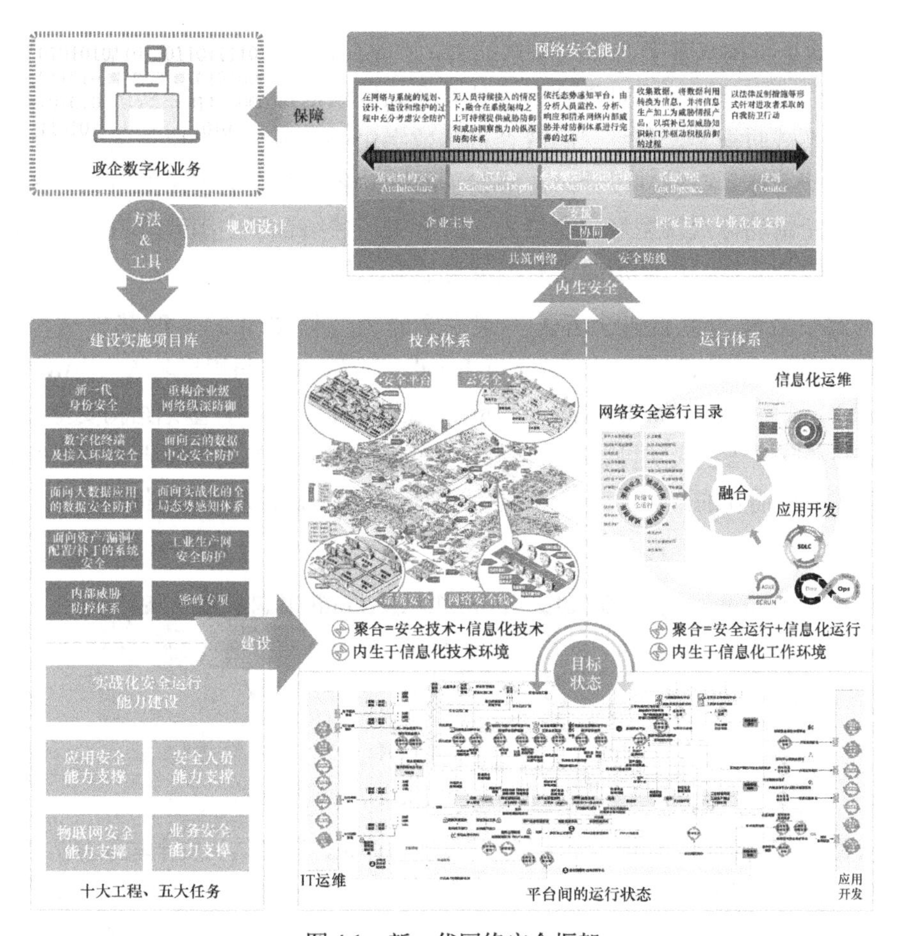

图 4.1 新一代网络安全框架

4.2 新一代网络安全框架的主要组件

新一代网络安全框架由多个组件构成，这些组件可应用于政企网络安全规划的不同阶段，起到提升规划工作的效率和质量、控制规划关键点的重要作用。这些组件分别是网络安全能力体系、规划方法论与工具体系、能力化组件模型、建设实施项目库、政企机构网络安全技术部署参考架构、政企机构网络安全运行体系参考架构。

4.2.1 网络安全能力体系

网络安全能力体系是保障政企机构数字化业务所必需的网络安全能力的集

合，只有政企机构具备了必需的安全能力，才能真正有效地保障数字化业务安全。框架中网络安全能力体系是结合国内外安全领域规范标准、最佳实践、新安全技术研究以及威胁框架，枚举保障政企机构数字化业务安全运行所需的能力集合。网络安全能力体系在规划设计时，借鉴了国际知名网络安全研究机构 SANS 提出的网络安全滑动标尺模型对安全能力进行分类，并结合了中国政企机构信息化普遍存在的安全领域，由此形成了叠加演进的能力体系。

网络安全能力体系包含五大类别安全能力（见图 4.2），即基础结构安全（Architecture）、纵深防御（Defense in Depth）、态势感知与积极防御（SA&Active Defense）、威胁情报（Intelligence）和反制（Counter）。其中，基础结构安全、纵深防御、态势感知与积极防御、威胁情报这 4 类能力是一个完备的企业级网络空间安全防御体系所需要的，而反制能力主要由国家级网络安全防御体系提供。

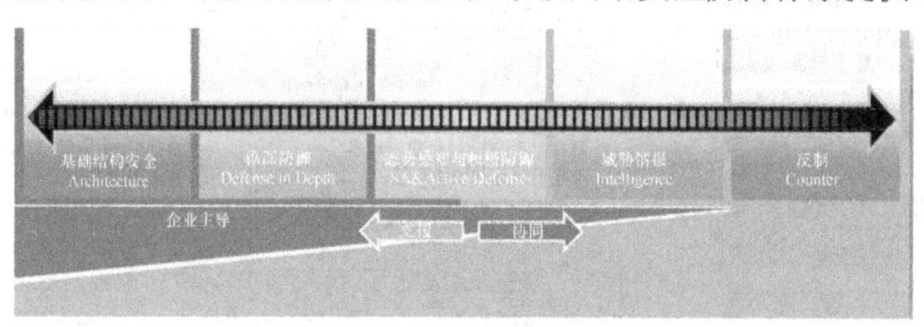

图 4.2 叠加演进的网络安全滑动标尺模式

从叠加演进的视角来看待网络安全防御能力体系，基础结构安全与纵深防御能力具有与信息基础设施“深度结合、全面覆盖”的综合防御特点，而积极防御与威胁情报能力则具有强调“掌握敌情、协同响应”的动态防御特点，并且这些能力之间存在紧密联系，且相互促进。

4.2.2 网络安全规划方法论与工具体系

网络安全规划方法论与工具体系是面向网络安全规划全周期的方法论以及各阶段所用到的工具。政企机构可使用框架中的安全规划方法论指导开展自身网络安全规划工作，使用网络安全规划工具开展访谈、调研、路线设计工作。

1. 网络安全规划方法论

网络安全具有专业性强、复杂度高和涉及面广等特点。采用科学的规划方法论指导安全规划全周期的工作，能够对规划出的项目（工程和任务）的目标展望、资源要求、关键里程碑、可落地性、检验标准起到关键作用，确保规划项目的科学性、经济性、可控性以及结果的可达成性。将网络安全、系统工程、项目管理、服务管理等理论融入网络安全规划方法中，合理使用安全规划工具，可确保政企能够以完整、严谨、科学的方式将安全专业知识应用于规划建设全周期，使规划出的项目（工程和任务）适合政企机构。如图 4.3 所示的新一代网络安全体系框架的规划方法论，将规划过程划分为 5 步，分别是现状分析、安全战略规划、目标安全体系展望、项目规划与路线图设计、可研与立项。

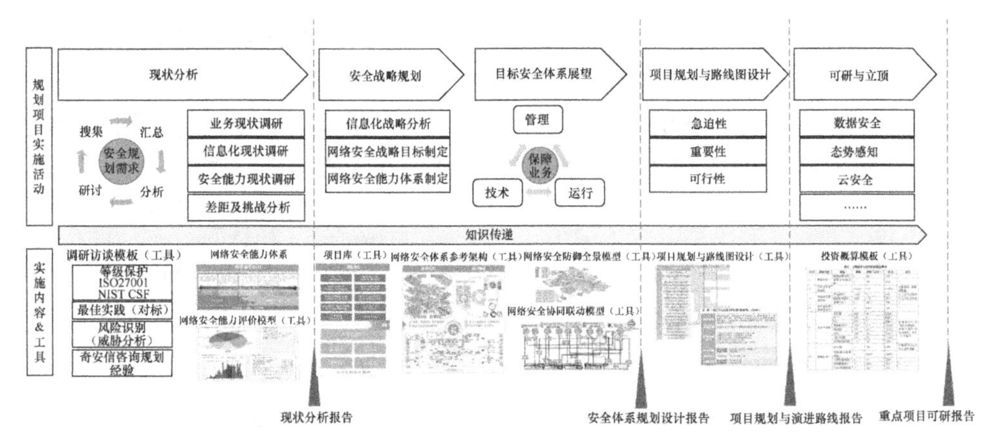

图 4.3 新一代网络安全体系框架的规划方法论

2. 规划工具体系

网络安全规划工具的合理使用可以大幅提升规划效率、规划质量以及规划活动的标准化程度等。新一代网络安全框架包含一个高质量的工具体系，融合了网络安全、系统工程、项目管理等各领域的专业知识，其内容全面覆盖了国内外优秀实践、监管合规要求，以及经过案例证明切实可行的先进做法。合理使用这些工具，可以对规划起到事半功倍的作用。

新一代网络安全框架规划工具主要有现状调研问题模板、安全能力分析评价模型、组件化安全能力框架、安全建设路线图、安全项目规划纲要、项目投资概算模型、政企机构网络安全防御全景模型、政企机构网络安全协同联动模型等。

4.2.3 组件化安全能力框架

组件化安全能力框架是将网络安全能力映射成为可执行、可建设的网络安全能力组件的重要工具。使用该框架可保障数字化业务所必需的安全能力映射到安全能力组件。安全能力组件是安全能力的实现载体，包括安全机制、技术手段、安全系统、安全管理制度、安全责任等内容。在政企机构信息化的所有层面，将安全能力组件与信息化组件相结合，保证了安全能力对信息化的覆盖性与融合性。通过对安全组件的组合来定义要建设的项目，可清晰地表达项目的建设内容。

首先，使用网络安全滑动标尺模型对网络安全能力分类，结合网络安全专业知识，识别出保障数字化业务所需的安全能力全集；然后，结合政企机构的信息化范围，利用组件化安全能力框架，在信息化的各个层次识别出所有安全能力组件，科学、合理地将安全能力组合、归并，建立相互作用关系，形成各领域逻辑架构；最后，将安全能力分布到每一项建设工程和任务中，确保安全能力的可建设、可落地、可度量。在图4.4所示的案例中，通过组件化网络安全能力框架呈现出安全能力在信息化不同层次的安全控制方式，充分反映了安全能力深度结合的思想。

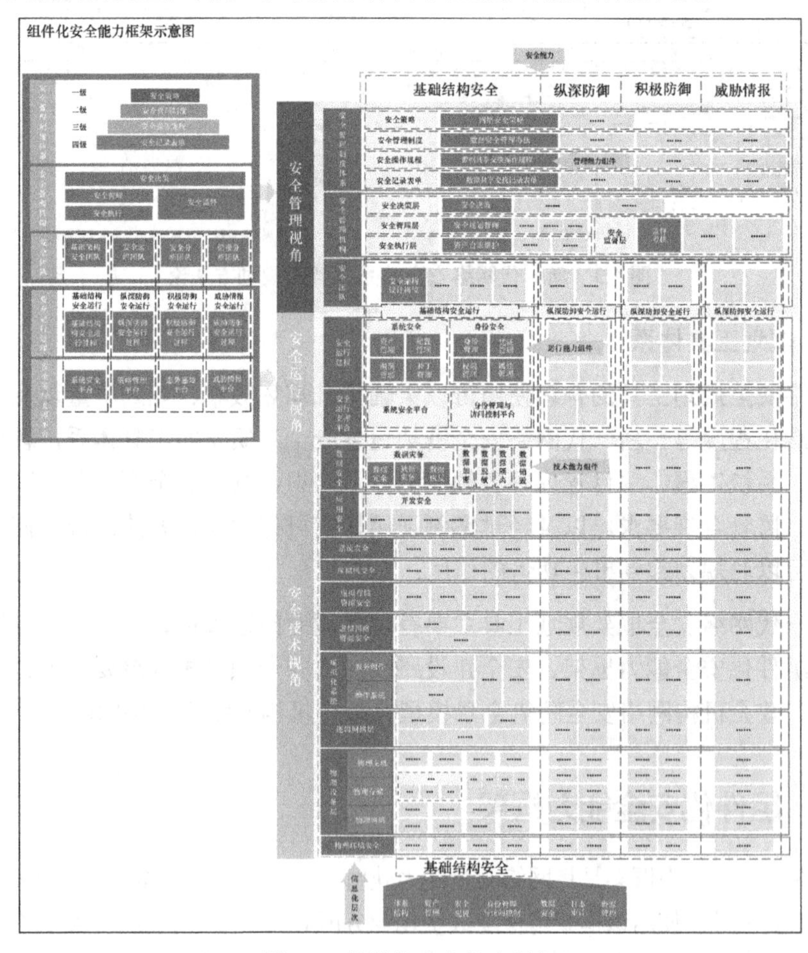

图4.4 组件化安全能力框架

4.2.4 建设实施项目库

项目是政企机构推行安全管理思想、强化安全管控、提升安全能力、打造安全文化的重要抓手。在安全规划中，项目设置的科学性、合理性、可落地性，是决定安全体系建设成效的关键因素。新一代网络安全框架使用能力导向的 EA 方法论，将政企的动态综合网络安全防御体系作为一个整体进行设计，并识别出 15 个构成子系统，进一步以系统工程的方式将这 15 个构成子系统作为巨系统进行设计。

我们面向这 15 个子系统设计了项目规划纲要。项目规划纲要是项目库的核心，它从项目建设与实施的视角出发，高度概括了本项目的目标、覆盖范围、预期效果、协同领域以及多个项目之间的互相作用关系，突出强调项目规划、可研、立项与设计阶段的关键要点。

政企机构在进行网络安全规划时，可参考项目规划纲要模板，根据政企现状规划项目，借鉴项目纲要的表达形式，向信息化领导和网络安全领导阐述项目的重要意义、必要性、建设内容、成果系统、建设范围、所需资源、作用效果、价值产出，以便获得高层支持，从而得到充分的资源配给和政策支持。在规划的全周期，政企参考项目规划纲要进行可研、立项、招标、初步设计、概要设计、建设和运行，明确项目执行中要严格控制的每个系统必须达到的预期能力、关键指标和协同关系，确保安全能力的完整性、体系性和可落地性，进而以一个可实现、一贯秉承的整体视角建设达成网络安全防御目标。

4.2.5 政企机构网络安全技术部署参考架构

政企机构网络安全技术部署参考架构是描述安全技术体系部署状态的参考架构，它以安全技术部署架构图的形式，全面表达了政企机构网络全景、信息化和网络安全的融合全景，以及安全能力组件全景，展示了网络安全能力内生于信息化环境的目标部署状态。政企机构可参考此技术部署参考架构，结合自身信息化现状，规划自己的网络安全技术部署架构。

4.2.6 政企机构网络安全运行体系参考架构

政企机构网络安全运行体系参考架构是描述安全运行体系的目标状态参考架

构，它以安全运行体系参考架构图的形式，全面表达了政企机构网络安全、运维、开发之间的协同关系，展示了网络安全运行以及网络安全与信息化之间聚合、协同运行的目标状态。政企机构可参考此运行体系参考架构，结合自身信息化现状，规划自己的安全运行体系参考架构。

4.3　新一代网络安全框架的关键工具

新一代网络安全框架提供了政企机构网络安全防御全景模型、政企机构网络安全协同联动模型、政企机构网络安全项目规划纲要等关键工具。政企机构可利用这些工具开展网络安全规划工作。

4.3.1　政企机构网络安全防御全景模型

1．政企机构网络安全防御全景模型的基本概念

政企机构网络安全防御全景模型是一种描述安全技术能力目标建设状态的工具，在新一代网络安全框架中用于描绘通过实施“十大工程、五大任务”建设项目后，企业将会实现的网络安全技术部署参考架构。

全景模型能够从以下 3 个层面协助企业构建并描绘在开展网络安全规划与设计时所需要的全景状态：

- 能够帮助企业以信息化场景为基础立体有机地展示全量的信息化环境并作为网络安全规划设计的基础；
- 能够帮助企业全息展示信息化组件和网络安全组件在各类信息化环境中的不同存在形态和结合方式；
- 能够帮助企业全面描述多种网络安全组件共存或相互关联的组合方式，从而诠释内生安全理念，有效支撑企业对网络安全技术部署情况开展的整体性、覆盖性、冗余性和兼容性分析。

2．政企机构网络安全防御全景模型的作用

该模型旨在帮助企业描绘在企业信息化环境中融入内生安全能力的方式，可协助企业根据实际工作需要并结合信息化情况对其在应用系统、网络区域、基础设施或企业整体层面进行裁剪与定制，设计形成企业自身的网络安全技术部署架构，帮助企业展示其网络安全与信息化融合的目标状态。

4.3.2 政企机构网络安全协同联动模型

1. 政企机构网络安全协同联动模型的基本概念

政企机构网络安全协同联动模型是一种描述安全技术能力目标运行状态的工具，在新一代网络安全框架中用于描绘通过实施“十大工程、五大任务”建设项目后，企业将会实现的网络安全运行体系参考架构。

企业的安全运行工作无法独立于信息化自行开展。企业不能脱离其信息化运维、开发、业务应用工作独立地设计安全运行业务，也不能忽视安全运行流程之间的关联关系来设计安全运行业务，否则会导致安全能力不能体系化协作运转，达不到预期的目标运行状态。

协同联动模型能够从以下 3 个层面协助构建并描绘企业的安全运行状态：

- 能够帮助企业设计并展示建设项目与建成的安全系统/平台之间的对应关系；
- 能够帮助企业设计并展示所建立的安全系统/平台之间的业务和数据流关系，体现安全系统之间的相互结合与协同状态；
- 能够帮助企业设计并展示安全系统/平台与 IT 运维管理、应用开发之间的集成关系，用于体现安全服务于信息化并存在于信息化中的状态，从而帮助企业全面展现建设项目实施后整体系统运行的全貌状态，体现安全系统之间的协同、网络安全运行与信息化运行的聚合。

2. 政企机构网络安全系统联动模型的作用

该模型可以协助企业根据实际工作的需要并结合其信息化情况，在业务场景、安全流程、与 IT 业务的聚合关系等层面进行裁剪与定制，设计形成企业自身的网络安全运行体系架构，协助企业明确安全流程在信息化环境中的全景运行情况，呈现企业建设项目在建设完成后可集成、可运行的目标状态，以及确保该目标状态能有效保持所不可或缺的关系性、流程性和约束。

政企机构网络安全协同联动模型给出以企业 IT 基础设施及被保护对象为基础进行安全运行设计的方法。该模型能够协助企业准确描述 IT 基础设施及被保护对象在运行体系中的状态，包括数字化终端、企业网络、企业云平台及云平台管理系统、业务应用及开发平台、数据库、大数据平台、工控网络及工控系统等。

4.3.3　政企机构网络安全项目规划纲要

1．政企机构网络安全项目规划纲要的基本概念

政企机构网络安全防御建设项目规划纲要是一种描述建设落实网络安全规划所需的建设项目，并提供其所涉及的关键要素信息的工具。在新一代网络安全框架中，用于在建设实施项目库中承载“十大工程、五大任务”的项目，在网络安全规划工程中的项目规划阶段作为辅助支持模板帮助政企机构定义项目，在可研立项阶段起到关键要点框定和总体设计参考的作用，从而支撑政企机构分阶段开展项目建设，以实现网络安全技术部署架构及运行体系架构所展望的网络安全防御体系愿景。

建设项目规划纲要体现了系统工程设计成果的要点，能够作为模板、参考和经验库，帮助企业从项目建设角度清晰地发现相关要点，帮助企业更好地在安全规划、可研、立项、招标、初步设计、概要设计、建设和运行的各个阶段开展相关工作。

2．政企机构网络安全项目规划纲要的作用

项目规划纲要呈现了项目关键要素设计表述的形式。项目规划纲要针对每个工程/任务阐述该领域的背景、能力框架及建设要点，制定总体架构图，描述 IT 聚合点、工程参与方、建成系统等内容，形成该领域的背景概述、安全需求、建设目标、关键能力、建设要点、整体架构、交付成果等项目要素，形成直观可读、清晰可用的效果。

第3部分

怎样建设内生安全

- 第5章 新一代身份安全
- 第6章 重构企业级网络纵深防御
- 第7章 数字化终端及接入环境安全
- 第8章 面向云的数据中心安全防护
- 第9章 面向大数据应用的数据安全防护
- 第10章 面向实战化的全局态势感知体系
- 第11章 面向资产/漏洞/配置/补丁的系统安全
- 第12章 工业生产网安全防护
- 第13章 内部威胁防护体系
- 第14章 密码专项
- 第15章 实战化安全运行能力建设
- 第16章 安全人员能力支撑
- 第17章 应用安全能力支撑
- 第18章 物联网安全能力支撑
- 第19章 业务安全能力支撑

Chapter 05 

05

第5章 新一代身份安全

5.1 数字化转型与业务发展的新要求

5.1.1 数字化转型驱动身份安全改变

数字化转型促使系统集成与需求的激增，扩大了数据流转的范围，大数据、物联网、云计算、移动应用等技术改变了传统身份管理和使用的模式，“身份安全”从面向人员实体的身份安全管理演进为对数字身份（人员、设备、程序、接口等）的安全管理，管理模式也从功能驱动转变为数据驱动。基于零信任架构的现代身份管理与访问控制技术为信息系统和网络安全运营奠定了坚实基础。

5.1.2 传统身份安全面临的问题

政企机构在数字化转型的过程中，业务范围进一步向上下游延伸。以前只能在内网访问的大量业务向互联网开放，远程办公向常态化发展，基础设施全面向云化升级，各类信息化系统协同工作，数据在更大的业务范围内流转。这些数字化业务转型的举措在大幅降本增效的同时也导致了安全风险的剧增，对网络安全保障提出了更高的要求。传统身份安全在数字化转型中有诸多问题亟需解决，具体表现在以下方面。

● 基础设施升级面临的身份安全管控挑战

数字化转型促使信息化基础设施全面升级，云计算、大数据、物联网、移动办公等新技术的应用产生了大量数字身份（设备、接口、程序），权限控制变得极其复杂。传统的身份管理与访问控制体系对数字身份的管理能力、权限管理能力、访问控制能力相对缺乏，存在巨大风险。

- 接入人员和设备的多样性导致访问控制难度剧增

数字化转型促使政企业务进一步开放，接入网络的人员、设备越来越多样化，除了企业内部员工外，接入人员还包括供应商、外包人员、客户等外部人员。接入企业网的设备除办公终端外，还包括平板、手机等移动终端以及物联网设备。人员的复杂性、设备的多样性导致安全可控性降低，为业务引入了更多的攻击面。

- 传统的网络边界隔离已凸显出不足

目前，绝大多数企业还是采用传统的网络分区和隔离的安全模型，随着业务数字化、网络化、智能化的趋势，数据必须在多样化的业务、平台、设备、用户之间流动，这导致企业网络安全边界越来越模糊，难以通过边界防护实现灵活、动态的访问控制需求。传统的安全边界防护思想在应对数字化业务带来的新挑战时凸显出不足。

- 粗粒度权限达不到精细化访问控制要求

在传统的信息化业务环境下，用户身份相对单一，用户权限基本固定，用户操作局限于固定模式。随着数字化业务的开展，这种传统的身份管理与访问控制模式无法满足数字化身份对属性管理的需求，无法根据用户及其所处环境的风险状况以及所访问资源的属性动态调整用户权限，且控制粒度过粗，达不到精细化访问控制的要求。

- 特权账号管控不力，导致大量危害性操作时有发生

在数字化业务环境下，业务与信息化深度融合催生了大量的特权业务场景，特权账号数量呈几何级数增长。在这种情况下，传统身份安全对特权账号及其操作的管控力度明显不足，由特权管理不当引发的违规操作、恶意操作或失误操作时有发生，这给企业业务运营造成了极大危害。

- 集成度过低，难以适应大规模复杂场景的自动化身份管理需求

传统的身份安全缺乏自动化的身份管理与权限调整能力。在大型机构复杂的 IT 环境下，数字身份全生命周期管理、权限设置和访问控制都面临较大的挑战。当企业复杂的组织机构出现频繁的人员调整时，各级组织众多的身份数

据与形态各异的业务系统难以应对自动化身份管理与账号权限变更的需求，无法在提高用户访问便利性的同时满足安全性的要求。

5.2 什么是新一代身份安全

5.2.1 基本概念

新一代身份安全是对与政企数字化业务的用户身份管理与访问控制相关的一系列能力组件的统称。它利用系统工程方法将身份管理与访问控制能力组件相互组合，构成协同联动的技术平台、运行管理流程和安全管理规范。

新一代身份安全的典型特征是以“数据驱动”的思想构建身份安全。在数字化场景下，新一代身份安全以泛化身份数据管理和资源属性管理为基石，采用基于属性的权限管理与访问控制技术路线，融入“零信任”安全理念设计访问控制体系，将数字身份同政企业务运行环境进行聚合，共同实现全场景数字化身份安全管理与访问控制能力。政企可以通过应用现代身份管理与访问控制技术为业务运营和网络安全奠定坚实基础，保障政企数字化业务的安全。

1. 现代化身份管理

现代化身份管理聚合人员、设备、程序等数字身份，通过自动化的组织机构信息及账号信息同步机制，弥合各系统割裂的身份孤岛及身份数据的不一致性，实现不同类型的用户、用户多身份在企业多套组织机构下复杂的实体间关系。其范围覆盖用户管理、账号管理、认证管理、资源管理、策略管理、权限管理等管理能力，并通过内部数据总线和内部服务总线，以集成方式实现身份主数据、流程管理、基础服务、账号同步服务、安全集成服务等能力；通过外部集成总线实现对安全基础设施、第三方应用系统的集成。现代化身份管理框架如图5.1所示。

身份数据管理是实现现代化身份安全的基础，为实现多种权限管理模型及精细化的权限控制提供了必要的数据支撑。它通过多维属性数据描述主客体特征，通过ABAC、RBAC以及PBAC多种权限模型的有效结合，解决单一授权模型下角色与权限爆炸、用户授权机制不灵活、访问控制颗粒度过粗的问题。身份数据管理应支持访问者身份的属性管理、被访问数据的属性管理，可根据访问者属性、上下文、受访数据属性及访问控制策略提供访问决策。

现代化身份管理基于流程化、自动化的身份全周期管理以及匹配企业实际管理职责的多级权限体系，能有效提高企业管理水平，降低管理成本；通过深入应用集成，打通业务条线，提升业务敏捷性。

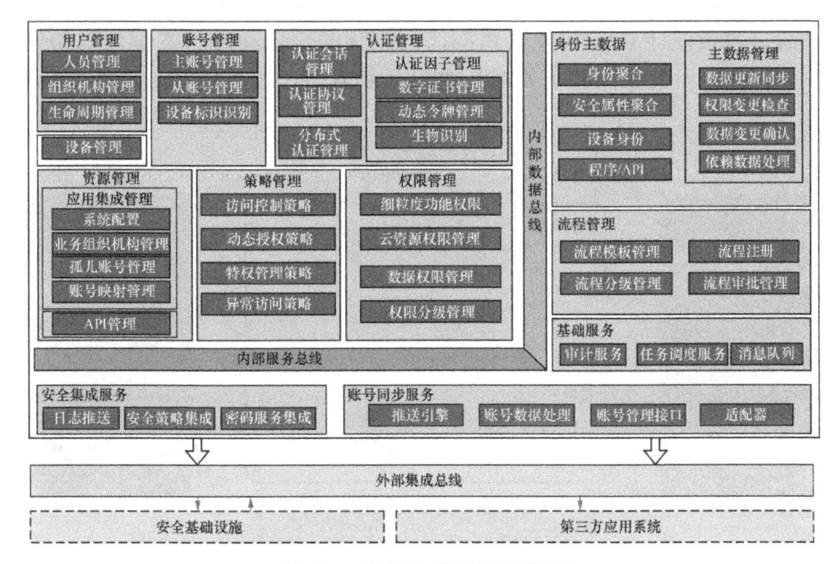

图 5.1 现代化身份管理框架

2. 架构的访问控制

零信任（Zero Trust）是一组不断发展的网络安全术语，不同版本的定义基于不同的维度进行描述。NIST 在其发表的《零信任架构（草案）》中指出，零信任架构是一种保护网络、数据安全的端到端方法。与传统安全观念相比，零信任更加关注于资源的保护，而非网络边界的防护。零信任重点关注身份、凭证、访问管理、运营、终端、主机环境和互联的基础设施，首要目标是使安全可控的主体在合适的时间、地点，安全地访问应用与数据。它通过对泛化身份进行动态、细粒度的访问控制，来应对越来越严峻的越权横向移动风险。零信任架构是基于这一思想而开发出的一系列概念、方法和技术。

在《零信任网络》一书中，埃文 • 吉尔曼（Evan Gilman）和道格 • 巴斯（Doug Barth）将零信任的定义建立在以下 5 个基本假定条件上：

- 网络无时无刻不处于危险的环境中；
- 网络中自始至终存在外部或内部威胁；
- 网络的位置不足以决定网络的可信程度；
- 所有的设备、用户和网络流量都应当经过认证和授权；

- 安全策略必须是动态的，并以尽可能多的数据源计算为基础。

简而言之，在零信任网络中，默认情况下不应该信任网络内部和外部的任何人、设备、系统，需要基于认证和授权重构访问控制的信任基础。零信任对访问控制进行了范式上的颠覆，其本质是以身份为基础的动态可信访问控制，如图 5.2 所示。

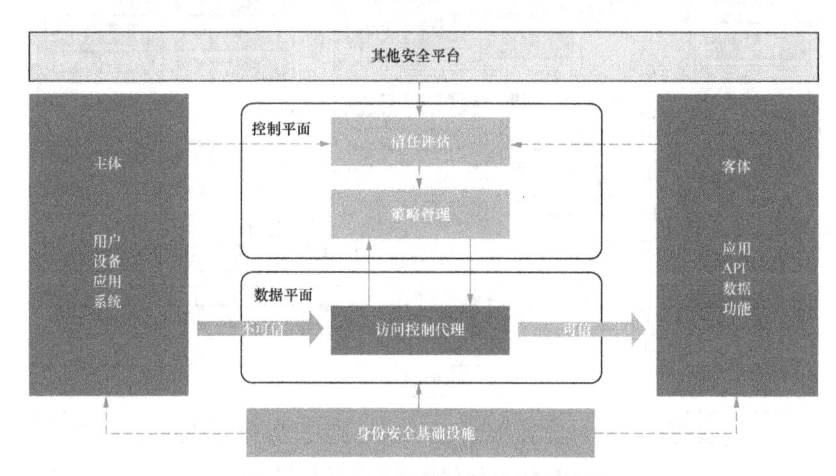

图 5.2 基于零信任架构的访问控制

基于零信任架构的访问控制以及权限最小化原则，将网络防御的边界缩小到单个或更小的资源组，不是根据物理或网络位置对系统授予完全可信的权限，而是只有当资源需要的时候才授予对数据资源的访问权限，还需要在连接建立之前进行认证，并能够持续、动态地依据主体及其环境风险的评估结果，授予主体用于访问客体的合适权限。

零信任架构关注于保护资源，是在网络与网络分段得到保护的基础上，进一步围绕人员和数据加强防控控制，确保各类业务资源得到充分的防护。为了减少不确定性，零信任在网络认证机制中减少时间延迟的同时更加关注认证、授权以及可信域设置，访问规则被限制为最小权限。

5.2.2 设计思想

1. 以身份为基础

夯实基础设施及应用的安全防护，进一步强化以身份为中心的访问控制体系。通过聚合人员、设备、程序等主体的数字身份，为动态访问控制提供基于由身份数据驱动的访问决策支撑，为身份分析平台提供身份大数据所依赖的身份、权限和属性数据。

2．最小权限控制

遵循最小化权限原则，为访问主体按需设定最小权限。通过构建保护面来实现对攻击面的收缩，默认隐藏所有业务，开放最小权限，所有的业务访问请求都应该进行全流量加密和强制授权，并针对要保护的核心业务资产（如应用、服务、接口等）构建安全访问屏障。

3．持续信任评估

以身份大数据为支撑，通过信任评估引擎，实现基于身份的信任评估能力，同时对访问的上下文环境进行风险判定，对访问请求进行异常行为识别并对信任评估结果进行调整。持续信任评估为身份基础设施提供策略驱动的自动化治理能力，为动态访问控制平台提供信任评估结果，并将其作为动态权限判定的依据。

4．动态访问控制

动态访问控制是零信任架构的安全闭环能力的重要体现。它通过 RBAC 和 ABAC 的组合授权实现灵活的访问控制基线，基于信任等级实现分级的业务访问，当访问上下文和环境存在风险时，需要对访问权限进行实时干预并评估是否对访问主体的信任进行降级。动态访问控制能力依据身份基础设施和身份分析能力，为全场景业务的安全访问提供能力支撑，是全场景业务安全访问的策略判定点。

以访问者的岗位、访问者需要开展的业务需求为基础，开放其完成任务所需要的最小权限。实时感知访问风险并对权限进行动态调整，实现风险闭环对应的动态最小权限。在全业务场景中部署策略控制点，确保动态最小权限策略不被绕过。

实施动态最小权限的依据是访问的上下文场景信息，需要汇聚身份、权限、行为、风险等数据，根据多维度的数据和属性进行分析研判，决定能赋予访问者的权限。

5.2.3 总体架构

新一代身份安全总体架构由多个组成部分构成，分别是身份管理与访问控制平台、动态的零信任访问控制、自动化身份管理与流程，以及本领域与云、网、端、数据等其他领域安全功能的集成。各部分的能力相互支撑，融为一个整体。整个体系的运行以身份安全规范及细则为准则，通过构建技术平台来支撑业务运营与安全保障。

企业以身份管理与访问控制平台作为技术支撑，通过建立常态化运行机制，持续开展身份及权限数据分析，以发现违规情况与异常行为，降低 IT 与业务风险。以身份大数据来有效支撑部署到所有工程与任务的“零信任架构”访问控制组件，通过与各领域的深度结合和全面覆盖，实现精细化的动态访问控制能力。身份管理与访问控制体系的总体架构如图 5.3 所示。

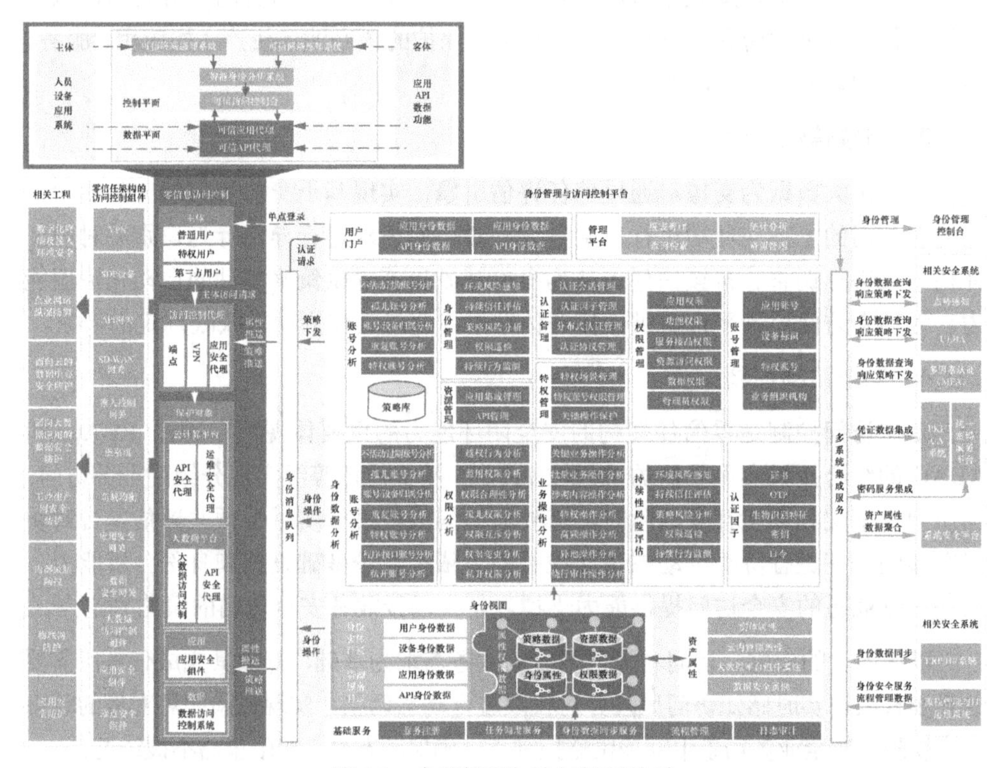

图 5.3 身份管理与访问控制体系

1. 数字化身份管理与分析

依托身份管理与访问控制平台对数字世界的身份和权限进行管理，聚合多维身份数据、属性数据、权限数据、资源数据，形成统一的身份视图，并在管理基础上基于身份管理规则、规范来实现有序治理。重点关注身份生命周期管理、资产属性管理、访问申请、访问审批、访问评估等治理能力。身份管理与治理平台为动态访问控制平台提供访问所需要的基础数据，主要是身份、权限和属性数据，这些数据同时需要汇聚到身份分析平台的身份大数据系统，形成统一的身份视图，供后续分析所用。

2. 基于零信任的动态访问控制

基于零信任的动态访问控制平台是新一代身份安全体系的重点，它通过自适应多因子认证、动态授权等核心能力，对全网的所有访问请求进行强制身份认证、细粒度授权，确保只有合法的用户、合规的终端才能访问企业机构的业务资产。动态访问控制平台需要与业务进行聚合，实现全场景的业务安全访问，包括用户访问应用、API 调用、数据交换、特权运维等主要场景，且能针对不同的场景需要求来提供不同的访问代理对访问请求进行强制授权和流量加密。另外，对于应用功能、数据、云平台、基础平台内部等场景的访问控制，需要将安全和业务同步规划，确保在业务设计之初就考虑到零信任动态访问控制能力和业务逻辑之间的聚合方案。

3. 自动化身份管理与流程

面向系统开放服务和接口，与工单、HR、运维管理等 IT 系统形成联动，形成身份安全运行流程，实现多层级、流程化的身份与权限生命周期安全管理，以自动化流程方式提升管理效率。

4. 零信任访问控制对企业级 IT 各领域的全面覆盖

新一代身份安全体系中的零信任架构访问控制，要与其他安全工程紧密结合。随着各项 IT 工程的建设，需要把零信任访问控制的组件全面深入部署到各工程建设的系统中，这些控制组件与身份管理通过集成适配，融合为一个整体。企业基于身份大数据对身份数据、操作行为、异常权限等进行分析，并通过分析结果有效支撑部署到所有工程与任务的“零信任架构”访问控制组件来执行管控动作，从而实现精细化的动态访问控制。

5. 与其他安全系统的协同联动

身份安全要与多个其他安全系统集成，协同联动。与用户及实体行为分析（UEBA）集成，支撑对异常行为的发现与处置；建立面向应用系统的分布式用户访问控制体系，形成数字身份细颗粒度访问控制的全面覆盖；集成态势感知平台，开放身份与行为数据查询与响应控制接口，实现安全运营的协同；集成系统安全平台，实现资产属性信息的聚合；集成多因素身份认证（MFA）因子，支撑高强度身份认证。

5.2.4 关键技术

1. 全面泛化的数字化身份管理

● 身份管理

身份管理提供对访问主体全面身份化的能力，用户、设备、应用、服务等自然实体都必须在可信的身份平台中注册并形成数字化身份。并可对这些身份按照角色、组织、办公场所等属性进行多维度分类，为各类身份创建或关联适宜的身份生命周期管理流程，实现身份归一化管理。

- 权限管理

权限管理可支撑访问控制的相互协作，共同完成访问主体到应用与数据的安全访问。权限管理提供访问主体权限信息（用户、属性、权限、应用）、策略配置管理功能及提供自服务和工作流逻辑；维护授权相关的规则、策略、属性信息；提供外部授权信息接口和协议适配能力。

- 账号管理

集中的账号管理包含对所有终端设备、服务器、网络设备、应用等用户账号的集中管理。集中账号管理可以将账号与数字身份、自然人、设备和应用相关联。

- 资源管理

资源类型包括应用、接口、功能、数据等，可对所有的资源进行统一注册和纳管，通过资源标签对资源的属性进行多维度管理。账号和资源的集中管理是集中授权、认证和审计的基础。

- 身份生命周期管理

针对不同的身份类型构建不同的身份生命周期管理模型，对身份创建、变更、冻结、删除等全生命周期状态进行管理，确保身份状态与其对应的自然实体保持一致。

- 访问申请

用户可以通过便捷的操作界面对所需的访问权限进行申请，避免因管理员逐一分配权限产生的繁琐管理成本。访问申请一般与访问审批配合使用。

- 访问审批

用户对访问权限进行申请后，系统及相关责任人对申请进行审批。审批方式包括通过电子流程审批、短信审批等方式；审批成功后，通过短信或邮件提醒申请人申请成功或者失败。

- 权限评估

支持对自助申请和既定权限进行风险和违规评估，为审批者和管理员提供相应风险情况的提示信息。权限评估基于用户身份模型、任务及属性情况来综合评定。

- 自助服务

用户可以通过自助门户对身份信息、密码等进行自助管理，降低管理和运维成本。

2. 数据驱动的身份大数据分析

- 终端环境感知

通过在终端安装的插件对终端环境、运行状态、风险行为进行持续采集和分析，从而对终端健康度进行评估，将其作为持续信任评估的输入。

- 持续信任评估

根据身份、权限、终端环境感知、访问日志等信息进行综合分析，采用大数据分析和人工智能技术，对发起访问请求的人员和终端进行综合评估，计算信任等级，以支撑动态访问控制平台实现动态权限的调整。

- 风险策略编排

汇聚来自外部威胁检测平台等的风险事件输入，基于策略进行编排并在策略评估满足时，对动态访问控制平台、身份基础设施及其他联动的安全产品下发控制指令。

- 身份可视化

基于身份大数据进行分析并以可视化的方式呈现，可对全平台的身份、权限、访问、风险信息进行直观展现。

- 身份大数据管理

将与身份相关的数据进行集中化的管理和维护，包括地区、使用行为、应用资源等，并基于大数据技术自动化分析与身份相关的数据。可分析用户的地域分布，提供区域热点及城市热点分析；分析用户系统环境、应用访问流量、认证偏好、访客属性及用户活跃度、访问频次和访问时长等有价值的信息，协助用户进行持续的风险信任评估。

- 行为分析

基于全网访问行为进行基于身份的关联并构建访问行为基线，对偏离基线的行为进行告警；通过风险策略编排，最后影响访问者的信任等级。

- 账号分析

对身份基础设施的身份库信息进行分析，发现孤儿账号、僵尸账号等异常数据；通过与身份基础设施之间的联动，可自动对异常账号数据进行冻结或删除。

● 权限分析

基于对等组分析等模型，对身份基础设施的权限库进行挖掘分析，若发现不符合最小权限的原则，或违背职责分离原则的权限，则进行自动调整。

3. 基于零信任架构的动态访问控制

基于零信任架构的动态访问控制架构如图5.4所示。

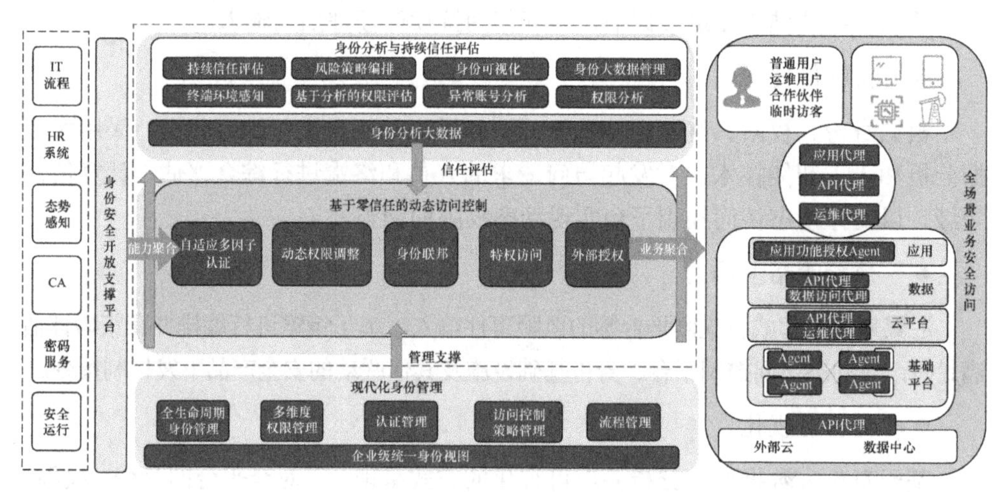

图5.4 基于零信任架构的动态访问控制架构

● 自适应多因子认证

提供用户名密码、动态口令、二维码、推送等认证能力，也可与外部的人脸、声纹等多因子认证能力结合，提供符合“所知、所持、所有”的多因子认证机制。可配置自适应规则，使其根据认证请求上下文、风险信息动态调整认证因子的组合。

● 动态权限调整

采用RBAC和ABAC结合的授权方式，既兼顾RBAC的简单、明确的特性，也具备ABAC的灵活性，以实现基于主体属性、客体属性、环境风险等因素的动态授权。支持与身份分析联动，接收动态的信任评估结果，实时动态地对权限进行调整。

● 身份联邦

能够支持应用资源跨域漫游访问，实现联邦登录认证。所遵循的技术标准包括OAuth、CAS、SAML等。

● 特权访问

为了加强对特权用户和特权访问行为的管理，支持在逻辑上把特权用户、特殊权限和普通权限、普通用户区分开，对应用的访问采用更加严格的特权访问控制机制。针对特权用户和特权访问，支持特权访问策略管理、特权用户发现与梳理、特权密码保护、特权操作提权、特权会话记录、监控和特权威胁分析等特权管理功能。

● 外部授权

提供外部授权信息接口和协议适配能力，支持为应用、数据、平台提供授权能力，实现全场景的集中授权能力。

4．全场景业务安全访问控制

● 应用代理

应用代理可将代理的应用默认隐藏在代理网关后，并在代理后进行集中授权，同时可支持令牌传递，实现单点登录。应用代理可支持 HTTP、RDP、SSH、E-mail 等多种传输协议的代理，同时针对传统的应用提供基于 TCP 和 IP 的隧道接入能力。应用代理受动态访问控制平台的集中权限控制。

● API 代理

API 代理可将代理的 API 服务默认隐藏在代理网关后，然后对 API 调用进行接管并集中强制动态授权，同时通过令牌传递技术，可实现应用级+用户级的双重身份认证。API 可支持基于标准 RESTful 接口的 API 调用和基于 Web Service 的 API 调用。API 代理受动态访问控制平台的集中权限控制。

● 运维代理

运维代理可将代理的运维资产默认隐藏在代理网关后，然后对运维操作进行细粒度的指令集访问控制，同时支持对运维操作进行录像和回放。运维代理受动态访问控制平台的集中权限控制。

5.2.5 预期成效

● 全面身份化

为人、设备、应用都赋予数字身份，访问控制策略基于身份制定，建设以身份为基石的细粒度访问控制机制。

- 授权动态化

权限不再是静态制定的，而是基于持续的风险度量和信任评估，动态调整访问权限，实现动态访问授权。

- 风险度量化

采用大数据分析和人工智能技术对用户、设备、环境属性等访问上下文进行感知和建模，实现风险和信任的持续度量。

- 管理自动化

借助策略分析和工作流引擎等机制，实现策略的自动优化分析和管理流程的自动化，提升管理运维效率，规避管理人为犯错。

5.3 新一代身份安全建设要点

5.3.1 建设要点

在数字化时代，身份安全对保障业务安全有序运转起到重要作用。政企可以将身份安全定位为信息化和网络安全的双基础设施，采用基于数据驱动的身份管理模式，结合零信任架构的访问控制技术路线，建设身份管理与访问控制平台。新一代身份安全的建设需要规划先行，然后需要结合业务的安全愿景与现状，分解建设任务并逐步建设，建设要点如下。

- 建设身份管理与访问控制平台，承载统一的数字身份视图，实现身份管理、账号管理、权限管理、资源管理等功能，覆盖人员、设备、应用等各类实体的数字身份及其权限管理。
- 聚合人员、设备、程序等主体的数字身份、认证因子等数据和 IT 服务资源属性、环境属性、数据资源安全属性等数据，结合访问控制策略数据，形成企业级的统一身份视图，实现人员、设备、接口、应用的全面身份化。
- 开展身份数据与权限数据分析，提升数据的质量。发现越权、滥用权限等异常行为，以及违反业务规程、保密要求、内控要求的各种违规类操作。以身份大数据支撑遍及所有工程中的“零信任”访问控制组件，为动态、精细化的访问控制奠定数据基础。

- 建设统一认证门户，集成 PKI 基础设施及多因子认证技术，为应用、系统提供统一的多因子认证和单点登录能力。
- 开发、集成密码服务套件，实现对数字身份、凭证和关键系统信息的加密存储。
- 以“零信任” 的模式将 API 访问控制、运维访问控制、远程接入控制等访问控制组件部署到所有工程中，通过动态访问控制策略引擎向部署到各工程中的访问控制组件和集成在 IT 服务内部的策略执行组件下发动作指令，实现基于“零信任”的动态、精细化的访问控制能力。
- 建立信任评估模型，基于信任评估结果形成用户访问控制策略。通过将策略推送至访问控制平台或 IT 服务内策略执行点的方式，实现基于风险评估的动态的访问控制。利用身份大数据，采用机器学习算法对访问主体进行信任评估。
- 针对云、大数据平台、应用系统的内部服务与资源，建立基于资源属性的数字身份统一授权管控策略，强化系统运维、权限变更等特权操作管控，实现全场景人机交互、系统间互访的统一授权管理，以及基于零信任的细颗粒度访问控制。
- 建设零信任业务访问控制平台，与云平台、大数据平台、物联网平台、开放 API 平台、容器编排等 IT 基础设施内置的策略执行点实现聚合，提供动态访问控制能力。
- 建设零信任特权访问控制平台，覆盖运维、DevOps、云运维等场景，实现基于零信任的动态特权访问管理。
- 与特权管理系统集成，强化对系统运维、系统变更、账号创建等特权操作的管控。
- 与内部威胁管控平台集成，通过用户及实体行为分析（UEBA）来支撑对业务异常行为的发现与处置；建立面向应用系统的分布式用户访问控制体系，并与大数据、云计算等 IT 服务中的访问控制策略执行点结合，形成数字身份细颗粒度访问控制的全面覆盖。
- 针对态势感知平台，开放身份与行为数据查询与响应控制接口，实现安全运营的协同。通过态势感知向云、大数据平台、应用等分布式执行点推送策略，实现风险的自动化处置能力。

- 针对流程管理和运维工单等系统开放集成服务，实现多层级、流程化的身份与权限生命周期安全管理；集成多因子身份认证（MFA）方法，支撑高强度身份认证。
- 构建基于分析的身份治理能力，梳理和建设身份治理流程，以支撑身份生命周期管理、用户访问申请以及实现流程自动化。开通账号注册与权限申请自助服务，支撑用户以自助服务的方式注册账号并申请权限，以自动化的流程方式提升效率。
- 通过访问权限评估、策略分析与治理，并依托身份大数据平台和身份分析技术对身份、账号、权限进行异常分析，确保身份与权限合规。
- 与内部威胁管理平台、安全运行平台、终端安全平台等实现联动，针对风险事件执行身份与访问相关的风险响应策略。
- 建设身份安全开放平台，与工单、HR、运维管理等 IT 系统集成联动，形成身份安全运行流程，提升管理效率，优化运行效果；与态势感知及安全运营平台集成，提供身份与行为数据的动态查询和集中运营，实现管理与运营的自动化。
- 制定身份安全管理办法和实施细则，加强身份安全教育，为身份安全的集成及优化提供依据和指导。

最后，务必牢记新一代身份安全体系极强的内生安全属性，必须结合业务场景，从架构视野出发进行规划和建设，切记不可盲目地进行产品堆砌。

5.3.2　关注重点

身份安全领域作为信息化和安全运营的双基础设施，其能力覆盖企业信息化建设的方方面面。在建设中必须以体系化思维进行规划，避免出现由于缺乏体系性、前瞻性、科学性而导致的能力缺失、效能低下等问题，因此必须重点关注以下内容，确保身份安全能力得到有效构建。

- 要在满足企业现有的管理流程的基础上实现管理提升，身份管理与访问控制平台需要根据企业的实际需求进行量身定制。身份管理团队在平台建设的同时，还需要协助安全管理部门制定企业自身的身份及账号管理规范等制度标准。

- 身份管理团队需要与业务部门进行更紧密的沟通协调，同时使业务部门和 IT 团队尽早参与到系统的建设过程中并深入评估对 IAM（身份访问与管理）的需求。与业务系统的沟通内容包括系统集成工作全流程，如管理需求确认、流程设计、数据梳理、集成测试联调和上线切换，避免由于性能瓶颈、区域自建或者网络隔离需求导致“烟囱式”的 IAM 建设。

Chapter 06 

06

第6章 重构企业级网络纵深防御

6.1 数字化转型与业务发展的新要求

6.1.1 新技术新业务发展挑战

数字化转型带来的新技术的应用和新业务的发展，驱动着企业网络进一步升级演进，网络环境变得更加复杂与开放，给网络安全防御提出了更高的要求。

- 互联网接入风险增加

新兴的数字化业务大多通过互联网来落地实现，更多的合作伙伴通过互联网进行数据交互，移动生产、远程办公、IT外包厂商等通过互联网接入企业内部网络的情况将更加频繁。企业更依赖于互联网开展业务，这在开放的同时可能引入更多的安全威胁，使得企业网络的互联网接入风险日趋严重。

- 网络出口边界增多

工业生产网、物联网、混合云、卫星通信等技术的应用，带来了更多类型的网络出口，传统的网络间物理隔离的方式被逐渐打破，企业网络边界变得更加模糊，网络外延空间更广，这给边界安全防护措施的部署、安全策略的设计实施带来了更大的挑战。

- 广域网结构复杂

随着企业的业务发展，IT基础设施向更广泛的区域延伸。企业广域网运用更多的方式组网，大量分支机构通过多种方式接入企业网络，使得广域网结构更加复杂，接入边界激增且业务访问关系交错。安全威胁进入企业网络后，通过广域网在企业内部的传播范围更广，影响范围更大。

6.1.2 企业面临更复杂的网络环境

当前国家间的网络环境渐趋复杂，网络黑色产业持续活跃，出于政治目的、经济利益发起的有组织的网络攻击行动持续高发，其规模性、破坏性急剧上升。恶意组织通过体系化的攻击，反复进行渗透和横向扩展，给企业造成大面积服务中断、系统破坏、敲诈勒索、敏感数据泄露等危害。因此面对体系化的进攻，需要构建体系化的网络纵深防御机制，降低有组织网络攻击的成功可能性。

6.1.3 传统的网络纵深防御机制问题

传统的网络纵深防御机制，在网络结构、防御纵深、部署方式和运维管理方面存在较多问题和不足。

- 网络结构安全缺陷

网络安全域的划分较为粗放，缺乏进一步的内部细分及隔离措施，网络攻击面广，恶意入侵者突破网络边界后，可以在安全域内大范围横向移动，造成更大的破坏影响。而企业未从全网角度统筹进行网络边界的整合，同类型的网络边界各自独立防护，安全防护能力不一致，安全建设投资大。网络业务平面与管理平面未分离，无法充分保障管理通道资源的可用性，对资产自身的安全防护和运维管控能力较弱。

- 网络边界防御纵深不足

网络边界安全防护措施部署不完善，未全面覆盖边界的各种访问连接场景，无法满足最新的《信息安全技术　网络安全等级保护基本要求》《关键信息基础设施安全保护条例》等合规管控要求，存在安全检测和防护的盲区。同时网络边界防御缺乏纵深，在第一层边界突破后，缺乏有效的第二层边界措施，无法形成真正的防御策略，难以抵御高级持续性威胁的攻击。

- 广域网防御纵深不足

广域网汇聚节点缺乏安全防护措施，网络攻击面极广，分支机构到总部、分支机构间可以任意访问；无法在广域网层检测网络威胁的活动情况，为全局态势感知提供数据支撑；无法在广域网层遏制网络威胁的传播行为，全局限制网络威胁的影响范围。

- 部署方式不灵活

传统的网络安全防护设备以专用硬件为主，通常以“葫芦串”的方式在网络边界上部署，存在较多问题和不足。例如，网络的高可用性结构设计容易被破坏，网络节点故障隐患多；随着链路带宽的增加，扩容成本随之增加，只能升级替换原有设备，无法弹性扩展安全能力；无法按需编排调度网络流量，安全能力部署不灵活，实施难度大。

- 运行管理效率低

全网大量的网络安全设备缺乏统一的运行管理措施，无法实现统一的资产管理、安全策略控制；运行管理自动化的程度不高，无法规避人为误操作风险，整体效率较低。

因此传统的网络纵深防御机制，无法适应企业数字化转型中新技术应用和新业务发展的要求，无法抵御愈加严峻的有组织的体系化攻击，需要体系化重构企业级网络纵深防御机制，支撑企业的数字化转型战略。

6.2　如何重构企业级网络纵深防御

6.2.1　基本概念

企业级网络纵深防御是结合企业网络基础设施的现代化改造，基于面向失效的设计和能力导向的设计的总体思想，通过网络流量可视化、网络隔离细粒度化、场景覆盖全面化、网络防御纵深化、安全集群标准化、策略管理自动化等关键技术，采用集约化模式来构建多层次、协同联动的网络纵深防御体系。

6.2.2　设计思想

1. 面向失效的设计

面向失效的设计是网络纵深防御的核心思想。在一层防护措施失效的情况下，仍然有下一层的防护措施保障；下一层措施失效后还有补救措施。通过在网络区域空间上多层级有针对性地部署防护措施，构建协同联动的防御体系，可规避局部失效对网络的影响，从失效中快速恢复。

2．能力导向的设计

针对网络各边界节点的业务访问模式，采用标准化的网络纵深防御能力框架，有针对性地设计各类网络服务及通用安全能力，分析当前网络安全能力的差距，指导网络安全措施的建设部署，保障业务访问安全，满足合规管控要求。

6.2.3 总体架构

企业级网络纵深防御体系的总体架构主要包括以下几个部分（见图 6.1）。

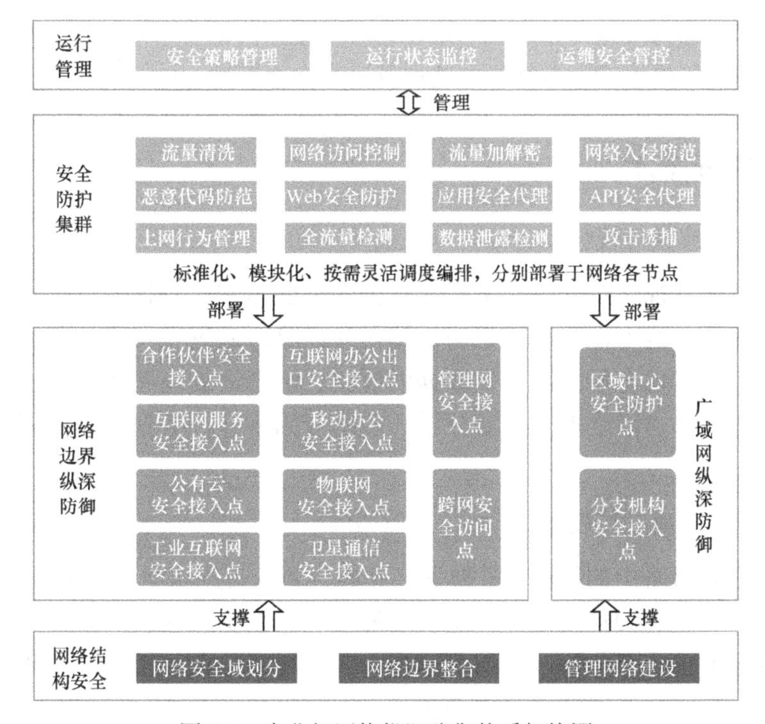

图 6.1 企业级网络纵深防御体系架构图

- 网络结构安全

以网络结构安全为基础，通过开展网络安全域划分、网络边界整合、管理网络建设等基础工作，来提高网络结构的安全性。

● 网络边界纵深防御

以网络边界纵深防御为核心，完善网络边界纵深防御体系，针对网络不同访问场景，实现安全能力的全面覆盖、深度结合。

● 广域网纵深防御

以广域网纵深防御为突破，在广域网汇聚层部署节点，增加广域网防御纵深，构建协同联动的多层防线，提升广域网的全局控制能力。

● 安全防护集群

以安全防护集群为依托，设计标准化、模块化的网络安全防护集群，提供按需灵活编排调度、弹性扩展的安全能力，分别部署于网络各节点。

● 运行管理

以运行管理为支撑，开展统一运行管理，覆盖网络各节点的安全防护集群，实现全局安全策略管理、运行状态监控及运维安全管控。

6.2.4 关键技术

● 网络流量可视化

网络流量可视化是支撑网络纵深防御的重要基础。看得清流量，方能识得准威胁，部得全能力，配得严策略，挡得住风险；通过在网络各节点部署流量分析措施，可实现全局网络流量数据的捕获、解密、处理和按需输出，统一支撑网络资产发现、网络安全威胁分析、网络行为审计、数据泄露检测等工作的开展。

● 网络隔离细粒度化

全面梳理网络中的资产，根据资产暴露位置、业务功能、重要等级等属性，进行网络安全域的细粒度划分，实现功能组、工作负载级的网络隔离；并在网络区域边界上实施严格的隔离防护措施，实现网络访问权限的最小化，收缩网络攻击面，限制安全威胁的影响范围。

● 场景覆盖全面化

梳理网络边界的各种访问连接模式，针对每种模式的不同场景设计网络安全能力。同时整合相同/相似连接类型的网络边界，收敛应用服务及接口的协议类型，统筹部署网络安全防护能力，全面覆盖网络边界的主要安全防护需求。

- 网络防御纵深化

增加网络防御纵深，多层级部署防护措施，形成异构、协同联动的防护机制。在一层防护措施失效情况下，仍然有下一层的防护措施保障，充分保障关键资产的安全。同时在每个层级上严格实施网络访问控制策略，收缩网络攻击面，减少横向移动的范围。

- 安全集群标准化

设计标准化、模块化的网络安全防护集群，部署于网络各节点，以适配本节点的安全防护需求。实现安全服务链的灵活编排，支撑安全能力的弹性扩展，适应复杂网络的组网环境。

- 策略管理自动化

统一管理网络各节点的标准化安全防护集群，并通过北向接口的适配或改造，集中纳管已有的网络安全资源，实现网络安全防护策略的全局控制。汇聚安全告警、网络流量、安全情报等信息，进行关联分析、智能推理、研判和决策，形成安全防护策略，并自动装配、下发执行，实现全局协同防护和联动。

6.2.5 预期成效

- 全局可管

通过网络纵深防御建设，整合网络安全资源，实现全局网络安全能力的统一管理，保障全局网络安全防护策略的一致性，形成全局协同防护和联动响应机制，同时可以为态势感知提供全局网络数据支撑。

- 合规可达

通过网络纵深防御建设，落实国家网络安全政策，强化企业网络安全合规管控要求，消除合规性风险。在网络和通信安全领域，全面达到网络安全等级保护、关键信息基础设施安全保护、信息系统密码应用等相关合规要求。

- 风险可控

通过网络纵深防御建设，能够抵挡来自外部有组织的团体、拥有丰富资源的威胁源发起的恶意网络攻击，能够及时发现、检测网络攻击行为和处置网络安全事件，快速恢复大部分网络功能，充分保障企业网络安全有序运转。

6.3 重构企业级网络纵深防御的方法与要点

6.3.1 总体流程

重构企业级网络纵深防御的总体流程如图 6.2 所示，具体包括以下内容。

1. 资产识别

识别网络资产属性，梳理资产的访问关系，为网络结构安全和纵深防御设计提供重要信息支撑。

2. 网络结构安全设计

以资产属性为基础开展网络安全域划分，并针对相同类型的边界进行整合，按需开展管理网络建设。

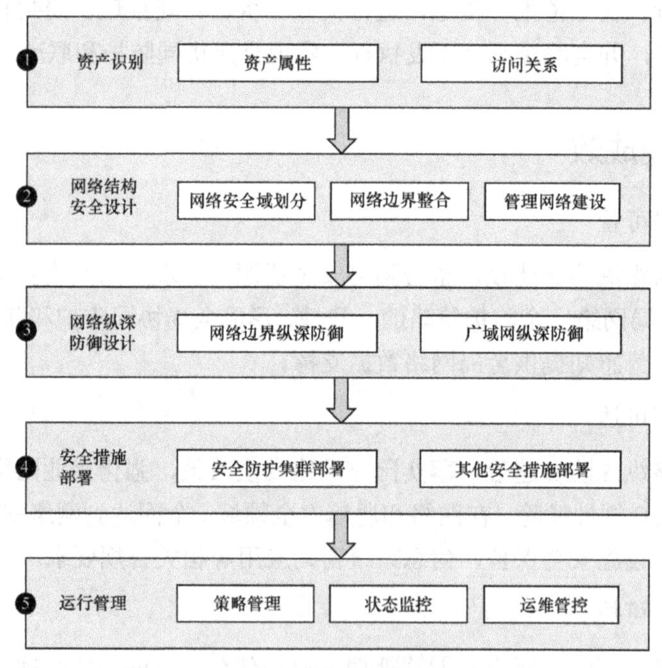

图 6.2 企业级网络纵深防御的总体流程

3. 网络纵深防御设计

综合网络结构、资产访问关系等要素，设计网络各节点纵深防御安全能力，包括网络边界纵深防御和广域网纵深防御两部分。

4. 安全措施部署

根据网络各节点的纵深防御安全能力要求，分别设计各网络安全防护集群的安全措施组合及部署方式。

5. 运行管理

针对全网的安全防护集群，开展安全策略管理、运行状态监控和运维管控等运行管理工作的统一设计。

6.3.2 资产识别

- 资产属性识别

识别被保护资产的详细属性信息，将其作为网络安全域划分的重要信息输入。具体属性包括资产名称、资产类别、资产功能、所属系统、重要程度、部署位置、归口管理等。识别方式包括资产管理系统、人工访谈等。

- 访问关系梳理

梳理被保护资产的访问关系信息，将其作为网络纵深防御设计时安全能力设计的重要信息输入。访问关系包括用户业务访问、运维管理访问、系统内交互、系统间交互等。梳理方式包括网络流量分析、人工访谈等。

6.3.3 网络结构安全设计

1. 网络安全域划分

安全域是网络中具有相同的暴露位置、安全威胁、功能架构、信任范围的资产组合。同一安全域内的资产将作为一个整体来处理，它们相互信任，共用安全防护措施。安全域划分就是从安全角度将网络资产划分成不同的区域，开展针对性的隔离防护，收缩网络攻击面，限制网络威胁的影响范围，避免牵一发而动全身。

- 划分原则

安全域的划分应综合资产属性、应用系统架构、网络架构、云平台架构、企业管理模式等信息。通常情况下，安全域划分越精细，安全隔离防护成效越好，但相应的安全建设投资和运行管理工作量也会越大。安全等级越高的系统，其安全域划分应越精细，以充分保障重要系统的安全。

- 划分方法

可以按需实施“安全域—安全子域—功能组”的多级划分，如图 6.3 所示。

> - 安全域：根据资产在网络中的暴露位置、信息系统的类别等，进行域级划分，例如 DMZ、应用、数据、开发测试、管理等域。
> - 安全子域：在同一个域内，根据资产所属的信息系统进行子域级划分。例如 DMZ 域可以进一步划分为办公服务、合作伙伴服务、公共服务等子域。
> - 功能组：在同一个子域内，根据资产在系统中的功能定位进行功能组级的安全域划分。例如 DMZ 公共服务子域可以进一步划分为信息发布、会员、商城等功能组。

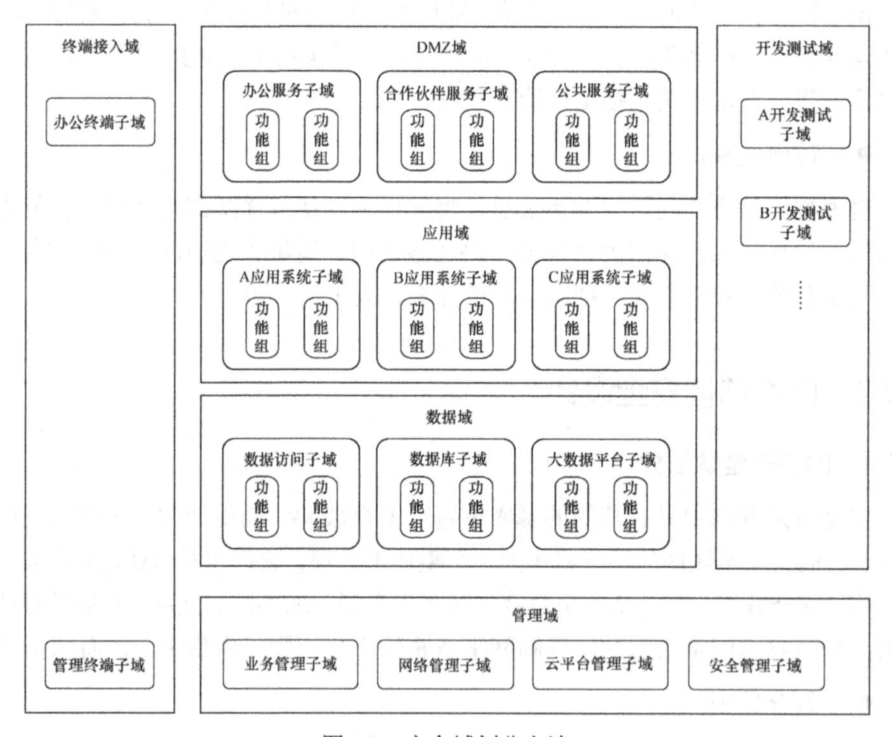

图 6.3 安全域划分方法

- 应用分层架构

从安全角度出发，建议将常见的 B/S（浏览器/服务器）架构应用划分为界面层、业务逻辑层、数据访问层和数据服务层，每一层划归入一类安全域，实施域间隔离防护，如图 6.4 所示。

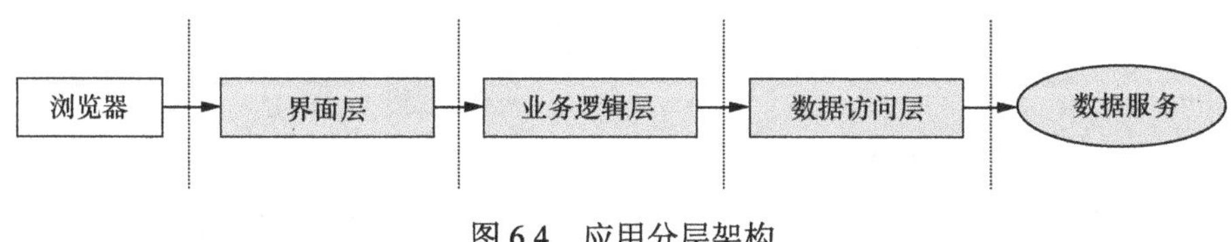

图 6.4　应用分层架构

- 网络微隔离

在云平台环境中，在划分“安全域—安全子域—功能组”的基础上，可以以虚拟机、容器等工作负载为单位进一步划分，进行网络微隔离，实现网络信任域的最小化，全面降低东西向的横向穿透风险。

2. 网络边界整合

在安全域划分的基础上，识别梳理网络各处边界的连接模式，在保障业务正常访问的前提下，整合同类型的网络边界，减少网络互联接口的数量，形成统一的安全控制点，集中部署网络安全防护措施，实现网络安全能力的集中覆盖，减少总体安全建设投资，达到“一夫当关，万夫莫开”的管控成效。

- 整合原则

从企业角度综合考虑网络边界类型、业务影响、网络改造难度、安全建设投入、企业管理模式等因素，统筹开展网络边界整合工作。针对高风险边界，例如互联网服务接入、互联网办公出口、外部网络接入、管理网络入口等，优先开展网络边界整合整改工作，集中安全能力。

- 整合方法

根据网络边界类型分别实施“总部—区域—分支机构”边界整合，如图 6.5 所示。

- 总部边界整合：全企业整合在总部的边界，包括互联网接入（互联网用户访问、远程办公接入、IT 承包商接入、基于互联网的合作伙伴接入等）、外部网络（合作伙伴、主管部门等外部专线）、公有云接入等。总部边界整合包括互联网办公出口、终端接入、跨网访问（企业内部生产网、办公网等不同网络间的边界）、总部级数据中心等。
- 区域边界整合：全区域整合在区域中心的边界，包括互联网办公出口边界。区域边界整合包括终端接入、跨网访问、区域级数据中心边界等。

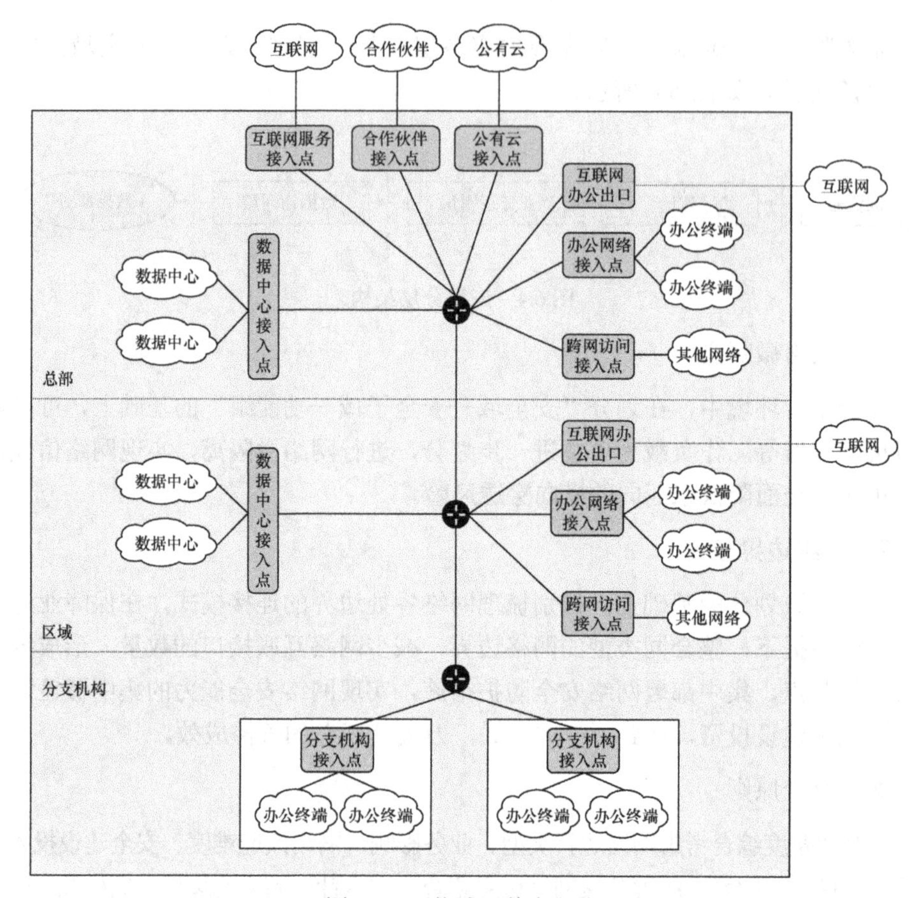

图 6.5 网络边界整合方法

- 分支机构边界整合：在分支机构内主要实施终端接入边界整合。

3. 管理网络建设

通过建设独立的管理网络，实现业务平面与管理平面的分离，可以充分保障管理通道资源的可用性，使得在业务网络发生故障、链路拥塞等情况下，仍然能通过专用管理网络开展管理工作；可以增强资产、管理系统自身的安全防护，避免其暴露在业务平面中，减少被攻击利用的可能。

- 建设原则

应汇总网络、安全、云平台、应用等管理需求，结合网络安全域划分及边界整合工作，综合网络改造难度、安全建设投入、企业管理模式等因素，统筹开展企业各级网络的管理网络建设。

- 建设方法

在总部及区域中心建设独立的管理网络。

> ➢ 通过专用的交换机，连接网络设备、安全设备、物理主机、虚拟主机等资产的管理接口，组成独立的管理网络。
>
> ➢ 根据资产管理接口模式，进一步划分为带外管理子域和带内管理子域，两个管理子域间实施隔离防护。
>
> ➢ 在管理网络上划分管理系统相关子域，分别部署网络管理、安全管理、云平台管理、应用管理等系统。
>
> ➢ 整合管理访问入口，集中部署身份与访问管理、运维安全代理、特权账号管理等系统，实现运维安全管控。
>
> ➢ 配合管理网络的建设，建设管理终端接入子域，与办公、生产等终端接入子域进行物理隔离，管理终端接入子域则通过专用链路接入管理网络。

6.3.4 网络纵深防御设计

在网络安全域划分及边界整合的基础上，设计网络各边界节点的安全能力，构建网络防御纵深。

1. 网络安全能力框架

基于安全识别、防护、检测、响应和恢复类的基础安全能力，针对不同业务访问场景的安全防护及合规管控需求，组合成各类网络服务及通用安全功能组，形成标准化的网络纵深防御安全能力框架，支撑网络各边界节点的安全能力设计（见图 6.6）。

2. 网络安全能力设计

将资产识别中的访问关系梳理结果映射到网络拓扑结构中，形成网络各边界节点的业务访问场景。针对不同的业务访问场景，依据网络安全能力框架设计相应的安全能力，形成本边界节点的网络安全能力集合。表 6.1 列举了企业网络中典型边界的安全能力配置。

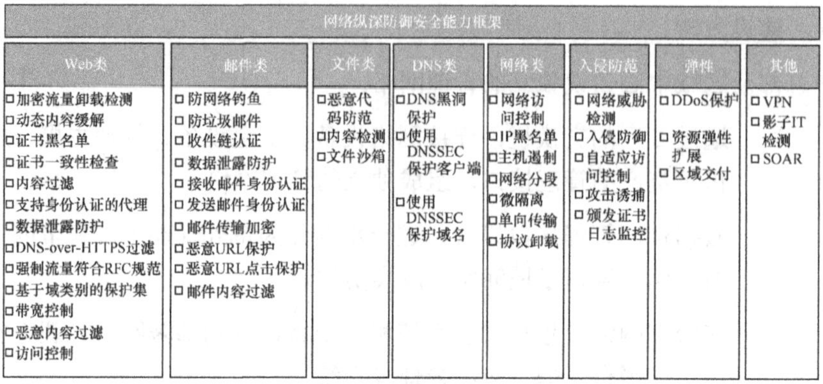

网络纵深防御安全能力框架							
Web类	邮件类	文件类	DNS类	网络类	入侵防范	弹性	其他
□加密流量卸载检测 □动态内容缓解 □证书黑名单 □证书一致性检查 □内容过滤 □支持身份认证的代理 □数据泄露防护 □DNS-over-HTTPS过滤 □强制流量符合RFC规范 □基于域类别的保护集 □带宽控制 □恶意内容过滤 □访问控制	□防网络钓鱼 □防垃圾邮件 □收件链认证 □数据泄露防护 □接收邮件身份认证 □发送邮件身份认证 □邮件传输加密 □恶意URL保护 □恶意URL点击保护 □邮件内容过滤	□恶意代码防范 □内容检测 □文件沙箱	□DNS黑洞保护 □使用DNSSEC保护客户端 □使用DNSSEC保护域名	□网络访问控制 □IP黑名单 □主机遏制 □网络分段 □微隔离 □单向传输 □协议卸载	□网络威胁检测 □入侵防御 □自适应访问控制 □攻击诱捕 □颁发证书日志监控	□DDoS保护 □资源弹性扩展 □区域交付	□VPN □影子IT检测 □SOAR

图 6.6　网络纵深防御安全能力框架

表 6.1　典型边界的安全能力

		互联网服务接入	合作伙伴接入	移动办公接入	公有云接入	工业互联网接入	物联网接入	卫星通信接入	互联网办公出口	办公网络接入	管理网络接入	跨网数据交换	分支机构接入
Web类安全功能	加密流量卸载检测	√	√	√							√		
	动态内容缓解	√	√	√							√		
	证书黑名单	√	√	√							√		
	证书一致性检查	√	√	√							√		
	内容过滤	√	√	√							√		
	支持身份认证的代理	√	√	√							√		
	数据泄露防护	√	√	√							√		
	DNS-over-HTTPS过滤	√											
	强制流量符合RFC规范	√	√	√							√		
	基于域类别的保护集	√											
	带宽控制	√	√	√							√		
	恶意内容过滤	√	√	√									
	访问控制	√	√	√							√		

续表

		互联网服务接入	合作伙伴接入	移动办公接入	公有云接入	工业互联网接入	物联网接入	卫星通信接入	互联网办公出口	办公网络接入	管理网络接入	跨网数据交换	分支机构接入
文件类安全功能	恶意代码防范	√	√	√					√	√	√		√
	内容检测	√							√				
	文件沙箱	√							√				
DNS 类安全功能	DNS 黑洞保护								√				
	使用 DNSSEC 保护客户端								√				
	使用 DNSSEC 保护域名	√											
邮件类安全功能	防网络钓鱼	√											
	防垃圾邮件	√											
	收件链认证	√											
	数据泄露防护	√											
	接收邮件身份认证	√											
	发送邮件身份认证	√											
	邮件传输加密	√											
	恶意 URL 保护	√											
	恶意 URL 点击保护	√											
	邮件内容过滤	√											
网络类安全功能	网络访问控制	√	√	√	√	√	√	√	√	√	√	√	√
	IP 黑名单	√							√				
	主机遏制（会话撤销）	√	√	√	√	√	√	√	√	√	√		√
	网络分段	√	√	√	√	√	√	√	√	√	√	√	√
	微隔离	√											
	单向传输												√
	协议卸载												√

续表

		互联网服务接入	合作伙伴接入	移动办公接入	公有云接入	工业互联网接入	物联网接入	卫星通信接入	互联网办公出口	办公网络接入	管理网络接入	跨网数据交换	分支机构接入
入侵防护类安全功能	网络威胁检测	√	√	√	√	√	√	√	√	√	√	√	√
	入侵防御	√	√	√	√	√	√	√		√	√	√	√
	自适应访问控制		√	√								√	
	攻击诱捕	√											
	颁发证书日志监控	√	√	√	√	√	√	√			√	√	
弹性类安全功能	DDoS 保护	√											
	资源弹性扩展	√	√	√	√	√	√	√	√	√	√	√	√
	区域交付（异地部署）	√	√	√	√	√	√	√			√	√	
其他类安全功能	VPN		√	√	√	√		√			√		√
	影子 IT 检测	√	√	√	√	√	√	√	√		√	√	√
	SOAR	√	√	√	√	√	√	√	√	√	√	√	√

3. 网络安全能力差距分析

识别当前网络各边界节点的安全能力现状，对照上述相应的网络安全能力设计，分析当前网络各边界节点的安全能力差距，指导网络安全防护措施的选择与部署。

4. 网络边界防御纵深构建

结合应用系统的分层架构设计，将应用组件划分到不同网络安全域。在各层安全域的边界上，针对不同的业务访问场景，依据网络安全能力框架设计相应的安全能力，部署网络安全防护措施，形成攻击路径上的层层防线。实现网络边界多层纵深防御，全面收缩应用系统攻击面，避免因应用系统某一个组件的失陷，造成整个应用系统被入侵控制，减少敏感数据泄露的可能性。网络边界防御的整体架构如图 6.7 所示。

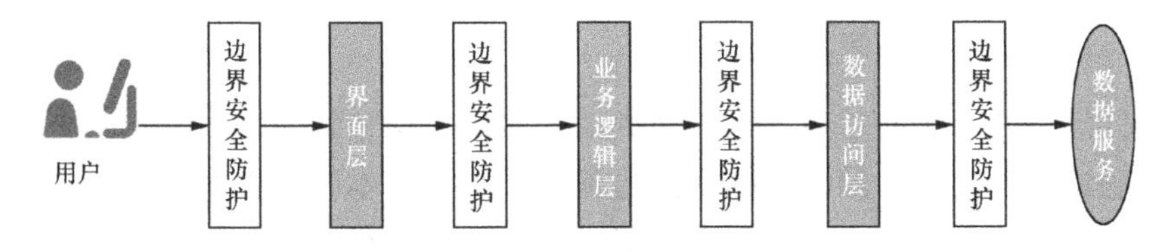

图 6.7 网络边界防御纵深架构

- 措施异构

不同防线上的同类安全措施在工作机制（如黑/白名单）、检测方式（如特征匹配、全流量分析）、品牌等维度上实现异构，避免攻击者利用相同的手段穿透所有防线。

- 协同联动

整合不同防线上的安全措施，实现安全策略的统筹部署（如黑白结合、粗细结合）、安全数据的整合分析（如态势感知）、安全事件的联动响应（如 SOAR）。

5. 广域网防御纵深构建

在常规的分支机构及总部边界安全防护的基础上，建设广域网区域中心安全防护点，增加广域网防御纵深，形成“分支机构—区域中心—总部”的三层纵深防御架构，各层防护措施间协同联动，异构互补，可以全面收缩广域网攻击面，防范跨区域的网络攻击，限制网络威胁的影响范围，增强对总部及区域数据中心的安全防护。广域网纵深防御的整体架构如图 6.8 所示。

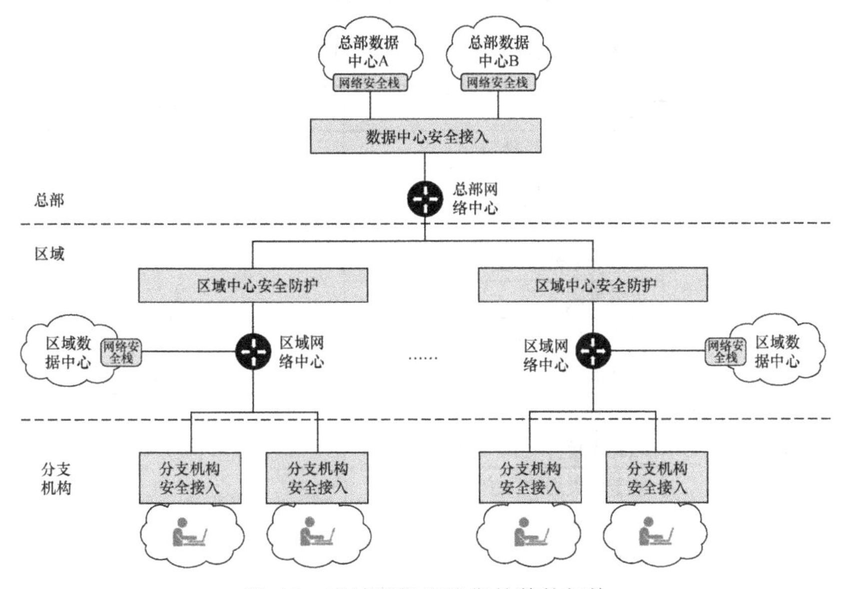

图 6.8 广域网纵深防御的整体架构

- 区域中心安全防护点

在区域中心安全防护点上部署防火墙、网络流量加解密、网络入侵防御、全流量威胁检测、文件沙箱、数据泄露检测等措施，对本区域中分支机构的广域网上行流量进行防护检测，并由企业总部统一进行管理维护，实现广域网汇聚层的全局流量控制，为安全态势感知提供广域网全局数据支撑。

- 分支机构安全接入点

统一规划各分支机构安全接入点的安全能力要求，部署防火墙、网络入侵防御、全流量威胁检测、数据泄露检测、漏洞扫描等措施。保障分支机构安全接入企业广域网，减少网络威胁的引入。

6.3.5 安全措施部署

设计标准化、模块化的网络安全防护集群，提供流量清洗、网络访问控制、加解密、入侵防范、恶意代码防范、应用安全防护、安全代理、数据泄露检测、全流量检测、攻击诱捕等安全能力，通过 NFV、SDN 等技术实现安全能力服务化、弹性扩展和灵活调度编排，适配网络各边界节点的安全能力设计需求。

1. 网络安全能力—安全措施的映射

网络纵深防御安全能力对应的安全措施如表 6.2 所示。

表 6.2　网络安全能力-安全措施的映射

安全能力		安全措施
Web 类安全功能	加密流量卸载检测	Web 应用防火墙
	动态内容缓解	
	证书黑名单	
	证书一致性检查	
	内容过滤	
	支持身份认证的代理	应用安全代理
	数据泄露防护	网络数据泄露防护系统
	DNS-over-HTTPS 过滤	Web 应用防火墙
	强制流量符合 RFC 规范	
	基于域类别的保护集	
	带宽控制	
	恶意内容过滤	
	访问控制	

续表

安全能力		安全措施
文件类安全功能	恶意代码防范	网络恶意代码防范系统
	内容检测	网络安全
	文件沙箱	文件沙箱
DNS 类安全功能	DNS 黑洞保护	安全 DNS 系统
	使用 DNSSEC 保护客户端	
	使用 DNSSEC 保护域名	
邮件类安全功能	防网络钓鱼	邮件安全网关
	防垃圾邮件	
	收件链认证	
	数据泄露防护	网络数据防泄露系统
	接收邮件身份认证	邮件安全网关
	发送邮件身份认证	
	邮件传输加密	
	恶意 URL 保护	
	恶意 URL 点击保护	
	邮件内容过滤	
网络类安全功能	网络访问控制	防火墙
	IP 黑名单	
	主机遏制（会话撤销）	
	网络分段	网络安全域划分
	微隔离	基于工作负载的网络微隔离
	单向传输	网络隔离与交换系统
	协议卸载	
入侵防护类安全功能	网络威胁检测	网络威胁检测系统
	入侵防御	网络入侵防御系统
	自适应访问控制	基于 ABAC 的安全代理
	攻击诱捕	攻击诱捕系统
	颁发证书日志监控	日志审计
弹性类安全功能	DDoS 保护	抗 DDoS 攻击设备
	资源弹性扩展	安全资源弹性扩展
	区域交付（异地部署）	异地容灾部署业务服务
其他类安全功能	VPN	VPN 设备
	影子 IT 检测	资产发现与管理
	SOAR	安全编排、自动化与响应

2. 基于 SD-NGFW 的网络安全防护集群

SD-NGFW（软件定义下一代防火墙）是在 NGFW（下一代防火墙）的基础上，通过 SDN 技术提供灵活、高效的服务链编排能力，并以 NFV 方式扩展多种网络安全组件，从而面向企业网络提供集成化的高性能安全网关解决方案。

基于 SD-NGFW 构建网络安全防护集群，能够高度集成安全功能、弹性扩展处理能力，能适应复杂网络的组网环境，可以满足多种场景的网络安全防护需求。

- SD-NGFW 和安全硬件集群

在实现 NGFW 功能的基础上，通过其服务链编排能力，将流量调度至外部的其他安全组件进行检测，并完成转发。可以充分利用现有的网络边界安全防护设备；适用于已有建设基础的企业由传统架构向安全硬件集群的平滑过渡。

- 独立的盒式 SD-NGFW

SD-NGFW 基于 NFV 扩展多种安全组件，并基于自身的服务链编排能力将流量调度至内置的多类安全组件以完成检测及转发；适用于性能需求较低的中小企业用户。

- 分布式 SD-NGFW 机框

基于分布式机框架构，提供具备独立运算资源的安全组件，大幅提升性能及安全功能扩展能力；适用于大型企业、园区网用户。

基于 SD-NGFW 的网络安全防护集群逻辑如图 6.9 所示。

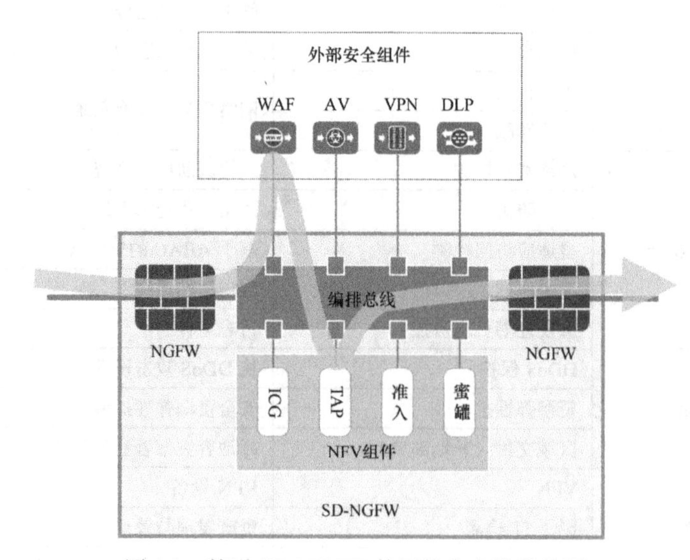

图 6.9 基于 SD-NGFW 的网络安全防护集群

3. 基于 SD-WAN 的分支机构接入

安全 SD-WAN（软件定义广域网）为多分支机构、数据中心互联、混合云等场景的用户提供广域安全组网方案，可以解决网络运维成本高、广域组网复杂等问题，实现灵活便捷、按需定制的网络连接，提供弹性扩展的安全防护能力，提升业务体验，保障业务安全，降低 TCO（总体拥有成本）。

- 安全组网：采用增强的隔离技术，在企业总部和分支机构之间建立业务隔离的安全加密连接，保证企业业务数据传送的安全性及私密性。
- 快速部署：自动获取初始化网络配置和安全策略配置，实现快速上线，降低了分支机构开通业务的复杂度。
- 链路整合：支持 Internet、4G、MPLS 等多种广域出口的统一整合，支持故障自动切换，保证业务持续服务不受影响。
- 智能选路：自动监测广域网的端到端服务质量，实现基于应用的路径优选和质量保证。
- 全面防护：实现漏洞防护、病毒防护、数据加密传输、上网 URL 过滤、身份认证、权限管控、威胁识别等能力。
- 集中管控：提供可视化的集中管控能力，实现自动化运维、网络编排、安全编排、业务管理。

安全 SD-WAN 的部署示意如图 6.10 所示。

4. 网络流量分析

全面捕获网络流量，按需开展资产发现、网络威胁检测、数据泄露检测和网络行为审计等工作，增加网络流量的可见性，为态势感知提供全局网络流量数据，支撑网络纵深防御体系的持续优化。

- 流量捕获

在基于 SD-NGFW 的网络安全防护集群中，通过流量编排，将流量复制给网络流量分析设备；在传统环境下，通过流量镜像、链路分光等方式，捕获网络流量，经过分路器聚合处理后，按需分发至各类网络流量分析设备。

- 网络流量加解密

通过 SD-NGFW、LB、专用加解密设备，对网络加密流量进行解密还原和加密回注，为网络流量分析设备提供明文流量数据。

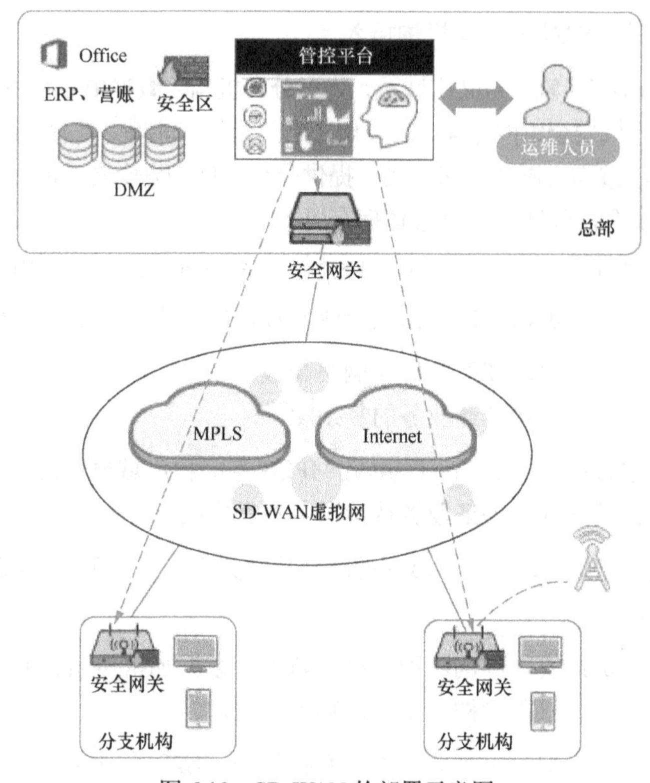

图 6.10 SD-WAN 的部署示意图

● 资产发现

通过专用硬件、NFV 方式部署资产发现设备，基于网络流量被动探查资产的新增、异常情况。同时统计资产的访问关系，用于支撑本节点网络访问控制策略的设计及有效性分析。

● 网络威胁检测

通过专用硬件、NFV 方式部署全流量威胁检测设备，检测和发现已知的高级网络攻击和未知的新型网络攻击。

● 数据泄露检测

通过专用硬件、NFV 方式部署数据泄露防护设备，监测敏感数据的流转情况，对违规传输敏感数据的行为进行告警。

● 网络行为审计

通过专用硬件、NFV 方式部署网络行为审计设备，通过协议还原，监测记录应用访问、数据库访问、互联网访问等行为。

5. 威胁情报应用

通过威胁情报的应用，可以全面提升网络威胁检测识别的效率，增强网络纵深防御成效。

- 事前

大幅提升预防效果。基于精准、热度的威胁情报信息，在网络安全设备上配置黑名单、热补丁等措施，对目前的流行、突发事件进行精准预防，减少安全事件发生的可能性。

- 事中

实时阻断恶意行为。在网络安全防护设备上内置威胁情报信息，实时匹配恶意网站、非法 IP 名单等访问连接情况，阻断恶意访问行为，减少安全事件危害。

- 事后

快速定位失陷主机。全面监测网络流量，获取出站连接的域名或 IP，与威胁情报的 C&C 域名和 IP 进行关联比对，及时发现失陷主机，经过人工审核后，调整防火墙策略，阻断失陷主机与外部控制端的通信。

6.3.6 运行管理

针对各节点的网络安全防护集群，建设统一的运行管理平台，实现安全策略全生命周期的自动化管理，支撑态势感知平台安全事件的响应处置。

1. 安全策略管理

实现网络安全防护设备的集中策略管理，包括安全策略的采集、解析、可视化展现、装配、审核、下发执行和备份等。同时结合网络流量分析，统计网络各边界的访问关系情况，自动与现有的策略配置进行对比，梳理安全策略有效性问题，支撑策略优化工作。

2. 运行状态监控

实现网络安全防护设备运行状态的集中监控管理。监控内容包括 CPU 使用率、内存使用率、CPU 温度、系统盘使用率、当前是否在线等。通过监控自动发现设备运行状态告警、异常情况，及时进行排查修复，保障安全设备的可靠运行。

3. 安全数据采集

将各安全防护集群的安全数据接入态势感知平台和内部威胁感知平台，为安全分析提供全局网络安全数据支撑。

4. 运维安全管控

通过管理网络，对网络中的安全设备进行运维管理。基于零信任架构和ABAC模型，与身份管理及访问控制平台对接，实现运维管理人员的统一身份认证、授权和操作行为审计，实现特权账号的全生命周期管理、密码托管和使用申请审批。对运维管理操作实施动态细粒度的访问控制，将资源的访问权限最小化。

Chapter 07 

第7章 数字化终端及接入环境安全

7.1 数字化转型与业务发展的新要求

7.1.1 新技术新业务发展挑战

在组织进行数据化转型的过程中，大量新型数字化基础设施的建立，将会逐渐改变 IT 设备之间、员工与 IT 设备之间的交互方式，这些数字化转型的背后需要具有良好体验的个人工作空间作为支撑。工作空间的用户体验看似不重要，但却对数字化转型产生极大影响的挑战，而终端则是个人工作空间的重要载体，也在很大程度上决定了实际的体验效果。所以把终端重新定义为数字化终端，目的是为了突出终端数字化转型工作目标上的差异。

1. 数字化发展将形成不同形态的数字化终端

过去一直有一种观点，即大量计算工作的需求未来将越来越多地转移到数据中心，对本地终端的性能和配置的要求会逐渐降低。云桌面正是这一观点的主要实践。本地的瘦客户端并不需要大量的计算性能，实际的计算和存储都通过网络发生在远程的数据中心虚拟桌面上，特别在网络吞吐不断增加和延时不断降低的情况下。但本书的观点是，这并不是所有终端的未来场景，数字化不断变革对本地计算、边缘计算提出了更高的要求，一方面计算能力的前置能解决体验问题，大量应用程序需要在本地完成计算工作，以便提供效率更高的交互式响应；另一方面在终端和终端之间交互的场景，也需要大量计算能力的支撑。因此为满足不同场景的需要，终端将发展成为不同形态的数字化终端。

2. 数字化终端的范围边界被重新定义

我们将数字化终端的范围进行重新定义，包括 PC、云桌面、专用终端、移动终端、国产化终端等。PC 包含 Desktop（桌面型）和 Laptop（膝上型）；云桌面涉及 VDI（虚拟桌面架构）、VOI（虚拟系统架构）、终端应用虚拟化等；专用终端包含各类场景下的自助服务终端和特殊用途终端，如 ATM、VTM 等；移动终端包含苹果 iOS 和大量碎片化的 Android 系统手机、平板等；国产化终端主要指使用国内自主芯片和 OS 的终端，如使用飞腾处理器和麒麟操作系统的终端。这些终端的共同属性就是为用户提供个人工作空间。我们并没有把数据中心计算终端或者物联网终端纳入其中，主要原因是它们提供的是工作负载与生产力，而不属于个人工作空间范畴。

3. 单个用户多终端场景和终端归属的逐渐复杂化

在组织数字化转型的过程中，除终端类型不断增加外，还有几个特点。一是用户可能存在多个终端的问题。早些年，本地计算资源相对匮乏，甚至存在多个人使用一个终端的情况，而今天大多数员工都拥有多台终端，比如办公室固定终端、移动 PC 终端、手机终端、平板终端、虚拟化终端等。员工在使用多个终端时会面临管理一致性、多个工作空间互联互通的问题。当用户需要在多个相互独立的工作空间上工作时，会极大地降低数字化转型下的工作效率。二是终端归属逐渐复杂化。过去在一个严格管理的组织内，工作必须由组织提供的终端资产完成，个人终端资产不能参与到工作中，企业终端资产不能用于个人用途。但如今组织内可能会存在企业终端用于个人目的（常见于办公网移动 PC 终端），或者个人终端用于企业目的（常见于个人移动手机终端）的情况，还有部分第三方不可管理终端。这些都极大地增加了数字化终端纳管和安全管控的复杂性，也是组织在数字化转型过程中需要面临的重要挑战。

7.1.2　企业终端攻防形势与传统安全措施的局限

终端安全是企业安全能力的一道重要屏障，原因是终端常常被攻击者作为入侵企业数据中心的跳板。一般情况下，组织对数据中心外部的安全相对更加重视，会增加数据中心被入侵的难度，甚至部分企业的数据中心只服务于内部组织，攻击者无法直接访问。但是终端却为攻击者提供了桥梁，所以说终端安全很多时候是企业安全能力的一道屏障。在数字化转型过程中，丰富的终端类型、复杂的终端所有方、用户普遍使用多终端，导致的结果是终端安全保障需求越来越难以应对。

从攻击者视角来看，针对终端的网络攻击通常是变现最快的一种手段。一方面，近年来由于数字货币、匿名支付的发展，大量的勒索病毒攻击频发，这些攻击不一定需要非常清晰的目标，直接通过无差别攻击会产生更大的收益。这些新形势下的安全威胁在更大程度上威胁到终端的安全。即使在终端自身安全性没有问题的情况下，勒索软件只需要针对终端数据进行加密就能达到目的。另一方面，在数字化背景下大量终端需要接入企业资源，如何确保接入设备不被攻击者仿冒，以及设备所关联的用户不被仿冒，这是终端除自身安全外需要重点考虑的问题，也是大量移动终端面对的安全挑战。这些问题也在提醒我们，终端安全不只是终端自身问题，需要关联其他对象综合考虑。

过去常见的终端安全解决方案都是相互孤立的，缺乏真正意义上整体思考终端安全的需求、终端所需的完整的安全能力、统一的跨平台管控手段、一致的安全管控策略、有效适应终端资产所属场景的管理模式，更没有形成可以灵活编排的终端安全策略机制，也未考虑个人工作空间的安全互联问题，这些都在极大程度上制约了组织在数字化转型上的用户体验，数据中心的大量资源投入可能最终并未使终端用户感受到直观的变化。甚至由于个人工作空间的体验问题，数字化转型的阻力由此增加。而这些焦点都集中在了数字化终端安全的相关问题上。

7.2 什么是数字化终端及接入环境安全

7.2.1 基本概念

数字化终端及接入环境安全是对各类企业接入终端安全纳管、终端自身安全、终端协同安全、终端安全运行支撑以及接入环境安全的综合定义。其中终端不以企业资产为边界，而是涉及企业接入的所有非 IoT 终端范围。数字化终端及接入环境安全是组织在信息化基础设施及网络末梢安全建设中的重点工作。

理解数字化终端及接入环境安全概念的前提是理解其安全需求，首先，是终端的安全需求，终端本质上是一个面向最终用户计算、存储和网络接入能力的集合。所有与计算、存储、网络接入相关的安全能力都需要在这个载体中得以体现，如恶意代码查杀、入侵防护、访问控制、行为审计、数据安全等。可以说终端对安全能力的要求是一个体系化的集合，而不只是一两个控制点。其次，终端也是数据中心计算、存储和网络服务的延伸，组织只将安全资源投入到数据中心是远远不够的，被保护数据从数据中心到终端的延伸，一定会导致安全问题的延伸，所以终端安全不仅需要考虑自身的安全问题，还需要考虑与组织整个安全体系的融合，而不是将终端安全做为孤立的一部分。最后，终端所处的使用环境在一定程度上决定了终端自身的安全性，而这些环境的安全管理通常与终端的安全管理部署在同一位置，因此数字化终端的安全设计不能脱离接入环境，接入环境安全或者末梢网络安全也需要纳入整个终端安全概念体系。

7.2.2 设计思想

数字化终端及接入环境安全的设计是一个复杂的话题，在不同的场景、终端类型、资产所属下，管理方法和安全目标的定义都可能存在一些差异性。但是在数字化转型过程中，组织的管理和安全保障的体系框架是相似的，所以分别从数字化终端纳管、数字化终端安全防护、网络接入环境安全和统一安全运行支撑 4 个维度进行设计。

1. 数字化终端纳管设计

终端纳管能力的设计又可以从以下 4 个方面进行考虑。

首先，是终端在组织内的注册，包括与关联使用者的绑定、部门所属等。注册的目标在于建立组织、人与终端资产的关系，为后续终端的集中管理提供信息支撑。即使针对 BYOD（Bring Your Own Device，自带设备）的终端资产也存在注册需求。组织内部可借此对所有涉及业务访问的资产实现全面可视化。

其次，由于终端资产存在大量变更需求，且需要纳入 CMDB（Configuration Management Database，配置管理数据库）集中管理，因此对组织所拥有的资产进行持续性跟踪就显得尤为重要。针对终端资产的管理是 IT 服务管理的一部分，同时也是终端安全管理的重要基石。

再次，是使终端具备能够在组织内快速接入资源的能力，通常也称为使能（Enable），旨在为终端工作空间提供各类办公工具和访问入口，为不同人员访问相关业务配备一切所需的资源，包括对浏览器的配置、常用应用的访问链接、应用软件的本地部署、企业应用市场甚至是软件授权管控等。这些工作无法全部在终端操作系统的构建阶段完成，因为工作空间的资源通常是动态变化的，静态

的操作系统模板会降低资源配置管理的灵活性。终端的使能也是终端主动进行注册的动力之一。

最后，是针对终端外设的管理。移动外设通常作为组织数据摆渡的重要桥梁，也需要纳入企业资产管理，但外设的特点在于通过终端间接被管理，实际对外设产生管理行为的是终端自身，所以也归为终端纳管的一部分。整个终端纳管的设计目标是建立组织对终端设备及资产的可视化管控、所需资源的快速部署，同时也是终端安全能力得以实现的重要基础。

2. 数字化终端安全防护设计

终端安全技术防护设计需要考虑四大关键领域，分别是终端自身安全能力、终端协同安全能力、终端安全数据支撑能力和终端策略编排能力。

终端自身安全是为了保障终端从硬件到系统乃至应用安全的基础措施，需要从架构安全、被动安全、积极防御 3 个阶段考虑安全能力的设计。

终端协同安全能力则是终端安全延伸所带来的挑战，从身份识别到可信接入、从可信接入到安全隔离、从安全隔离到行为审计、从行为审计到数据监控。所有这些协同安全的目标都是为了解决数据在终端上延伸导致的安全问题。

终端安全数据支撑能力则是自身安全状态与所处环境的全景描述，而终端策略编排能力则是终端能力协同的关键，例如在发现终端安全状态或环境发生改变时自动使用动态响应策略完成主动防护的动作。终端策略编排能力是自动化安全响应的基础。在此基础上，终端安全还需要考虑将一部分安全所需的计算能力外延至终端外部，原因是确保安全能力的承载不会大量占用终端自身资源从而降低用户体验，而用户体验是一切安全能力落地的前提。例如，可将样本的深入分析能力迁移至终端外部，借此平衡性能，而且不会损失安全效果。

3. 网络接入环境安全设计

在末梢网络接入环境中，由于组织的特点将导致其与其他网络的管理相独立。当组织存在大量小型分支机构时，接入网络和终端很有可能是合并管理的，由不同的分支机构完成所属环境的分布式管理，完全集中的安全设计反而会带来复杂性。例如在一个存在大量门店的企业，或者存在大量二级单位的组织中，虽然末梢网络规模不大，但数据较多，安全问题不容忽视。安全设计既需要考虑内部接入可信问题，也需要考虑外部接入风险。同时由于本地技术管控能力较弱，安全设计需重点考虑两个关键问题：接入环境下的纵深网络防御以及网络接入环境的出入控制。在解决这两个问题时还同时需要满足简易部署和简易运维的需求。

4．统一安全运行支撑设计

统一安全运行支撑设计是为了有效支撑运营工作，从安全设计的角度需要分别考虑运维管理的分布需求、事件调查的流程需求、威胁鉴定的工具需求、处理过程的自动化需求。只有综合以上运行管理支撑的诉求，终端的统一安全运行工作才能在有效的资源环境下得以实现。组织执行终端安全运行管理时，需要从标准纳管、分权操作、分级管控、集中分析、全局可视几个维度出发，充分利用终端的安全能力和数据资源，在构建统一的安全运行管理支撑能力的基础上，一方面完成终端场景的安全保障需求，另一方面实现与企业数据安全、系统安全、身份安全、行为安全等其他安全运营目标的有效衔接，进而从容应对组织数字化转型过程中不断变化的边缘侧网络安全风险。

7.2.3 总体架构

综合上述设计思想，要实现数字化终端及接入环境安全建设，提升企业网络终端整体安全能力水平，需要建设终端系统安全栈、末梢网络安全栈和终端统一安全运行支撑等三大体系，并且建立与外部系统的有效协同关系，形成安全共同体，如图7.1所示。

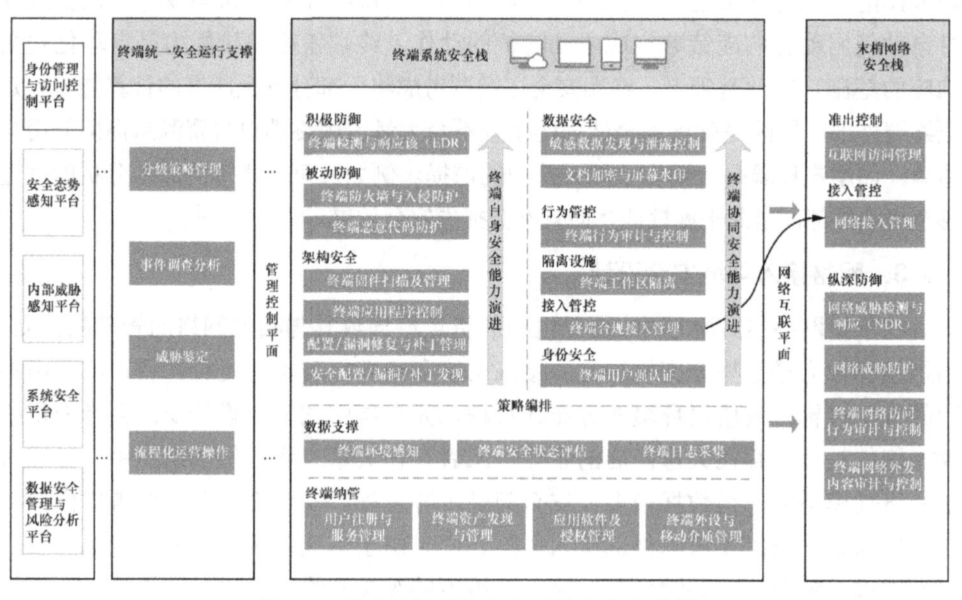

图7.1 数字化终端及接入环境安全总体图

建设终端系统安全栈，实现终端上各种安全保障及服务能力，一方面是通过网络互联平面与末梢网络安全栈形成边缘侧的安全防御整体，另一方面是通过管理控制平面与终端统一安全运行支撑，终端提供具体的执行能力。终端系统安全栈的建设能力是企业终端安全的核心建设任务。

建设末梢网络安全栈，能够实现以安全策略强制执行为目标的终端安全接入控制能力和末梢网络外发流量及内容的控制能力，实现终端所在的末梢网络环境的安全。

建设终端统一安全运行支撑能力，是要建设以用户为对象的终端分级管理控制平台，通过联通 PC 终端、移动终端、云桌面、专用终端的控制平面，实现终端管理过程中服务能力、终端覆盖、数据信息三方面的统一。

建设与外部安全系统的有效协同关系，与身份管理与访问平台、安全态势感知平台、内部威胁感知平台、系统安全平台、数据安全管理与风险分析平台等五大平台的联通，形成安全能力体系化聚合，实现终端安全管理与整个安全体系的关联，形成安全统一架构。

7.2.4 关键技术

1. 终端安全策略编排

策略编排是自动化响应的关键手段，是降低安全运行维护成本、提高安全运行效率的主要方法。终端安全策略编排，是协同终端各类安全能力的核心，也是 SOAR（Security Orchestration，Automation and Response，安全编排、自动化和响应）技术在终端安全场景下的落地，可使终端安全策略的执行根据终端环境与状态的变化进行自适应。

2. AI 引擎

引擎是终端安全领域的核心技术，是判定一个文件是否为病毒的一套程序机制。AI（Artificial Intelligence，人工智能）引擎是利用机器学习等 AI 技术，对海量样本进行自学习后，引擎自动总结出的病毒文件识别能力，以便在未捕获样本的前提下有效识别未知病毒。

3. 云查引擎&沙箱

云查引擎是指将病毒样本分析过程和病毒哈希特征库都置于云端，本地只保留一个非常小的本地特征库，当发现一个新文件时，直接通过哈希特征库的云端查询就能快速识别文件是否为病毒，从而降低终端本地的系统资源占用。沙箱是一种文件动态行为识别技术，云沙箱是将样本文件直接放入云端虚拟化环境中运行，通过监控运行过程从而跟踪文件的行为，并根据文件行为判断是否为恶意程序。

4. 应用程序控制

应用程序控制颠覆了传统反病毒软件的黑名单机制，而是采用白名单方式来保障系统的安全。只有管理员明确后的进程才可以运行，只有管理员配置的特定进程才能访问敏感文件和注册表。应用程序控制，一方面可以大幅降低由于应用缺陷导致其自身权限被恶意滥用的可能，另一方面可以用于解决对终端数字资源保护的需求，屏蔽关键数据的获取。

5. 补丁部署自动化编排

当终端数量达到一定规模时，自动打补丁机制有可能会带来许多负面问题，因此自动从云端更新补丁库后，预先设置好灰度发布批次和漏洞修复策略（分时间段、按级别、排除有兼容性问题的补丁等），控制中心可定时自动更新补丁库，自动化编排，完成漏洞的修复。

自动化编排，即将全网终端划分为由小到大的多个批次，先自动推送给第一个小批次分组，如无问题自动推送给下一个批次，直到推送给全网。如有问题，只需将有问题的补丁添加到排除列表并卸载已安装的终端即可。整个推送安装过程实现自动化编排后，管理员无须过多参与即可完成安装。

6. 工作区隔离

一个终端使用技术手段同时开辟两个相对独立的工作区域，每个工作区域有不同的桌面配置、文件存储与安全机制，该工作区内的所有数据无法转移至另外一个工作区内，从而实现一台终端可以安全访问两个完全独立的网络，并且保证每个网络的数据安全。

7. 环境感知

用来对终端环境进行安全环境感知和安全状态识别，并将感知状态传递给其他安全策略组件，如访问控制中心，为业务访问提供终端的安全度量和安全评价等信息，实现主体安全状态动态的业务访问控制。也可以基于环境策略触发终端安全策略更新。

8．终端 DLP

终端 DLP（Data Leakage Prevention，数据防泄露）是通过内容识别技术防止企业敏感文件通过终端泄露的一种数据安全技术，能够实现对终端存储数据、终端使用数据、终端外发数据的保护，同时可以结合数据标记、数据加密、数据权限管理等技术实现数据安全。

9．终端 EDR

终端 EDR（Endpoint Detection & Response，终端检测与响应）是通过终端上的“探针程序”（Agent）采集终端各个维度的数据，包括静态以及内存中运行态的数据，上报到后端的管理分析平台。该管理分析平台通过一定的分析模型和外部威胁情报，能够及时和快速发现可能出现的高级威胁。

10．移动安全容器

基于 Android Intent 隔离技术以及对系统的 Hook 能力，将 Android 系统分割成普通的运行环境和特有的安全虚拟运行环境（简称为安全容器，也称为应用沙箱）。安全容器与外部是完全隔离的，安全容器内的应用可相互通信，交换数据，所有数据均是高强度加密的（默认是 AES，也支持国密算法 SM4）。安全容器内部实现了运行态的访问控制功能，外部应用无法访问容器内的应用，所有的网络访问、数据交换等均受到安全容器的访问控制。默认情况下，外部应用无法访问到内部应用以及任何数据。

11．移动应用封装

传统的应用封装技术是基于拆包技术实现的，通常是将 App 解开后，将需要封装的代码插入相应位置。这种技术不仅破坏了应用的完整性，而且对应用的兼容性也产生了很大的影响。新一代的应用封装技术不需要拆包进行应用封装，可以将安全组件（如杀毒应用、环境感知应用等）融入到业务应用 App，与业务应用集成为一个 App，且拥有相同的生命周期。这既保障了应用的安全，又不会改变业务应用的体验和兼容性等。

12．接入层 NDR

接入层 NDR（Network Detection & Response，网络检测与响应）是通过采集接入层网络流量中更多维度的数据，从而对网络攻击行为进行更细粒度的判断的一种技术。

7.2.5 预期成效

1. 终端安全管理一体化

作为一个在数字化时代能够保障业务安全有序运转的机构，应充分考虑组织的管理模式和文化，在确保为终端用户提供良好用户体验的基础上，建设跨数字化终端类别的统一安全管理体系。

终端安全管理一体化能够充分考虑到办公终端的多样性，可以拟合 PC 终端、哑终端[①]、服务器终端、移动终端，针对异构外设提供统一的安全管理能力；能够在终端和接入环境上构建面向终端硬件、操作系统、应用软件、数据资源、用户身份、操作行为和末梢网络的一体化安全技术栈；能够充分考虑到终端管理的复杂性与完备性，提供杀毒、加固、管控、运维、准入、外设管理等多种管理能力，形成完备的终端管理一体化，充分支持企业安全治理工作。

2. 终端威胁防御立体化

终端是安全的最后防线，所有威胁都会通过网络空间的连接直接与终端发生关系。终端威胁防御立体化能够在终端上提供架构安全防护、数据安全防护、被动防御、主动防御、行为管控、操作隔离等威胁立体化防御能力；能够基于威胁维度、设备维度、数据维度、身份维度、大数据分析维度，充分解决已知、未知和 APT（Advanced Persistent Threat，高级持续性威胁）攻击等威胁。

3. 终端安全运营数字化

基于数字化管理思想和指标化度量思想，制定和落实标准纳管、分权操作、分级管控、集中分析、全局可视的安全运营目标，通过指标化运营提高整个终端安全建设的有效性。

4. 终端安全建设协同化

充分利用终端的安全能力和数据资源，实现与企业数据安全、系统安全、身份安全、行为安全等其他安全运营目标的有效衔接和深度聚合，进而从容应对组织数字化转型过程中不断变化的边缘侧网络安全风险。

---

① 在计算机科学中，相对于其他复杂交互的计算机终端而言，哑终端是功能较为有限、交互方式比较单一的简单计算机终端。哑终端的具体含义根据不同的场合（语境）而变化，此处是指打印机、扫描仪这类特殊的输入/输出设备。

7.3 数字化终端及接入环境安全建设要点

7.3.1 总体流程

首先，要建设统一的终端安全管理客户端系统和终端系统安全栈，一方面用于承载终端中的各种安全服务与控制能力，另一方面统一提供面向用户和控制平面的接口，使各类安全能力都基于统一的用户界面、统一的策略管理和统一的日志管理在终端侧进行部署。

其次，要建设终端侧末梢网络安全管理系统和终端末梢网络安全栈，在满足网络接入层纵深防御的基础上，实现以"终端入网必合规、合规再入网"为目标的动态控制能力。

再次，要建设以终端用户为中心的策略控制运行管理平台和统一安全运行支撑能力，打通 PC 终端、移动终端、云桌面、专用终端的控制平面，实现终端管理过程中服务能力、终端类别、数据资源三方面的统一。

最后，要建设外部系统协同能力，通过与身份管理与访问控制平台、安全态势感知平台、内部威胁感知平台、系统安全平台、数据安全管理与风险分析平台进行协同，能够将现有自闭环系统组成更庞大的生态系统，更好地解决未来更加复杂的安全问题。

7.3.2 终端系统安全栈建设

建设终端系统安全栈，是指建立企业终端十大安全能力，如图 7.2 所示。全方位解决终端威胁并提供面向未来的终端能力建设，其中包括底层的终端纳管能力、数据支撑能力，支撑终端自身安全能力演进的架构安全能力、被动防御能力、积极防御能力，以及支撑终端协同安全能力演进的身份安全能力、接入管控能力、隔离设施能力、行为管控能力、数据安全能力等。

- 终端纳管能力

通过终端纳管能力的实施，实现包括用户注册与服务管理、终端资产发现与管理、应用软件及授权管理、终端外设与移动介质管理在内的终端全生命周期管理工作，降低终端运维服务成本。

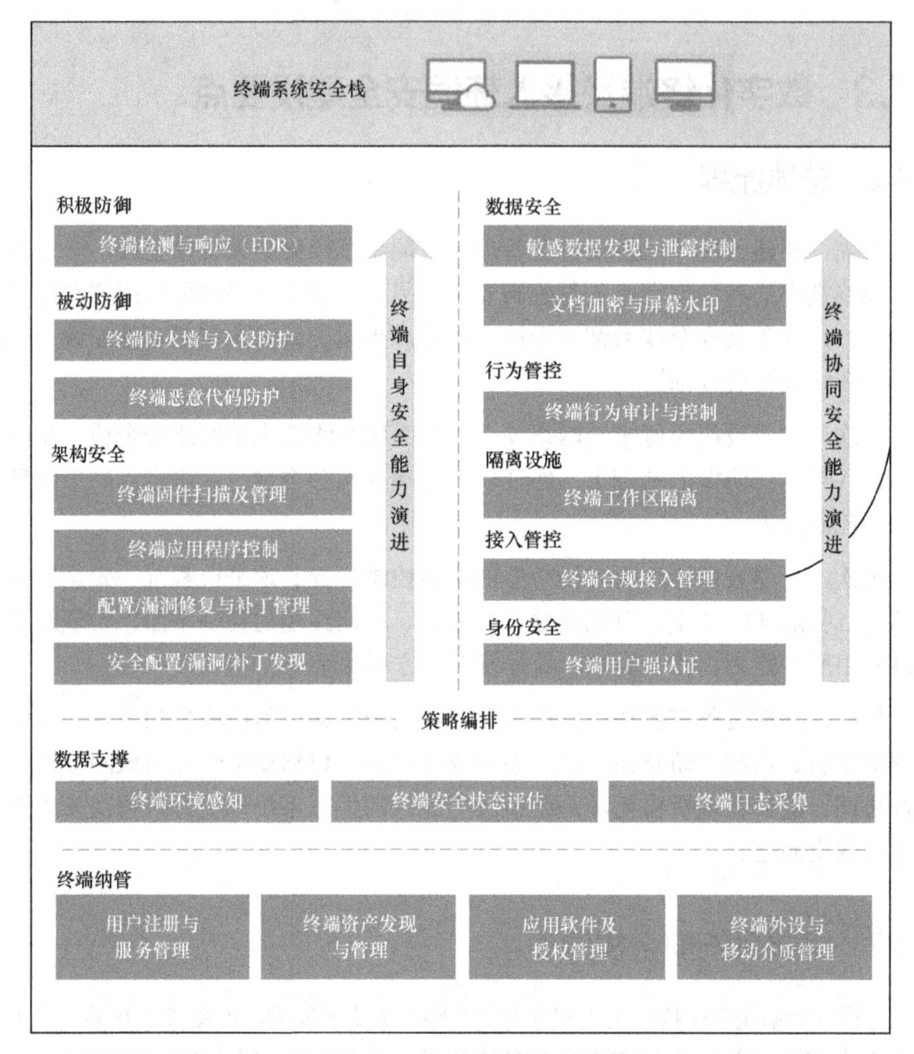

图 7.2　终端系统安全栈

● 数据支撑能力

通过终端数据支撑能力的实施，实现包括终端环境感知、终端安全状态评估、终端日志采集等工作，提高终端数据利用能力。通过部署终端日志、安全状态及环境信息的感知、采集和共享措施，使终端安全数据共享至网络安全、云安全、身份与访问控制等多个安全领域，并最终实现体系之间的安全能力协同。

● 架构安全能力

通过架构安全能力的实施，实现终端固件扫描及管理、终端应用程序控制、配置/漏洞修复与补丁管理、安全配置/漏洞/补丁发现等工作。对终端的重要应用构建应用程序控制手段，通过白名单控制进程的启动、跨越进程的调用和应用数据的访问，实现提升终端自身强壮性和未知攻击抵御的能力。

- 被动防御能力

通过被动防御安全能力的实施，实现终端防火墙与入侵防护、终端恶意代码防护等工作，提高终端威胁对抗能力，解决终端的基础威胁问题。

- 积极防御能力

通过积极防御安全能力的实施，实现终端检测与响应（EDR）等工作，提高终端自身对未知威胁的深度分析能力。通过对终端本地进程活动、文件信息、资源调用行为的收集，实现对高级威胁的有效研判分析与追踪溯源。

- 身份安全能力

通过身份安全能力的实施，实现终端用户强认证工作，使终端身份具有高可靠性、不可篡改性。

- 接入管控能力

通过接入管控能力的实施，实现终端合规接入管理，与网络接入管理设备进行协同，使非合规终端无法接入网络。

- 隔离设施能力

通过隔离设施能力的实施，实现终端工作区隔离，在 PC 终端构建出独立的安全隔离工作区，用于专网互联，实现工作区内应用程序、数据存储、网络通信与承载系统的相互隔离。

- 行为管控能力

通过行为管控能力的实施，实现终端行为审计与控制，做到终端可管、可控。其中包含违规操作发现、异常行为控制等措施，并在打通内部威胁防控平台的基础上扩展用户行为分析的广度和深度。

- 数据安全能力

通过数据安全能力的实施，实现敏感数据发现与泄露控制、文档加密与屏幕水印等工作，实现终端侧数据泄露防护（DLP），并在打通数据安全管控平台后实现数据安全治理与保护策略的统一。

7.3.3　末梢网络安全栈建设

建设终端侧末梢网络安全栈，实现以强制执行安全策略为目标的终端安全接入控制能力和末梢网络外发流量及内容的控制能力，实现终端动态接入控制及末梢网络内互访的检测和控制能力。其中包括纵深防御、接入管控、准出管控等三大核心能力。

- 纵深防御能力

建设纵深防御能力，是指执行终端网络外发内容审计与控制、终端网络访问行为审计与控制、网络威胁防护、网络威胁检测与响应（NDR）等工作，实现对末梢网络到互联网或业务专网的资源访问、数据外发的行为检测，发现与控制可疑安全事件，并与终端数据一起关联至内部威胁防控平台、数据安全管控平台来扩大安全协同范围。通过纵深防御能够实现网络威胁检测与响应（NDR），对末梢网络内部之间存在的网络攻击进行持续监测、分析与响应，及时发现内部攻击事件。

- 接入管控能力

建设接入管控能力，是指执行网络接入管理工作，可以根据终端设备合规程度、安全状态、环境情况实现终端入网规则的动态访问控制，实现终端入网必合规、先合规再入网的控制能力。

- 准出管控能力

建设准出管控能力，是指执行互联网访问管理工作，针对采用分布式远程接入的小微型分支机构，需要提供通过专线或互联网 VPN 上联至机构广域网的一体化接入系统，同时使用软件定义方式为末梢网络提供网络安全防护措施，并为有需要的分支机构提供安全受控的互联网访问能力。

7.3.4　终端统一安全运行支撑能力建设

建设终端统一安全运行支撑能力，是指建设以用户为对象的终端分级管理控制平台，通过联通 PC 终端、移动终端、云桌面、专用终端的控制平面，实现终端管理过程中服务能力、终端类别、数据资源三方面的统一。其中包括分级策略管理、威胁鉴定、事件调查分析、流程化运营操作等四大运行支撑能力平台。

- 分级策略管理平台

建设分级策略管理平台，将信息世界的企业数字化终端与物理世界的企业员工进行一一对应，并通过物理世界的组织属性来实现信息世界中数字化终端的有组织管理，从而实现物理世界与信息世界的员工同构管理。

- 威胁鉴定平台

建设本地威胁鉴定平台，将终端威胁情报引入内部网络，使得企业终端既使无法连通互联网，也可以相互之间共享威胁情报。

- 事件调查分析平台

建设事件调查分析平台，在不增加终端计算能力，不影响用户体验的前提下，实现对可疑样本的深入分析和安全事件的追踪调查。

- 流程化运营操作平台

建设流程化运营操作平台，结合规范化的标准操作流程（SOP），实现对当前终端安全整体状态的准确洞察以及运营工作的高效支撑，并辅助管理者的指挥与决策。

7.3.5 外部系统协同能力建设

随着 IT 建设复杂化的发展趋势，与 IT 配套建设的安全建设也必将向复杂化趋势发展。在各个安全产品之间、安全系统之间，会通过协同的方式建立一个更大的系统，形成更加有效的安全共同体。其中包括与身份管理与访问平台、安全态势感知平台、内部威胁感知平台、系统安全平台、数据安全管理与风险分析平台等五大平台的联通。

- 与身份管理与访问平台联通

将终端与身份管理与访问平台联通，利用终端将物理身份与数字身份进行一一绑定，从而能够构建一个动态的身份与访问管理体系，能够在未来通过零信任架构有效提升企业的业务访问的安全性。

- 与安全态势感知平台联通

将终端与安全态势感知平台联通，能够将终端的位置信息和威胁信息作为本地威胁情报的一部分，为安全态势感知平台提供更精确的威胁定位和态势分析。

- 与内部威胁感知平台联通

将终端与内部威胁感知平台联通，能够基于终端的日志数据和UEBA技术进行异常分析，有效应对内部欺诈、权限滥用、数据窃取、意外泄露、系统破坏等多种内部威胁类型。

- 与系统安全平台联通

将终端与系统安全平台联通，能够通过保障终端资产、漏洞、配置、补丁的有效运行，进而保证整个系统安全建设的安全有效。

- 与数据安全管理与风险分析平台联通

将终端与数据安全管理与风险分析平台联通，能够有效实现终端侧的数据采集、数据传输、数据存储、数据运维、数据使用与数据销毁的全生命周期管理，从而实现终端侧的数据安全能力建设。

联通身份管理与访问、安全态势感知、内部威胁感知、系统安全、数据安全管理与风险分析等平台，可实现安全能力的体系化聚合，将终端安全管理与整个安全体系进行关联，形成更加有效的大安全系统。

Chapter 08 

第 8 章 面向云的数据中心安全防护

8.1 数字化转型与业务发展的新要求

8.1.1 数字化转型促进数据中心向云化发展

当前，大数据、人工智能、物联网等新兴技术正在持续助推社会、企业的数字化转型。数据中心作为信息技术的重要载体，随着云计算的全面深入应用，也将从传统物理结构向全面云化发展演变。由于传统数据中心与云数据中心在技术采用、建设理念、管理方式方面存在较大差异，相应地，面向数据中心的安全也需要进行转变。基于传统数据中心的安全防护体系已经不再适用于如今数据中心云化进程中的安全防护任务。

8.1.2 云化数据中心面临的安全挑战

- 云化数据中心的演进是一个长期的过程，传统风险与新兴风险并存

数据中心是一个大规模的 IT 基础设施。受制于业务形态和运行环境要求，并不是将传统数据中心“一刀切”式地摒弃，这也导致传统数据中心向云化数据中心的演进不是一蹴而就的。在这个过程中，传统数据中心、云数据中心混合共存。对于安全体系也是如此，它需要兼容这种混合云数据中心，能有效应对传统风险与新兴风险长期并存的局面。

- 企业对云数据中心安全建设缺乏全面系统的认识

大部分企业采用传统数据中心安全防护的经验和思路指导云数据中心安全的建设，由于云数据中心与传统数据中心在IT架构、管理运营等方面都存在较大差异，尤其是云数据中心具有多层次的网络纵深、多角色的IT活动、多形态的服务模式等特性，这导致安全防护与现有云业务的运行、运营管理脱节，无法有效支撑云数据中心安全的防护作用。

- 云数据中心面临更严峻的安全挑战

由于云数据中心是应用、业务、数据、流量的大型集散地，因此越来越多的攻击者将目标指向云数据中心。单点突破、横向扩散等多手段、多阶段的攻击方法成为针对云数据中心的主流攻击行为，极具隐蔽性和动态性。其次，云数据中心新技术的运用，使得针对这些虚拟化、云计算新技术的攻击成为攻击者热衷的突破点。最后，云计算的弹性、动态为业务提供方便的同时，也对安全提出了更高的要求，导致现有静态安全体系无法适应这个变化节奏。

- 混合云导致云数据中心的安全挑战更趋复杂

企业的云数据中心往往并不局限于自建私有云模式，随着企业业务和云计算服务的发展，采用自建云平台并结合云服务商的公有云或专有云服务形成一个混合云，已经成为大型企业云数据中心的一个重要模式。同时，云数据中心往往还会存在总部云、区域云甚至海外云等多云互联服务的情况。企业内网访问、多云互联、公有云接入、互联网业务访问等业务场景都聚合在混合云环境中，这使得云数据中心的安全防护工作面临更加复杂的挑战。

8.1.3 传统云安全建设问题与误区

- 过于关注云平台安全而缺乏对云数据中心整体安全的考虑

数据中心的云化使得云平台成为云数据中心的核心，但云平台并不能取代数据中心所承载的所有信息化职能。对于企业用户来说，云是数据中心的一种服务形态，与传统物理服务器一起提供基础环境支撑。但因为企业部门职责、信息化建设以及一些历史原因，当前企业云安全的建设往往只关注云平台及其服务的安全，而忽视了整个云化、混合且紧密结合的数据中心的安全建设，从而衍生了很多数据中心安全漏洞，并进一步威胁到了云平台的安全。

- 缺乏从整体安全视角构建的数据中心级安全能力

由于缺乏从云数据中心及企业整体安全防护视角开展云安全的规划建设，导致企业构想建设的云安全能力存在缺失和不足。安全建设往往不会覆盖安全滑动标尺的基础架构安全、纵深防御安全、主动防御、威胁情报等领域，缺乏与企业身份、密码、系统安全等企业级安全平台的联动。在云内、云外的网络纵深防御、系统安全支撑、云内外特权访问控制、云流量分层隔离、云资源隔离保护、云内外安全态势感知等方面也存在很大的能力缺失，无法为企业用户提供完善的云安全支撑。

- 忽视与云运营业务的聚合，云安全与云业务建设割裂

云业务具备极强的运营属性，在面向企业客户提供云基础服务时，安全服务往往需要与云基础服务一起提供。但当前云安全建设往往与信息化建设存在一定的隔裂，安全能力无法有效地与云业务结合，从而导致云安全服务往往游离在云基础服务之外，安全能力的保障效果得不到有效的应用发挥。

- 缺乏云内外安全态势的联动

作为信息化基础设施，云平台本身可以成为一个完整的生态环境，企业也需要具备构建云内安全态势的能力。但当前云内安全态势的建设或者能力要么存在缺失，要么没有与企业整体的安全态势感知平台联通，从而无法将云安全情况与企业整体安全情况联动，导致安全体系的整体保障效果大打折扣，也降低了云数据中心的服务效能。

因此，在数据中心的云化进程中，企业需要建设既能够兼容传统数据中心安全，又能满足面向云的数据中心安全的防护体系。从工程体系化的视角规划设计安全能力，从实战有效化的目标出发组织建设安全能力，从内生于业务的理念编排融合安全能力。通过阐述设计面向云的数据中心安全体系，为企业提供一个面向复杂业务场景，且具有宏观整体工程化视角，又经得起实战考验的云数据中心安全解决方案。

在这个领域，国外美国军队的一些成功经验值得借鉴。美国国防信息系统局（DISA）积极致力于推动商业云计算在军事领域的应用。美军在将其数据迁移到云上时面临的最大风险是，如何为应用程序提供适当级别的安全服务。为此，国防信息系统局在 2017 年底创建了一个名为安全云计算体系架构（SCCA）的程序，目的是在为美军使用商用云服务的时候提供一个整体性的保护屏障。作为美军云安全的核心架构，SCCA 不仅关注虚拟环境内部隔离等安全，而且将一系列的存储、网络、主机等虚拟基础设施，连同云服务商接入、外部服务网络接入、国防部内部网络接入、身份凭证管理等安全要求都纳入安全框架中。SCCA 实际上围

绕一个复杂而又结构清晰的云数据中心提供了一整套基础设施服务，使得美军在享用最前沿的商业化云服务的同时，又能保证其核心数据的安全。

8.2 什么是面向云的数据中心安全防护

8.2.1 基本概念

所谓面向云的数据中心安全防护，是指立足于混合云模式，适用于 IaaS、PaaS、SaaS 云服务类型，结合虚拟化、弹性扩展等云计算技术的特点，采用全面覆盖、深度融合的方式规划设计数据中心级的安全能力，并利用系统工程的方式开展安全建设，从而构建云数据中心的安全防护体系。

数据中心级的安全能力，是指面向云数据中心的云基础设施、云服务交付、云资源访问、云资源运维管理等全层次，提供网络纵深防御、系统安全支撑、云特权访问控制、流量分层隔离、云资源隔离与安全服务串接、安全态势感知等安全能力。

全面覆盖和深度融合，是指全面覆盖数据中心的边界、云边界、应用系统区域、主机、容器等层次，打通控制平面，实现安全防护体系和云环境的一体化编排调度，并与云数据中心的 IT 建设与运维工作实现聚合内生。

采用系统工程的方式开展建设，是指基于同步规划、同步建设、同步运营，有人员参与的建设原则，从工程建设的角度出发，组织构建必要的、多维度的、与其他系统相互连通的云安全能力，实现有人员参与的云安全能力运营和管理的建设目标；全面覆盖云数据中心的安全需求，深度结合云平台相关业务，紧密围绕以运营为中心的安全活动，从而通过系统工程的方式实现基于实践经验的、面向云的数据中心安全防护体系的构建。

8.2.2 设计思想

- 软件定义安全

软件定义安全是面向云的数据中心安全防护的基础。面对云计算的弹性、动态的特性，只有通过软件定义安全实现对原有安全能力的改造创新，将安全能力软件化、服务化、资源池化，才能使其真正适应云数据中心的变化。

● 分层防御、区域自治

与传统数据中心不同，云数据中心是多层次、多角色的。针对云计算 IaaS、PaaS、SaaS 不同层次的安全需要，设计不同的安全能力进行防护，使得每个层次能够独立进行安全管控和运营。同时整体设计云安全中心，对全局维度的云数据中心安全能力进行统一监控、管理、运营。

● 聚合业务、全面纳管

将云安全组件结合到云的各信息化层次中，将云安全能力聚合到云数据中心的信息化业务中，实现对云主机、云网络、中间件、数据等云资源的全面安全纳管，确保安全成为云数据中心信息化的一个组成部分，落实安全对云数据中心的全面覆盖和深度融合。

8.2.3 总体架构

面向云的数据中心安全体系，是以云服务交付安全防护和云基础平台安全防护两方面为总体架构展开，基于滑动标尺模型的理念进行能力组织，从基础结构安全、纵深防御、态势感知与主动防御以及威胁情报四层进行的总体结构设计，如图 8.1 所示。

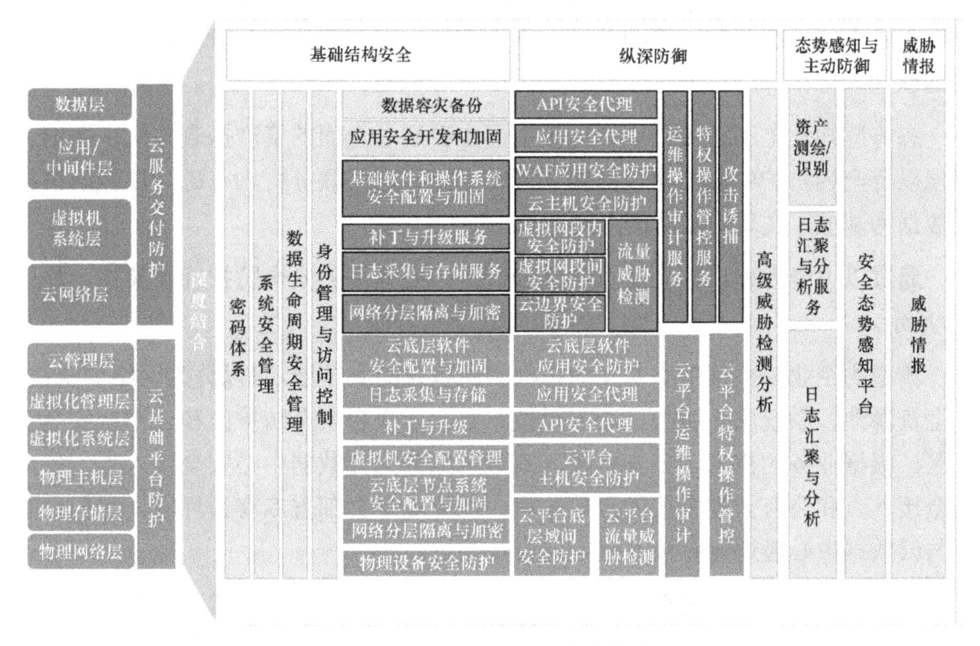

图 8.1 面向云的数据中心安全能力体系

云基础平台防护在云基础设施结构层面将面向云的数据中心分为物理网络层、物理存储层、物理主机层、虚拟化系统层、虚拟化管理层、云管理层；云服务交付防护从云服务分层入手，将基础设施上层的应用服务分为云网络层、虚拟机系统层、应用/中间件层和数据层。通过逐层施加安全防护能力，保障基础平台结构和云服务应用的安全。

基础平台层面从基础设施的运行、访问、认证、生产数据层面进行安全防护，着重立足于基础设施本身展开安全防护。基础设施的运行需要保证其基础软件及操作系统的运行安全及配置的牢固性，同时依据软件、系统供应商的漏洞披露情况及时更新补丁。为保证基础设施的授信访问，基础设施需要全面纳入身份认证管理与访问控制体系，根据统一的密码策略体系，实现对基础设施的安全访问和鉴权管理。由于基础设施承载着重要数据，数据在基础设施中的创建、流转、消费、销毁等每个环节，以及数据泄露、篡改、滥用、非法访问等安全问题，需要进行监控和防护。

纵深防御层面从访问入口、关键路径进行层次化安全防护。针对 API、Web、IP 等访问入口，施加 API 防护、Web 安全防护、边界防护手段，同时覆盖密码、身份认证等安全体系。纵深防御主要是基于流量侧进行安全防护，除上述安全手段外，还需要针对流量的监控审计、威胁检测、特权操作等进行安全建设，以保障纵深防御从事前监测、事中防护、事后审计，到调查溯源全阶段的安全动作落实到位。

态势感知及主动防御、威胁情报层面主要通过全面的资产探查与资产测绘，实现以资产为防护中心的建设思路。同时，以日志关联分析为基础，以威胁情报大数据为基准，实现对威胁的全面感知。

通过以上能力建设，企业可达成云数据中心预期的安全防护部署架构，如图 8.2 所示。

典型的企业云数据中心安全防护框架所包含的安全域，可以分为网络安全栈、安全资源池、系统安全服务、云安全接入点、云平台安全防护区和云平台安全管理区。根据业务的需求，云安全接入点可以细分为云数据中心安全接入点、外部安全接入点和公有云安全接入点等。有一些企业还会部署专有云环境，它们也需要与云数据中心通过专有接入点实现安全互访。

面向云的数据中心安全防护建设完毕之后，至少可以覆盖云数据中心边界、云基础平台和云服务交付这三个核心领域的安全需求。其中云数据中心边界可以具体覆盖到数据中心内部接入边界、专有云接入边界、公有云接入边界及外部网络接入边界的安全防护需求。云基础平台领域可以具体覆盖到云平台管理、虚拟化管理、虚拟化及资源、物理机、平台基础网络等层次的安全防护需求。云服务交付可以具体覆盖到云边界、应用系统边界、DMZ、虚拟化主机及容器等层次的安全防护需求。

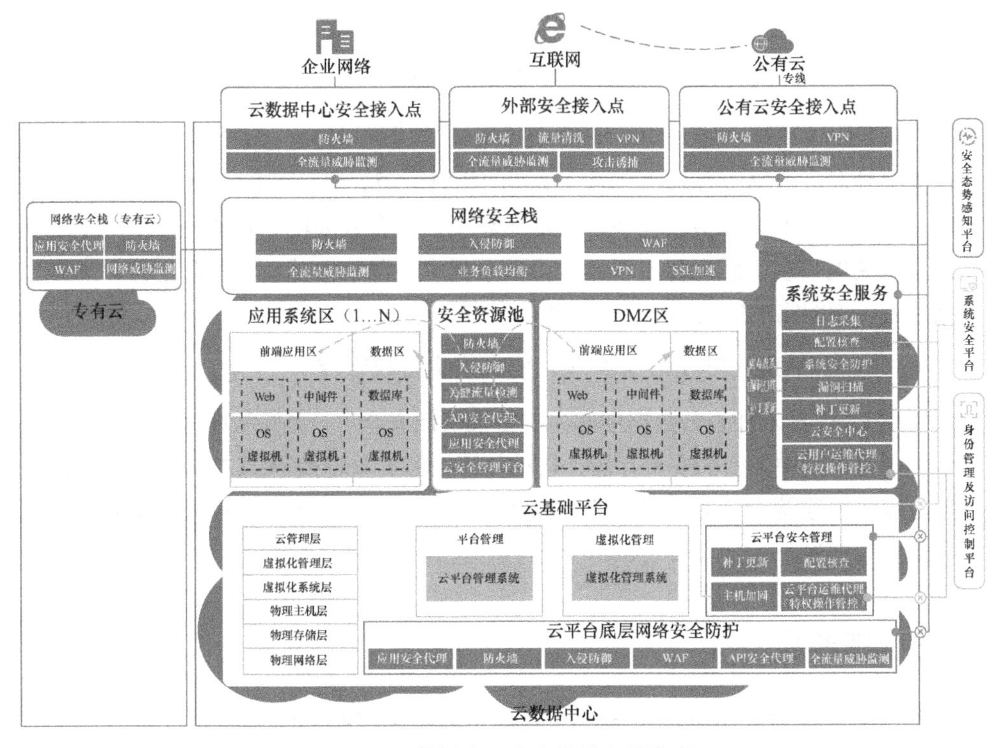

图 8.2 云数据中心安全防护部署架构

8.2.4 关键技术

在面向云的数据中心安全防护建设的过程中，应把握云安全的最新技术方向，采用资源池化技术、SDN 服务链编排技术、数据中心特权管控等适合云计算特点的技术手段来支撑云安全能力的实现，而不是拘泥于传统的安全手段。

- 通过资源池化技术对安全能力进行统一整形

面向云的数据中心安全防护需要各种安全能力，安全能力的寄宿环境、运行形态各有差异。为保证安全能力的可调度性和弹性，需要通过资源池化技术将所有的安全能力进行软件定义，并抽象成可调度的标准安全单位。所有的安全单位不再受制于传统“盒子”的性能束缚，而是可以基于业务需要动态弹性地进行扩展扩容。

- 借助SDN服务链技术对安全能力进行智能编排

面向云的数据中心安全具有复杂的防护场景，针对不同的安全级别、风险等级、业务运行状态等会形成不同的安全防护动作。通过SDN调度和服务链编排的方式，对独立的安全能力进行场景化编排，快速通过预设的安全场景预案，使得不同类型、不同位置的安全能力按照特定的模式进行组合。

- 使用微隔离技术加强云数据中心的精细安全管控

主要针对云数据中心东西向流量采取的相对于防火墙、VxLAN来说细粒度更小的网络隔离，能够应对传统环境、虚拟化环境、混合云环境、容器环境下对于东西向流量隔离的需求，阻止攻击者进入企业数据中心网络内部后的横向平移，加强云数据中心内部网络的安全和配置灵活性。

- 使用PAM（特权访问管理）技术落实特权管控

使用PAM技术加强云数据中心内的特权访问安全：一是特权账号管理，为特权账号凭证提供集中加密的安全存储、自动化管控和安全轮换等；二是特权会话管理，开展特权账号连接会话的授权、监控以及对操作的审计，集中管控人机交互中的特权会话操作行为。

8.2.5　预期成效

- 防护覆盖能够更加全面，有效满足云数据中心的防护需要

通过开展面向云数据中心的安全防护建设，可以构建全面覆盖云数据中心各类场景需求的云安全能力，能够满足云数据中心的接入边界安全防护，保障云平台自身安全运行，构建云服务交付层的、面向企业用户的安全服务能力，确保云数据中心的开发、运维等特权操作安全，从而实现云数据中心安全防护的全面性。

- 云安全能力能够深入聚合到云业务中，支撑更加完善的云服务业务

通过开展面向云数据中心的安全防护建设，可以将云安全能力嵌入到云业务流程中。在云资源的产生、更改、注销等环节同步产生和管理安全资源，据此将安全能力变成云运营业务的一部分，在企业开展云服务业务的同时同步交付云安全服务。

- 云安全能力能够融合到整体安全流程中，实现企业体系化的安全防护

通过开展面向云数据中心的安全防护建设，可以在云上构建安全合规及态势感知能力，并体系化地实现与企业级的态势感知平台、系统安全平台、身份平台、密码平台的互联互通，确保云安全防护不是一个独立、割裂的区域，而是企业整体安全体系的一环，并为数据安全、应用安全等领域提供承载环境和执行点，真正发挥体系化安全防护的效力。

8.3 面向云的数据中心安全防护建设的方法和要点

8.3.1 总体设计流程

企业需要从系统工程的角度开展面向云的数据中心安全防护建设。企业在开展面向云的数据中心安全防护建设的时候，不仅要考虑到云计算本身的多层次、多场景的安全能力要求，而且要考虑到云数据中心安全建设工程与终端安全、网络安全、身份安全、密码安全、安全态势感知等工程的相互关系。需将安全能力合理地分配到云信息化层次中，全面覆盖云数据中心的各个方面，与云 IT 紧密融合，从而建设形成一个相互协同的安全体系。立足于云数据中心而不是云平台本身的安全，从云服务交付安全防护和云基础平台安全防护两个层面建设数据中心级的安全能力，覆盖云数据中心的基础架构安全、纵深防御、态势感知与主动防御、威胁情报等四个领域的能力，全面满足云数据中心的安全需求，并深度结合云平台的相关业务，为企业提供一个整体的面向复杂应用场景的云数据中心安全解决方案。

为落实相关安全能力，政企机构应按照如下步骤开展面向云数据中心的安全防护建设设计（见图 8.3）。

步骤 1．云环境识别

先识别云数据中心的 IT 环境，包括云数据中心的外部边界、云服务交付业务、云运维管理业务、云资源 IT 业务等内容。

步骤 2．云数据中心的对外边界防护设计

基于步骤 1 的识别结论，围绕云数据中心的对外边界进行接入点设计，基于风险和云业务需求规纳接入点的安全能力。一般包括企业内部接入点、互联网接入点、公有云接入点。

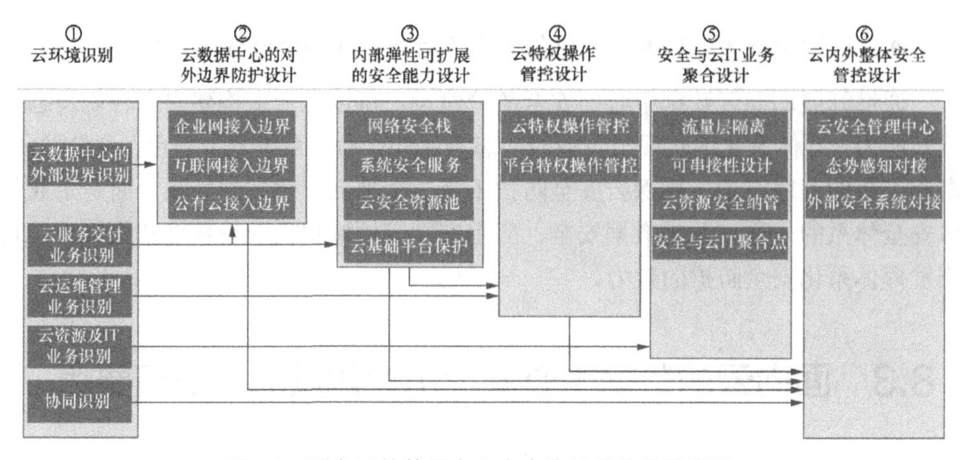

图 8.3 面向云的数据中心安全防护总体设计流程

步骤 3．内部弹性可扩展的安全能力设计

面向云数据中心的云服务交付业务，在南北向流量防护、系统级安全保障、东西向流量防护层面进行适配云服务交付业务的安全设计。

步骤 4．云特权操作管控设计

围绕云基础平台和云服务交付的特权账号管控进行安全管控，降低来自内部的特权操作风险。

步骤 5．安全与云 IT 业务聚合设计

聚焦云安全能力与云 IT 业务的聚合，体现内生安全的理念。

步骤 6．云内外整体安全管控设计

将云安全纳入整体管控，集中开展安全策略、运行状态监控、风险处置等工作。

8.3.2 云环境识别要点

- 云边界识别

识别云数据中心的接入边界，将其作为云安全边界防护的重要信息输入。一般政企机构的云数据中心边界包括：企业网（骨干网）接入边界、互联网接入边界、公有云接入边界等，部分机构还可能存在专有云接入边界。

- 云资源识别

识别被保护的云资源的详细属性信息，将其作为云安全能力设计的重要信息

输入。具体属性包括虚拟机资产、虚拟网络、中间件、云上应用系统、云基础平台硬件、虚拟化软件及管理组件等。需要识别相关云资源的类别、所属系统、重要程度、部署位置、归口管理等。

- 云服务交付业务识别

识别政企机构的云服务交付业务是一项重要工作，需明确云服务交付的业务类型是 IaaS、PaaS、SaaS 的一种或者其组合。针对每一种业务类型，需要明确其内部服务对象、外部服务对象、访问关系、申请及管理方式、权限情况等。尤其是在使用混合云的情况下，要明确其 IT 责任以确定安全 SLA（服务等级协议）要求。

- 云运维管理业务识别

识别运维管理场景的业务，包括云内运维管理、云平台运维管理。需明确运维管理用户属性、访问方式、权限设定、账号管理的机制等内容。

- 协同识别

在面向云的数据中心安全防护建设的过程中，应识别企业相关部门的参与，而不仅仅是云安全建设团队的参与。一般企业典型的相关建设方至少应包括企业的安全管理部门、安全运营组、网络及系统管理组、应用系统开发组、应用系统运维组、云平台项目组及 IT 服务中心。应识别相关对接系统，一般包括身份管理与访问控制平台、安全态势感知平台、系统安全平台、内部威胁感知平台、运维管理系统、云平台管理系统等。

8.3.3 云数据中心的对外边界防护建设要点

建设面向企业内网的云数据中心安全接入点，在安全接入点对进出云数据中心的网络流量进行网络层访问控制、流量监控及威胁检测，实现对云数据中心内部边界的风险收敛及网络安全防护。

建设面向互联网的外部安全接入点，在外部安全接入点对来自互联网的网络流量进行网络层访问控制、流量监控及威胁检测，实现对云数据中心外部边界的风险收敛及网络安全防护。

建设面向公有云的公有云安全接入点，在公有云安全接入点对连接公有云的网络流量进行网络层访问控制、流量监控及威胁检测，实现对公有云专线接入的风险收敛及网络安全防护。

8.3.4 内部弹性可扩展的安全能力建设要点

在云边界建设共享的、资源可编排的网络安全栈，针对进出各应用系统区、专有云区、DMZ 区、系统安全服务等流量提供访问控制、WAF 防护、内网 VPN、应用安全代理、API 安全代理、负载均衡、零信任访问控制等安全服务，实现对云服务交付层的边界网络访问控制及应用安全防护。

在云内建设数据中心统一的、资源可编排的系统安全服务，针对各应用系统区、DMZ 区、系统安全服务区等系统、容器的安全管理，提供软件更新、补丁分发、安全漏洞扫描、配置核查、防病毒、堡垒机、日志采集等安全服务，实现对云服务交付层的系统级安全管理和安全运行支撑。

建设云安全资源池，针对各应用系统区的内部网络、容器网络提供网络访问控制、应用安全代理、API 安全代理、零信任访问控制等安全服务，并作为容纳承载密码、数据安全、应用安全等其他安全组件的资源池。

基于分层自治的原则，协同网络对云基础平台按照存储、计算、管理的物理网络结构进行划分隔离、执行白名单访问控制、收缩硬件管理接口、实施虚拟化系统统一管理，通过平台底层的严格控制来保障云服务交付层的灵活应用。在管理区为云基础平台提供补丁分发、堡垒机、日志采集等安全能力，实现对云基础平台的系统安全管理和安全运行支撑。

8.3.5 云特权操作管控建设要点

建设云特权操作管控系统、平台特权操作管控系统，与统一身份管理平台对接，由统一身份管理平台实现对云平台管理用户、业务管理用户、应用运维管理用户、云数据库管理员等特权账号的管理，并基于 ABAC 模型开展特权用户操作和零信任访问控制，有效管控和降低资源管控、运行维护等操作的安全风险。

8.3.6 安全与云 IT 业务聚合建设要点

利用网络安全策略、内网 VPN 等手段，在云内形成相互隔离的平台管理、业务访问、业务管理、安全管理等流量层，在各流量层之间进行网络层隔离保护和访问控制，减少各流量层的暴露面，确保平台管理、业务访问、业务管理、安全管理等流量层的安全可用。

在云网络建设中，通过区域划分、路由策略、动态引流等方式实现网络安全服务的可串接性。

在申请云计算资源环节，在虚拟网络、Hypervisor、标准镜像、虚拟机/容器等层面通过区域设置、安全资源生成、策略配置、安全代理安装、服务指向配置等手段，完成云资源的安全纳管，实现安全服务串接、结合与覆盖。

企业能够聚合云安全能力的典型IT业务包括云基础平台运维管理、云基础平台网络管理、云资源生命周期管理、云资源运维、云网络管理、应用开发维护管理、应用访问管理、事件管理、持续服务管理等。

8.3.7 云内外整体安全管控建设要点

建设云安全管理中心，为网络安全栈、系统安全服务、云安全资源池、云特权操作管控等提供统一的控制平面，并与云环境控制平面进行集成，支撑对混合云环境下的全局安全策略管控。

将云数据中心的安全数据接入安全态势感知平台，并向其开放控制接口，实现对云数据中心的整体安全监控及处置响应。

在面向云的数据中心安全防护建设的过程中，切实打通和身份管理与访问控制平台、安全态势感知平台、系统安全平台、内部威胁感知平台、运维管理系统、云平台管理系统的接口互联，确保关键的身份数据、资产数据、风险数据得以流转，实现在面向云数据中心的同时又能够协同企业整体安全防护体系的体系化运作。

Chapter 09 

第9章 面向大数据应用的数据安全防护

9.1 数字化转型与业务发展的新要求

9.1.1 数字化转型面临的数据安全挑战

大数据已成为产业发展的创新要素，不仅在数据科学与技术层面，而且在商业模式、产业格局、生态价值与教育层面，都带来了新理念和新思维。大数据与现有产业深度融合，在人工智能、自动驾驶、金融商业服务、医疗健康管理、科学研究等领域展现出广阔的前景，使得生产更加绿色智能，生活更加便捷高效。大数据已经逐渐成为企业发展的有力引擎，在提升产业竞争力和推动商业模式创新方面发挥着越来越重要的作用。

一些信息技术行业的领先企业也开始向大数据转型。它们在提升对大数据的认知和理解的同时，也要充分意识到大数据安全与大数据应用也是一体之两翼，驱动之双轮，必须从国家网络空间安全战略的高度认真研究与应对当前大数据安全面临的复杂问题。

● 数据安全保护难度加大

大数据的体量巨大，使其更容易成为网络攻击的显著目标。在数据技术时代，数据成为业务发展的核心动力，也成为黑客的主要攻击目标。对于数据拥有者来讲，数据泄露几乎等同于经济损失。在开放的网络化社会，蕴含着海量数据和潜在价值的大数据更受黑客青睐，近年来也频繁爆发信息系统、邮箱账号、社保信息、银行卡号等数据大量被窃的安全事件。分布式的系统部署、开放的网络环境、复杂的数据应用和众多的用户访问，都使得大数据在保密性、完整性、可用性等方面面临更大的挑战。

- 个人信息泄露风险加剧

大数据系统中普遍存在大量的个人信息，在发生数据滥用、内部偷窃、网络攻击等安全事件时，个人信息泄露产生的后果将远比一般信息系统严重。另一方面，大数据的优势本来在于从大量数据的分析和利用中产生价值，但在对大数据中的多源数据进行综合分析时，分析人员更容易通过关联关系挖掘出更多的个人信息，这进一步加剧了个人信息泄露的风险。

- 数据所有者权益难以保障

在大数据应用过程中，数据会被多种角色的用户所接触，会从一个控制者流向另外一个控制者，甚至会在某些应用阶段挖掘产生新的数据。因此，在大数据的共享交换、交易流通的过程中，会出现数据拥有者与管理者不同、数据所有权和使用权分离的情况，即数据会脱离数据所有者的控制而存在，从而引发数据滥用、权属不明确、安全监管责任不清晰等安全风险，严重损害数据所有者的权益。

- 细粒度访问控制的安全挑战

大数据环境规模大，数据多样，业务连续性高并且用户群巨大，数据资源不是完全由数据所有者控制，目前缺乏有效的方法对大数据所有的数据访问行为进行安全控制，无法同时实现细粒度、可伸缩性、数据机密性的访问控制。

9.1.2 传统的数据安全存在的问题

- 数据的流动性使安全防护困难

数据正在成为组织中重要的生产资料，并且会在流动、交换的过程中创造新的价值。传统的数据安全防护措施更多针对静态的数据，无法满足流动数据的保护需求。由于数据的流动性这一特点，要求数据无论到达哪里，都必须具有相同等级的风险应对能力，否则将因为短板效应而导致该防护体系失效。

- 传统的方案面临海量数据的巨大挑战

与传统数据库和文件服务器的数据分类分级不同的是，数据治理面临的第一个问题就是数据是海量的。在数字化时代，数据存储与传统数据库和文件服务系统存储不同的是，企业级大数据在来源、种类、格式、数量和敏感性上差别很大，使用的场景各有特点，安全要求各有不同。面对规模如此庞大的数据，已经很难采用传统的技术手段或人工的方式完成大数据平台的数据分级。

- 数据种类繁多，传统方案难以开展数据分类分级

在数字化业务环境下，数据来源非常庞杂，数据种类至少包括内部业务系统数据、外部机构数据、互联网数据等，这为数据的分类分级工作带来了巨大挑战。从各种渠道和来源收集上来的数据格式千差万别，如何对这些不同格式的数据进行归一化处理，不仅是数据分类分级工作的基础，也是大数据平台数据共享开放与分析挖掘的前提。

- 单一安全产品难以满足复杂应用场景下的数据安全要求

传统的数据安全机制通常是围绕着办公环境、小型数据中心开展的，数据资产规模小、种类少、结构单一，强调存储加密、脱敏、审计，数据安全体系不完整，难以满足大数据应用场景下的数据动态安全防护。

- 缺乏数据的识别与管控，难以开展有效的数据安全管理

企业积累了大量的生产、经营和企业管理数据，这些数据体量大、维度多，而且数据与数据之间的联系有强有弱。传统方案缺乏对敏感数据的识别能力。传统地依靠人工参与并结合自动化技术来识别敏感数据的方式，已经完全无法满足当前在时间和效果方面的需求。因此，只能通过新的大数据分析技术与人工智能手段来达到对海量数据的敏感性识别。

- 访问控制力度不足，缺乏精细化数据访问控制能力

在大数据场景下，数据从多个渠道大量汇聚，数据类型、用户角色和应用需求更加多样化，多源数据的大量汇聚增加了访问控制策略制定及授权管理的难度，导致过度授权和授权不足现象严重。同时，传统访问控制方案中往往采用基于角色的访问控制，缺乏基于属性的访问控制能力，且针对用户的权限策略相对固定，无法根据主客体的风险情况动态调整访问控制策略，导致无法为用户准确指定其可以访问的数据范围，难以满足最小授权原则。

9.2 什么是面向大数据应用的数据安全防护

9.2.1 基本概念

大数据促使数据生命周期由传统的单链条形态逐渐演变成为复杂的多链条形

态，增加了共享、交易等环节，且数据应用场景和参与角色愈加多样化。在复杂的应用环境下，保证国家重要数据、企业机密数据以及用户个人隐私数据等敏感数据不发生外泄，是数据安全的首要需求。

对海量、多源、异构的大数据进行安全管理是一项复杂的系统工程，大数据的采集、传输、存储、使用，都面临诸多安全挑战，包括海量数据收集过程中数据真实性难以得到保证；数据传输过程中被窃取、篡改；数据处理过程中，内部人员违规、越权、恶意操作导致数据泄露；数据开放和共享过程中，数据流转到第三方，数据流出管理边界，难以管控和防范敏感数据被外泄或数据被二次分发。

为了应对上述数据安全威胁，组织需要构建覆盖数据全生命周期、数据全流转过程、数据全处理场景的整体数据安全体系。

9.2.2 设计原则

- 安全治理，打好基础

大数据具有规模大、数据格式多样、存储分散等特点，这增加了数据安全管控的难度。通过数据安全治理，可奠定数据安全管理基础。

- 围绕场景，贴合业务

围绕数据应用场景，进行针对性的数据安全风险分析，将数据安全管控措施落实到业务处理流程中。

- 覆盖周期，满足合规

结合组织业务实际，识别需要遵从的国家、行业数据安全标准，满足数据安全管理的合规要求。

9.2.3 总体架构

面向大数据应用的数据安全能力架构如图 9.1 所示。

1. 数据安全治理

数据安全治理包含数据资产梳理、数据分类分级以及权限策略梳理。在数据安全治理过程中，可以通过数据静态梳理技术、动态梳理技术、数据状况的可视化呈现技术，根据数据资产的数据价值和特征等对核心数据资产进行梳理，再按照数据来源、数据属性、数据重要性、内容敏感级别，对数据资产进行分类分级，

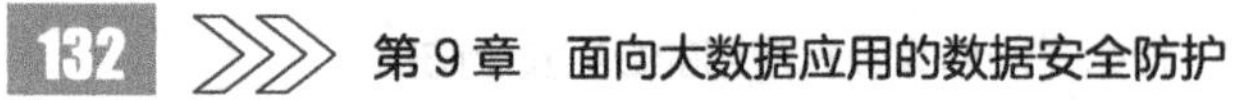

根据数据的不同类别与不同级别，对数据的访问权限进行梳理。

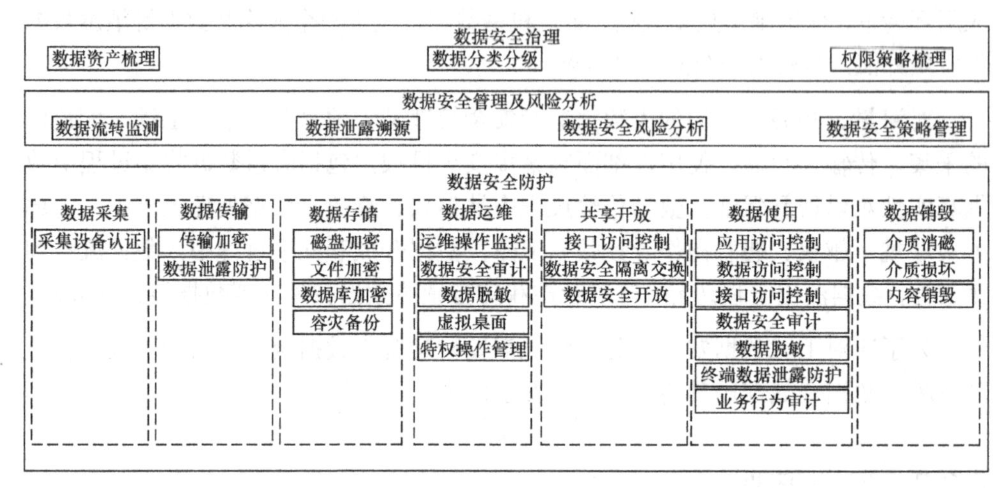

图 9.1 面向大数据应用的数据安全防护架构图

2. 数据安全管理及风险分析

数据安全管理通过数据流转实时监测服务，追踪敏感数据的流转情况，可以对数据泄露事件进行监测与溯源。结合数据分类分级，并通过安全基础设施的安全工具和人工手段，对数据安全进行多种方式的脆弱性评估，对数据安全风险进行分析。根据分析结果，采用数据授权与鉴权、数据加密、数据操作审计、运维和测试数据脱敏等策略，防止在数据全生命周期中出现数据安全事件。

3. 数据安全防护

- 数据采集

为了确保数据采集阶段的安全性，需对采集源和采集设备进行注册登记，并对数据源采集设备进行身份识别和认证，防止采集虚假数据，并通过安全基础设施的密码计算服务，对数据进行签名和验签，防止身份抵赖。

- 数据传输

为了确保数据传输过程中的安全性，需采用网络传输加密技术、加密传输协议、链路加密等加密技术保障数据在传输过程中的保密性，并采用密码技术或数据校验机制，保证数据在传输过程中的完整性。

- 数据存储

为了确保数据存储的安全性，可通过不同加密技术来保障存储数据的安全性。

加密方式包括硬盘加密、文件加密以及数据库加密。硬盘加密可保证物理环境被入侵的情况下，数据不会泄露。文件加密可保证操作系统级别被入侵的情况下，数据不会泄露。数据库加密可通过多种方式对数据库中的数据进行加密，保证数据库被入侵的情况下，数据不会泄露。

在保证数据的可用性方面，需要对重要数据提供容灾备份机制，在极端情况下保证重要数据不丢失。

- 数据运营

在数据运营及运维安全方面，可通过对运维及运营人员的操作进行监控及审计，通过限制访问敏感数据、访问途径等方式，保障数据安全。对于运维及运营人员来说，限制其仅可通过虚拟桌面的方式对数据进行访问，并对其操作行为进行监控及安全审计。对于敏感数据的操作，通过脱敏方式，仅提供去标识化的数据，保证敏感数据不被泄露。当运维人员及运营人员需使用特权用户时，应通过特权操作管理规范，进行事前审批、事中监测、事后审计的方式进行管理，以防止发生数据安全事件。

- 共享开放

数据开放层面的安全主要关注开放数据安全、跨安全域安全以及相关接口访问安全。在数据开放内容方面，数据安全开放技术提供可控的智能数据分析环境，支持数据源全量数据的挖掘，在保障数据不流出各自数据中心的前提下，实现融合分析，再通过访问接口方式，结合细粒度的访问控制，提供分析数据。这样一来，既能提供分析服务，又能保证数据不流出。

对跨安全域的数据交换行为，应通过跨安全域数据交换安全隔离技术来保障安全。

- 数据使用

在数据使用安全层面，应通过严格的访问控制策略、数据保护技术、行为审计技术以及泄露防护技术等，保障数据的使用安全。在访问控制策略方面，通过统一的用户管理、权限管理服务，对应用访问、数据库访问以及接口访问方式提供认证管理及权限管理服务。对数据操作以及应用服务与接口服务行为进行审计，根据预置规则或语义分析，发现并记录异常数据操作行为、高危操作行为、敏感数据操作行为。

对于敏感数据的使用，应通过脱敏技术进行去标识化处理，保证脱敏后的数据级别满足访问级别。

针对终端使用数据的行为，可通过终端数据泄露防护服务，通过对终端用户行为审计、终端行为审计、应用程序管理、系统安全策略来防止重要数据泄露，保证数据安全。

- 数据销毁

对于不同级别、不同存储方式的数据，可以通过不同的数据销毁方式对数据进行销毁。

物理销毁方式分为介质消磁技术或介质损毁方式。介质消磁技术是使磁化后的材料磁性减弱或消失，保证数据被安全销毁。介质损毁方式则是采用粉碎、烧毁或化学腐蚀等方式对物理介质进行销毁，保证数据被安全销毁。

对于不能以物理销毁方式的数据，可通过内容销毁方式进行销毁。内容销毁方式可分为内容覆写、密钥删除等方式。通过数据覆写工具，根据目标内容的安全级别，确定覆写次数（覆写 1 次、3 次或 7 次等），保证内容数据被安全销毁。对加密数据，可通过删除密钥方式，对内容进行销毁处理。

9.2.4 关键技术

- 数据库风险识别和加固

对数据的载体进行风险核查，识别隐患并迅速进行修补能力的建设。对数据资产所在环境的风险状况进行梳理，并突破传统的核查手段仅对数据库的漏洞进行检查的局限，引入对整体安全状况的核查机制，包括相关安全配置、连接状况、人员变更状况、权限变更状况、代码变更状况等全方面的安全状况评估。建立安全基线，实现安全变化状况的报告与分析。

- 数据脱敏处理

通过静态脱敏技术，可以有效防止内部对隐私数据的滥用，防止隐私数据在未经脱敏的情况下从生产环境流出。静态数据脱敏既能保护隐私数据，又能满足监管合规要求。同时通过引入数据动态脱敏技术可以有效解决数据在展示层外泄的隐患，还可以避免对业务系统和数据库系统的改造。

- 数据访问控制

基于最小权限原则对数据的访问权限进行严格化管控。通过账号管理和数据访问控制策略，管理员针对不同的业务情况分配不同的数据使用权限，实现细粒度的认证授权机制，最大程度地降低越权操作的可能，保证数据、用户权限的隔离和管控。

- 数据操作留痕审计

对所有的数据操作进行全生命周期的日志记录，实现所有数据操作的可追溯、可审计、可定责。同时，针对操作行为的日志记录进行风险分析与识别，严格保障数据安全。

- 结果申报审核

提供申报审核机制来严格检查流出结果。若数据分析师试图取走分析结果，则需要向系统申报。方案平台采用基于白名单机制的人机审核方式以及基于反隐私隐藏技术的智能深度审核方式，可严格审核得取走的结果是否夹带隐私数据，确保隐私数据不流出。

- 数据置换

针对结构化数据和文本类型等非结构化数据，使用自然语言处理（NLP）技术自动识别敏感实体，然后使用匿名化、格式保全加密等方法对敏感实体进行处理。针对图像等非结构化数据，使用图像识别和自然语言处理等技术提取并处理图像中的隐私信息，确保隐私信息不会流出组织内部。

- 数据加密

数据安全防护的最后一道防线是数据加密，密钥管理与密码应用技术是保证数据加密与完整性、安全认证的前提。组织应采用密码技术保证重要数据在传输和存储过程中的保密性，包括但不限于鉴别数据、重要业务数据和重要个人信息等；应采用校验技术或密码技术保证重要数据在存储过程中的完整性，包括但不限于鉴别数据、重要业务数据、重要审计数据、重要配置数据、重要视频数据和重要个人信息等。

9.2.5 预期成效

以数据资产的正常使用为基础，保障数据在各种场景下的安全，促进数据价值的释放。

- 满足合规要求

围绕数据生命周期，以数据为中心，针对数据生命周期的各阶段，实施相应的数据安全控制措施，满足数据安全相关标准要求。

- 精细化管控

对数据进行有效理解和分析以及不同类别和密级的划分；根据数据的类别和密级制定不同的管理和使用原则，尽可能对数据做到有差别和针对性的防护，使得数据在适当的安全保护下自由流转。

- 场景化防护

根据不同角色在不同场景下的数据使用需求，采用相应的数据安全管控措施。比如对于开发测试人员，在开发场景下，主要满足对生产数据的高度仿真模拟，对于仿真数据的加密、访问控制、审计等安全措施并不重要。在备份和调优场景下，运维人员并不需要具备对真实数据的直接访问能力，只需要行为审计、敏感数据掩码能力。

- 全局化感知

避免“头痛医头，脚痛医脚”式的局部数据安全防护，全面监控数据流转过程的安全状态，形成全局数据风险视图，统一管理数据安全策略。

9.3 面向大数据应用的数据安全防护建设要点

9.3.1 数据安全治理

开展数据安全治理，包括数据资产梳理、数据分类分级。通过智能学习、内容指纹等方式识别敏感数据，建立数据资产台账，掌握敏感数据的分布、使用情况；通过机器学习、内容指纹、数据字典等方式，对数据进行有效理解和分析，确定数据的类别和级别，对数据进行有差别和针对性的安全管理，实现数据在适当安全防护下的自由流转。

9.3.2 数据安全管理及风险分析

建设数据安全管理与风险分析平台，全面掌握数据流转过程中的安全状态，整体上掌握数据安全风险，统一管理数据安全策略。

9.3.3 数据安全建设要点

- 终端数据安全防护

基于 Windows 内核文件驱动层的自动加解密机制，实现文件的透明加解密；对终端数据的传输通道进行全面监控，防止数据通过终端泄露；全面感知终端安全状态，为基于 ABAC 模型的动态访问控制提供数据支撑。

- 运维管理场景下的数据安全防护

加强特权访问管理，基于零信任理念，采用 ABAC 访问控制模型，综合评估运维管理终端的安全状态、运维操作行为，动态调整运维管理权限策略，防止运维人员违规、越权、恶意操作。

- 业务操作场景下的数据安全防护

加强应用系统、业务功能、API 接口、数据层面的访问控制，基于零信任理念，采用 ABAC 访问控制模型，综合评估业务操作终端的安全状态、业务操作行为，动态调整业务访问权限策略，防止业务人员违规、越权、恶意操作。

- 数据共享场景下的数据安全防护

建设数据安全隔离与交换系统、网络数据泄露防护系统，防止数据在对外交换过程中发生泄露。

- 数据开放场景下的数据安全防护

通过“数据不动，应用动”的方式，将第三方数据应用程序部署在数据中心，使其仅返回分析统计结果，保证原始数据不流出数据中心，同时又能对外提供数据服务。

- 生产转测试场景下的数据安全防护

建设数据脱敏系统，通过静态脱敏技术有效防止开发、测试人员对隐私数据的滥用，防止隐私数据在未经脱敏的情况下从生产环境中流出。

- 面向数据采集场景的数据安全防护

建设采集设备认证系统，通过证书或设备固有特征识别设备的可信身份，确保数据源可靠。

- 办公数据安全备份恢复

建设办公数据安全备份恢复平台，接收终端安全系统自动上传或用户手动上传的数据；利用密码基础设施平台提供的加密服务，结合用户身份，对数据进行加密存储；当发生文件损坏时，将备份数据下发到终端或服务器，防止勒索病毒、硬盘损坏等导致的数据不可用。

Chapter 10

第10章 面向实战化的全局态势感知体系

10.1 数字化转型与业务发展的新要求

10.1.1 数字化转型对态势感知带来的挑战

随着数字化转型和业务发展的需要，政企机构将面临IT管理和网络安全方面的众多问题与挑战。其中态势感知系统作为安全体系建设中的顶层支撑体系，也将面临更为直接的挑战。而对这些挑战的分析将有助于政企机构安全主管对未来的安全规划与建设构建更为清晰的目标。

这些挑战本质上从安全行业诞生时就已经存在，只是数字化转型所带来的业务流程与IT结构性的变化使这些挑战变得更为剧烈和困难。本章会将政企机构面临的数字化转型的变化与挑战结合，重点分析态势感知系统的挑战。

- 要实时感知业务运营的网络安全状态

在数字化转型过程中，大量政企机构会将业务从线下服务迁移为线上服务，每个业务的安全状态将直接影响到业务的可用性。业务系统的安全状态包括每个业务系统与信息资产的关联关系、每个信息资产当前的风险状态，以及业务影响分析等。

- 要持续提升网络安全体系防护水平

数字化转型势必会使政企机构的IT系统呈现多系统并行、系统类型多样的状态，比如私有云、公有云、传统IT系统将在很长的一段时间内在政企机构内部并行存在。由于系统数量和类型的扩展，各种安全措施也会越来越多，这些安全措施很难都能够发挥其应有的作用，以及各种安全措施之间也难以互为补充，因此无法满足业务系统的安全防护要求。

- 要能够快速处置安全事件，减少信息安全事件对业务的影响

数字化转型使得政企业务和IT系统紧密关联，任何影响IT系统的事件都会影响政企业务。因此政企需要建立以态势感知系统为技术支撑的安防体系，能够将潜在的安全威胁消除在萌芽中。一旦发生安全事件，能通过态势感知能力及时发现、准确定位、快速处置。

10.1.2 传统态势感知建设问题与误区

- 重管理而轻运营

部分传统态势感知在建设过程中往往聚焦于政企机构的安全管理及支撑流程建设，例如人员管理、流程管理、制度管理，甚至是考核管理。或者从对人的管理下沉为对产品的管理，例如各类安全设备的集中管理。这些管理类功能虽然能在协同工作、信息共享方面发挥作用，但因为其没有从安全的本质需求入手，导致它们往往并不能直接产生安全价值，无法有效地发现安全问题，无法帮助安全管理人员有效地解决问题。

- 有数据而无分析

传统态势感知一直都在建议采集各类安全数据用于支撑分析和溯源，但在实际的使用过程中，数据是否能够被有效分析是一个不得不额外关注的问题。大量态势感知体系建设的失败案例中，往往都具有一个共同的特征，那就是数据存储消耗了大量资源，但并没有通过安全分析得到安全问题的线索。实际上数据的采集范围和分析能力是相辅相成的，一个好的态势感知体系不仅需要各类安全数据，也需要强大的覆盖关联分析、机器学习、威胁情报等各类技术的威胁分析能力。

- 重功能而轻效率

传统态势感知往往具有形形色色的功能，这本身无可厚非，但对政企机构来说，需要有效甄别这些功能是否能够有效地支撑安全工作，是否所有功能都能够帮助政企机构有效提升效率，此时功能的多少远远没有“功能适合”更为重要。比如当一个政企机构的IT资产管理能力尚不完善时，即使其态势感知中包含主机

资产、Web资产、服务资产等各类资产管理能力，对该政企机构来说可能未必有价值，而只是意味着更高的使用和维护成本。

- 重建设而轻验证

近年来，态势感知经历了快速发展，不少政企机构已经建设完毕或正在建设当中。伴随着态势感知的建设，很多政企机构内部的安全体系建设也在进行调整。但在这些调整中，我们很少看到对各类系统建设成效的验证和确认，这导致各类系统建设可能无法伴随攻防形式的变化而进行快速调整。这直接导致整个政企机构的安全建设落后于攻击者的攻击手法半年到一年以上，因此我们需要在实战化态势感知体系的建设中给予足够的重视。

10.2 什么是面向实战化的全局态势感知体系

10.2.1 基本概念

面向实战化的全局态势感知体系是网络安全防护体系的“中枢”，能够全天候、全方位感知网络安全态势，增强网络安全防御能力和威慑能力。为了保障业务安全有序运转，应该依托态势感知平台实现数据处理、安全分析、自动化响应、安全运行、指挥控制、态势呈现等多层次的安全能力，形成安全数据的汇聚中心、安全风险的持续监测和处置中心、安全体系有效性的验证中心、安全威胁的分析和发现中心、安全运营指挥中心。

10.2.2 设计思想

在数字化转型的挑战下，实战化态势感知的建设应坚持以下思路：

- 覆盖所有信息资产的全面实时安全监测和分析；
- 持续检验整体纵深安全防御机制的有效性；
- 动态分析安全威胁并及时处置相关安全风险；
- 有效支持安全运行工作；
- 开放共享，协同联动，与网内各类安全子系统集成，形成一体化运营支撑平台。

10.2.3 总体架构

一个相对完善的实战化态势感知平台应该具备以下能力，总体架构设计如图 10.1 所示。

- 实战化态势感知平台能够全面接入各种安全相关的数据，并适配政企用户实际情况的安全情报进行自动化的数据分析和处理，以形成各种数据库。
- 在实际安全运行中，安全分析人员利用标准的数据接口通过图形化的交互式分析提高安全分析效率。
- 所有的安全运行工作依靠平台的支撑能力实现全闭环式运行。
- 跨部门、跨业务领域的安全处置工作依照既定的预案进行协同。
- 政企用户所有的安全态势能够统一视图实时展现。
- 利用自动化响应能力提高安全事件的处置效率。
- 利用专门的情报运营提高告警的准确率，做到精准定位、快速处置。

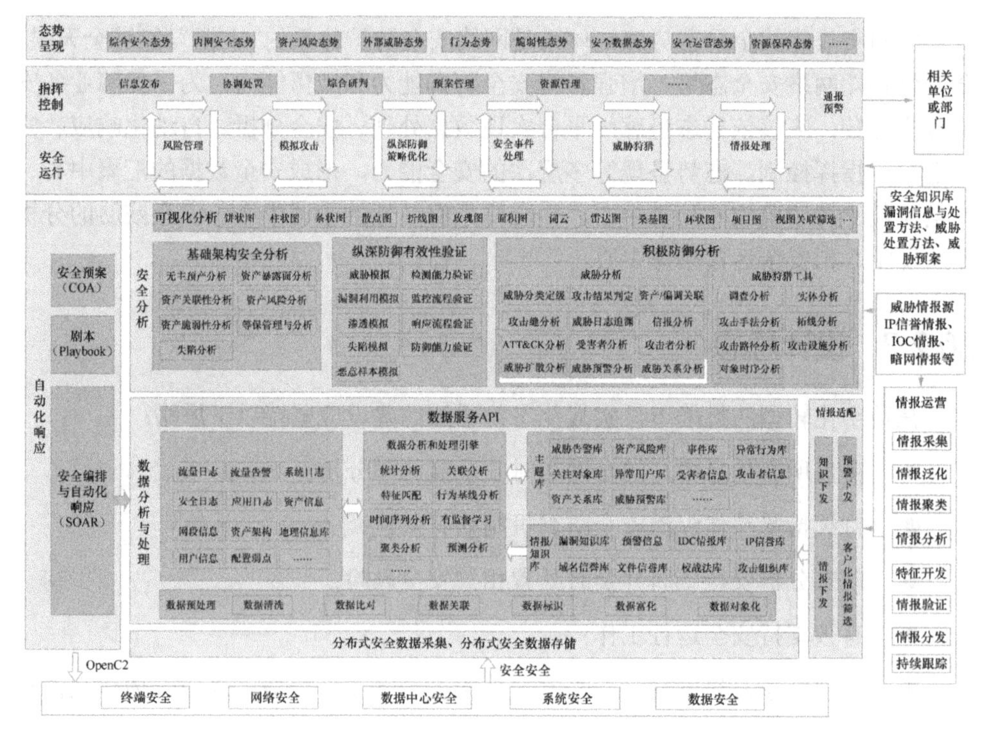

图 10.1 实战化态势感知平台能力架构图

10.2.4 关键技术/能力

态势感知的能力建设是一个完整、复杂的体系化建设过程，还需要考虑以下关键能力的应用与建设。

- 实战化安全运行

一支组织明确、技能合格的运行团队应该利用面向实战化支撑的态势感知平台，通过高效的安全运营流程和规程，既能通过日常的安全运行工作消除隐患，提升政企安全防护水平，又能从容应对安全事件。

- 采用 AOH 框架进行信息采集和分析

通过采用 AOH 框架，将分析工作建立在 3 个关键的认知结构基础上：动作、观察、假设。3 个认知结构相互迭代并形成推理的周期，循环迭代。

- 自动化模拟攻击

能够对纵深防御的各个环节进行自动化验证的技术与能力。通过自动化方式，极大地提升模拟攻击的效率与准确性。

- 可视化交互分析

具有对多源头、多维度数据进行综合分析并以可视化方式展现的能力。通过可视化交互分析，分析人员可以进行高效的安全事件分析、研判、溯源、验证等。

- 多源威胁情报处理

能够接收不同来源的威胁情报并通过处理生成适合政企用户的有针对性的威胁情报。

- 安全编排与自动化响应

依靠编排的能力通过预定义的安全预案和剧本驱动各类安全设备和分析手法，并利用威胁情报快速响应和处置安全事件。

- 威胁狩猎

通过可视化、自动化等大数据分析和挖掘技术发现潜在的威胁。

10.2.5 预期成效

- IT 系统自身更健壮

结合实际安全风险状态和威胁情报对系统安全的数据进行资产关联性分析、暴露面分析、失陷概率分析等，强化资产管理，推动漏洞和补丁管理系统配置加固，使得 IT 系统自身更加健壮（即加强系统自身的安全）。

- 安全防护更坚固

通过持续模拟攻击测试，验证安全防护系统的有效性，并通过主动优化安全防护策略，提升安全防护系统的有效性。模拟攻击测试可以以人工、自动化或者半自动化的方式进行，而且模拟攻击测试必须是全面而且不断更新的。

- 威胁发现更及时

实战化态势感知应能够帮助企业有效提升新型威胁、未知威胁和各类内部威胁的检测能力，并缩短威胁事件实际发生时间和威胁被检测时间之间的差距，以尽可能减少企业的损失。威胁情报的适配可以帮助企业更加准确及时地发现安全威胁。

- 事件分析更高效

当安全问题发生后，运营人员可有效利用实战化态势感知中的各类技术，对安全事件做到更快速和更广泛的响应。例如，直接调取各类系统的数据结合威胁情报进行分析，利用各种狩猎工具完成自动或半自动的信息检索和证据固化，利用时间线、攻击链、ATT&CK 等各类方法对事件进行有效还原与溯源。基于以上能力，实战化态势感知可以使安全事件的分析效率更高。

- 安全问题的响应更快速

依靠实战化态势感知体系中的各类自动化、情报技术的应用，当企业面临重大安全问题时，可以依赖于原有的应急预案或响应剧本针对安全问题进行快速的响应和处置，可针对部分问题实现自动化分析、自动化封禁，从而极大地提高响应速度，避免问题影响进一步扩大。

- 安全协同更顺畅

实战化态势感知中各类信息发布、研判、协同处置、通报和资源管理功能可以使企业中的安全部门更好地在信息同步、事件处置和应急响应中按照既定的方式与其他 IT 部门、管理部门、监管部门、合作部门进行沟通和协调。

10.3 面向实战化的全局态势感知体系建设要点

10.3.1 建设要点

在实战化态势感知体系框架的指引下，政企机构在建设态势感知时需要关注以下关键的建设要点。其中实战化态势感知是体系的核心建设目标，必须在企业内部明确。技术要点为实际建设中需要涉及的系统建设要点或关键技术，需要基于企业自身安全发展情况进行选择。管理要点需要根据配套系统的建设情况和不同企业的自身 IT 管理情况酌情建设。

1. 建设目标

建设全天候、全方位的安全态势感知平台，实现数据处理、安全分析、自动化响应、安全运行、指挥控制、态势呈现等多层次的安全能力，支撑实战化安全运行。

2. 技术要点

● 建立安全大数据

通过安全数据收集和处理系统，收集流量日志、流量告警、系统日志、应用日志、安全告警、漏洞信息、威胁情报、资产信息等安全数据，并能够对数据进行自动化的分析处理，形成不同的数据库，并以标准接口的形式提供数据服务。

● 建设安全分析能力

建设安全分析能力，以统计、聚类、时序、线性、耦合等分析引擎为基础，实现基于资产脆弱性和暴露面的基础架构安全实时监测分析，自动化模拟各种最新的攻击手法，以持续整体验证全网安全架构和安全策略的有效性并持续进行优化，快速分析安全威胁，处置安全事件，主动安全狩猎以发现潜在安全威胁。

● 建设可视化分析能力

使用可视化交互分析系统，通过一维分析、二维分析、多维分析的各种分析图表以及拓线、钻取等交互式分析方法，安全运行人员能够对安全事件快速分类、定位、处置决策、溯源，安全猎杀人员也能够更有效地发现潜在未知威胁。

● 利用威胁情报

通过多源威胁情报处理系统，收集多维度、多来源威胁情报，并对情报数据进行清洗、融合、分析、冲突处理、验证，以给出前瞻性预测和决断依据，保障输出情报的准确性和及时性，并适配至数据处理、数据分析、安全运行的各个环节。

- 建立自动化编排能力

针对可预定义、可重复执行的分析和处置操作，建设安全预案和安全剧本，通过自动化编排引擎使得安全运行人员能更加高效准确地完成安全事件的分析、处理和处置工作。

3. 管理要点

- 明确人员职责并建立安全运行流程

建设安全运行流程化的能力，覆盖风险管理流程、模拟攻击与纵深防御策略优化流程、安全事件处理流程、威胁猎杀流程、情报处理流程等，实现可视化交互分析研判与自动化处置，保证所有安全运行任务的闭环处理。

- 建立指挥控制与统筹管控机制

利用指挥控制系统，对安全事件的处理进行跨部门协调、资源管理、会商组织、预警通报和预案的管理。

- 建立安全态势监控与展现能力

开发态势展现大屏，以图形化的方式直观展示综合态势、各种预定义的主题态势、资产态势、攻击态势等。

10.3.2 建设流程

1. 建设节奏与建议

在实际建设中，不同的政企机构需要考虑使用适合自身发展的演进路线来建立实战化态势感知体系，避免出现“一刀切”全部上马建设的情况。以下建议可供参考。

- 各类安全数据的采集是基础，决定了态势感知体系的整体能力，建议优先建设，可基于当前运营能力合理制定数据接入范围。例如，政企机构在安全运营早期仅能解决网络安全问题，此时可以主要考虑采集网络安全设备日志或网络流量数据，当政企机构有精力和有能力推动基于主机的威胁检测和响应时，可以再考虑接入服务器日志或终端行为日志。
- 安全分析建设需要基于运营团队人员的能力进行逐步优化，同时可以利用安全厂商的各类规则能力或情报能力逐步提升。早期可依赖于单一厂家的规则或威胁情报，然后逐步提升自身的规则运营能力，后期可实现多情报接入以实现情报融合和自主可控的规则配置。

- 当政企机构不存在具备狩猎能力的人员时，需要对交互式分析、威胁狩猎等建设要点慎重考虑。当团队内至少有一人具有精力和能力进行复杂的事件分析时，建议再进行考虑。
- 当政企机构不存在较大规模的安全团队，也没有复杂的 IT 管理架构时，指挥和流程建设要适度。
- 在体系建设中，运营团队的能力建设尤为关键，可以考虑早期以安全公司的运营服务作为支撑，同时逐步建立良好的团队文化，培养政企机构自身的运营能力，后期逐步与安全公司形成互补和配合工作的方式。

2. 建设中的依赖与制约

整个实战化态势感知体系是一个大型工程，其中会涉及政企机构管理架构、外部系统依赖等问题。如果这些问题处理得当，会使整体态势体系推进更为顺利。因此政企机构在态势感知体系建设初期，需要有效识别此类问题并推动解决。

- 与 IT 管理的合作

IT 管理、业务开发和安全管理部门在很多政企机构都是“相爱相杀”的状态。在配合好的情况下，大家可以一同推动业务发展，快速解决安全问题；在割裂的情况下，大家会相互掣肘，难以推动问题的解决。所以在态势体系建设初期，需要对政企机构 IT 管理的现状有相对清晰的认识和了解，针对 IT 治理的成熟度制定态势体系的演进路线，并寻找与 IT 部门或业务部门的共同目标，甚至是寻找上层决策依据来推动响应处置和管理方面的系统建设。态势感知体系中受此问题影响较大的部分包括以下方面：

  - 资产与脆弱性的管理和分析；
  - 安全事件的处理流程；
  - 防御有效性在验证时的协同；
  - 自动化编排与响应时的流程对接；
  - 指挥控制中的大部分能力。

- 外部系统的对接与管理

实战化态势感知需要依赖大量的对接来实现自动化运营，而这些对接在带来便利的同时，也会带来管理上的困难和风险。在态势体系建设的早期，政企机构需要结合自身的供应商管理能力合理设计对接部分，尽量平衡对接的工作难度和工作效率，优化两者的关系。

另外，对于大型企业或行业主管单位，可以考虑推动行业内部形成统一的对接接口来降低不同厂家、不同系统之间的对接难度。目前，国际上与此类对接相关的标准有OpenC2、STIX等，在此不再一一描述，有兴趣的读者可自行查阅。

- 合理的安全建设度量

整套态势体系相当庞大，需要长期持续的资金投入才会提升安全效果，这有别于传统的合规采购——采购之后可以短期内快速应对检查。此时政企机构的安全管理人员需要在体系建设早期明确如何度量体系效果，需要围绕安全建设目标来设计度量方案，围绕度量方案建立团队的绩效管理机制和团队文化，如此才能保证体系建设成果可汇报，投入可持续。

常见的度量包括但不限于以下内容：

- 失陷资产的发现数量；
- 无主资产的发现数量；
- 事件的分析数量；
- 事件分析的周期；
- 处置的任务数量；
- 漏洞的缓解周期；
- 漏洞的修复周期；
- 安全规则的数量；
- 攻防对抗中的攻击发现比例。

3. 建立实战化态势感知体系是一个长期过程

由于不同政企机构有其自身的安全运营成熟度，与其配套的态势感知建设也需要符合其自身安全建设发展的需要，所以不应该在建设初期追求一步到位，而应该将整个态势感知体系的建设作为长期工作，优先确定符合企业自身需求的成熟度，将一个宏大目标切分为多个阶段性目标来实现。

同时，体系建设过程中需要对人员团队的能力进行建设，需要建立大量配套流程，这些工作往往受限于培养的周期和各个政企机构内部的管理情况，因此只能逐步开展，无法一步到位。这也决定了态势体系建设是一个长期过程。

而且，安全运营的整体发展是动态的，在对抗中不断演进。实战化态势感知在未来的发展中也会基于新形势的变化或新技术的涌现而不断调整，需要持续跟踪，逐步完善整个体系。

Chapter 11 

第11章 面向资产/漏洞/配置/补丁的系统安全

11.1 数字化转型与业务发展的新要求

11.1.1 数字化发展带来的挑战

数字技术将政企机构的业务运营和管理流程融合到一起，形成了新的业务运营模式，显著提升了业务运营效率和效益。同时，数字化作为信息化升级的高阶模式，其安全能力也变得愈发重要。因此，旨在保护数字化资产的系统安全能力决定了业务的健康和稳定水平。二者可谓休戚与共，息息相关。

2016年4月19日，国家领导人在网络安全和信息化工作座谈会上明确指出："维护网络安全，首先要知道风险在哪里，是什么样的风险，什么时候发生风险，正所谓'聪者听于无声，明者见于未形'。感知网络安全态势是最基本最基础的工作。要全面加强网络安全检查，摸清家底，认清风险，找出漏洞，通报结果，督促整改。"

Gartner发布的"十大安全发展趋势预测"中曾提到："到2020年，会有99%的漏洞利用是安全人员和IT人员已经获知至少1年的漏洞。"很多入侵事件都是由于系统配置错误、补丁未修复、已知漏洞等引起的，这是数据泄露和入侵最为普遍的原因。

随着国家对网络安全的重视程度逐渐增加以及各种检查的常态化，从诸多实践中我们不难发现，尽管系统安全是一项业内各政企机构已经进行了十多年的常态性基本运维工作，但实际上该工作却从未真正做扎实。“安全基础”未打牢，则“安全上层建筑”危若空中楼阁，难抵风雨。这也是如今很多威胁分析平台仅作为基础能力展示用途的原因。在历次安全演习中，许多大型政企机构的系统被直接攻陷，由此导致失分，大部分原因在于一直存在的已知漏洞被黑客利用。

与此同时，如今数字业务都运行在数据中心服务器、云或容器环境中，IT 和安全运营团队都承受着巨大的压力，政企机构往往要求花更少的钱做更多的事，同时又要确保安全地运行。如果各团队之间没有高效的协作，就不可能取得成功。但据自动化技术公司 SaltStack 发布的《2020 年第二季度 XOps 状态报告》显示，仅 54%的安全主管表示，他们与 IT 专业人员能够进行有效的沟通，45%的 IT 专业人员对此表示同意。IT 和安全运营团队协作不充分及缺乏沟通，也是漏洞和补丁等基础安全长期无法得到有效落实的根本原因。

11.1.2 传统系统安全面临的问题

企业安全能力的建设是一个叠加演进的过程。当基础架构安全未进行合理建设时，主动防御、威胁情报、态势感知等积极安全则成为空中楼阁，难以真正发挥效用。因此，以基础安全建设为核心的系统安全工程，是打牢安全根基的关键。

当前大多数政企机构普遍存在资产不清、漏洞分布不明、系统未按合规要求进行加固、漏洞修复不及时、基础安全运行流程不闭环、缺乏一体化平台工具支撑等问题，无法有效应对和满足日益复杂的网络环境以及国家护网常态化等实战性需求。传统系统当前存在以下主要问题。

- 基础安全建设极易被忽视。近几年，安全业界普遍关注积极防御，如态势感知、威胁情报等，却忽视了架构安全、基础安全的能力。大多数机构都引入了外界情报数据，也添置了绚丽的展示屏，然而，没有基础安全能力，这些高精尖技术并不能发挥出应有的效果，相关问题已在多次安全演练中暴露。
- 当前业内的系统安全建设方案普遍采取单一产品的功能类方案，即通过产品功能实现资产发现、漏洞预警等能力。然而，对于政企机构的“系统工程类”需求，通过单产品则无法真正解决问题，仍然存在大量资产不清、漏洞不明且未设置合理闭环机制等问题。
- 业内的系统安全解决方案，普遍未与“运营服务”形成合力。系统安全是一个体系化建设工程，虽然通过自动化手段能够发现资产，但核实资产、补足属性、设计合理的闭环流程等工作则需要通过“服务”完成，当前却普遍与“服务”脱节。

11.2 什么是面向资产/漏洞/配置/补丁的系统安全

11.2.1 基本概念

面向资产/漏洞/配置/补丁的系统安全是一套体系化综合运营服务方案，它以内生安全为核心理念，集合多种产品能力，通过专职系统安全人员的运营而形成以资产和风险为核心的企业资产安全管理系统，以“工具平台+人员运营服务”的模式进行交付，旨在解决企业和机构安全防护中的基础设施安全管理挑战，把基础安全工作从定期检查模式转变为可持续验证模式，切实提高客户从资产完整性到漏洞修复的闭环的安全运营服务。

系统安全服务方案涵盖了资产梳理、漏洞管理、配置核查以及补丁运营等多种服务，基于数据驱动技术建立系统安全的大数据分析平台，并以该平台为数据分析能力的支撑点，通过“工具平台+人员运营服务”的模式，补齐资产属性，通过 CNNVD、CVE 等多源情报数据碰撞，分析得出资产漏洞优先处置顺序，并结合工单系统流程实现闭环管理，有效地提升客户基础安全运营能力。

11.2.2 设计思想

网络安全始于资产发现，企业应当清点所有软硬件资产，并进一步将工作重点转移到最重要的基于资产管理的安全配置管理环节。安全配置管理（Secure Configuration Management，SCM）是指管理和控制信息系统的配置，以实现安全性并促进信息安全风险的管理，一般包括 4 个步骤。

步骤 1．资产发现。

步骤 2．为每种受管设备类型定义安全基线。

步骤 3．根据预先定义的频率策略，评估管理的设备。

步骤 4．确保问题得到修复或准许它作为异常存在。

系统安全遵循 SCM 的理念，并强调全面打通以资产、配置、漏洞、补丁为核心的 4 大流程，如图 11.1 所示。

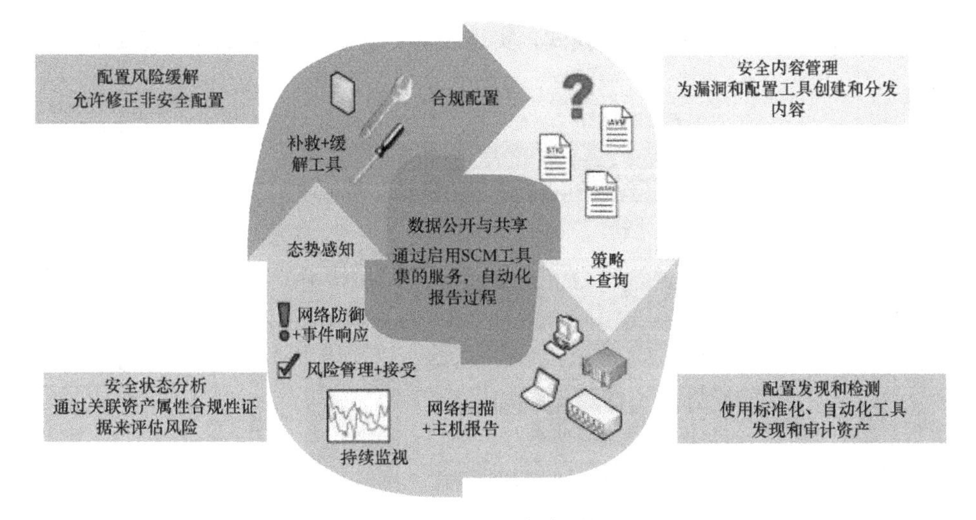

图 11.1　SCM 生命周期图

通过安全内容管理、策略符合性分析、资产配置态势感知、风险控制等运行能力，可对所有资产（包括固定资产、虚拟化资产、移动设备等）进行资产发现、持续监控、风险削减，以确保系统安全。

11.2.3 总体架构

系统安全是信息化、数字化安全建设的基础和关键，企业应建设和发展以数据驱动的系统安全运行体系，夯实业务系统安全基础，保障 IT 及业务有序运行。系统安全的核心目标是建设数据驱动的系统安全运行体系，如图 11.2 所示。

系统安全运行体系平台通过数据接口和控制接口进行同步，获取经过融合的资产信息、安全配置信息、漏扫及主机加固等多维度的漏洞信息、广义补丁等信息。

经过汇集的资产/配置/漏洞/补丁等数据信息将在系统安全运行体系平台进行处理，并实现数据的两两关联分析，如“资产+配置”“资产+补丁”“资产+漏洞”及“资产+补丁+配置”等，以最大化获取并展示资产的系统及管理属性、资产配置信息、资产当前的漏洞及补丁状态等，从而指引系统安全的运行过程，对符合性评估、安全策略管理及修复管理等进行系统安全风险管理。

同时与态势感知平台、内部威胁感知平台、终端管理及情报运营平台等进行有效联动，从而实现四大流程闭环的价值最大化，最终将系统安全防护从依靠自发自觉的模式提升到体系化支撑模式，实现及时、准确、可持续的系统安全防护。

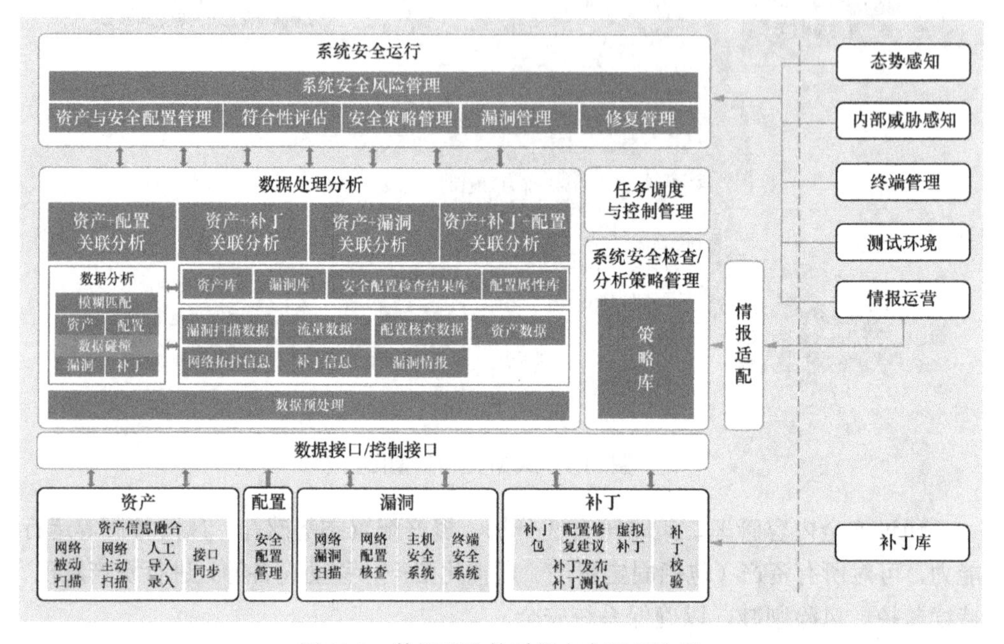

图 11.2 数据驱动的系统安全运行体系

11.2.4 关键技术

要实现系统安全运行的有效闭环，需要多维度多层次的技术能力来配合实现。

- 资产管理关键技术

应以资产梳理为起点，逐渐完成资产画像工作，更加清晰地掌握系统总体轮廓。资产采集技术分为主动感知与被动收集。主动感知可对所有在线设备进行网络扫描和深入识别，获取终端的网络地址、系统指纹、资产指纹、开放端口和服务等，并根据积累和运营的指纹库确定每个终端的类型、操作系统、厂商信息。被动收集通过采集资产间的流量数据，发现隐匿资产、孤岛资产以及易被黑客攻击的资产。

- 漏洞管理关键技术

应根据不同的生命周期状态对漏洞的风险值进行修正，以最大程度地接近和还原用户真实 IT 环境中的风险。采取结构化、标准化和组织化的方式来处理漏洞数据，能够有效降低来自多源数据 40%以上的数据量，同时根据漏洞具有的特征

整合威胁情报并评估情报信息，解决宏观分析的问题。

- 配置核查关键技术

建立丰富的配置核查知识库、命令行库，使其覆盖市面上大部分设备，且支持自定义的核查项编写，能根据特殊设备情况编写适用的命令行，获取设备配置信息。

- 补丁运营关键技术

在系统安全工程中，“补丁”概念属于广义范畴。广义补丁的目标是通过合理化手段降低企业系统风险，提升系统的整体安全，并非千篇一律地使用“打补丁”方式，而是根据情况不同，酌情选择使用虚拟补丁、访问控制列表、身份验证、资产下线等多种手段。

- 数据整合关键技术

应做好系统安全基础数据的采集、发现、分析，从系统安全管理视角出发，最终将资产数据、资产与漏洞情报数据的关联情况，以及资产存在的不安全配置项这类基础数据，通过集中管控可视化平台进行统一管理、展示，并根据已有的管理制度进行线上处置流程的协同配合与跟踪反馈。

11.2.5 预期成效

在系统安全领域中，随着大数据、人工智能等先进技术在安全领域的不断应用，资产管理、漏洞管理、配置管理、补丁管理的自动化和智能化在不断提高，传统的、被动的、粗粒度的系统安全技术体系将被逐渐替代，系统安全将为政企机构实现以下目标。

- 建成数据驱动的系统安全运行体系

通过聚合 IT 资产、漏洞、补丁、配置等数据，将系统安全防护从依靠单产品或人工模式提升到依靠“工具平台+人员运营服务”体系化支撑的模式，实现及时、准确、可持续的系统安全防护。

- 规范化漏洞验证

通过漏洞数据与资产数据的实时碰撞、比对、分析，完成安全风险等级排序，明确漏洞修复优先级，改变以往系统安全体系中完全依靠人工进行逐条漏洞验证的工作方法，减少安全部门、运维部门的工作量，从而提升系统安全的日常工作效率。

- 持续达到合规要求

通过建设系统安全运行体系，分别从系统安全技术与系统安全管理这两方面完善基础支撑工作，落实《信息安全技术 网络安全等级保护基本要求》中对资产管理的相关要求，为接下来每一步的网络安全建设夯实基础。

- 四大流程实现闭环

改变政企机构长期以来资产查不清、漏洞找不准、补丁修复不及时、系统长期未按要求加固而导致的四大流程不闭环现状，通过一体化平台工具的支撑，确保系统安全风险总体可控，保持良好的安全状况，为实战化安全运营提供支撑，实现系统级安全运行的闭环。

11.3 面向资产/漏洞/配置/补丁的系统安全建设要点

11.3.1 建设流程

面向资产/漏洞/配置/补丁四大流程的系统安全是企业信息化建设的基础和关键，企业应着眼于建设能经受实战考验的安全能力，从多维度全景视角出发，改变以往从具体的攻防技术、日志分析或事件处置等事件出发的就事论事、就安全论安全的传统思维习惯，转变成从企业视角、数字化视角、信息安全的全景视角出发进行实战化安全能力的建设，并在建设过程中根据每个企业自身的特点，结合所在行业的属性，充分地与企业的信息化环境进行融合覆盖，使信息化环境自身从规划建设阶段就已具备免疫力和安全属性，并能够随数字化一起发展并结合落地。

具体落实到系统安全建设本身，基础架构安全运行应围绕以资产为主线的资产运维、漏洞管理、配置基线管理以及补丁管理等常态化安全运行活动，接受来自积极防御运行活动中的安全加固指令，并依据威胁情报运行活动中的加固方法对企业的关键资产进行加固，从企业的领导层发起并着手梳理 IT 运营部门、安全运营部门以及业务应用部门等各团队之间的业务流程，理清并定义好各部门的责权分工，充分利用企业现有的资产管理系统，并发挥业务流程系统的优势，对信息和业务流程进行融合和优化，最终以实现四大流程的闭环为目标进行系统安全的能力建设。

11.3.2 建设要点

要落实系统安全在企业中的建设，应首先应根据企业自身实际情况灵活定制，量体裁衣，同时也需注意遵循一定的关键步骤，各分项执行重点如图 11.3 所示。

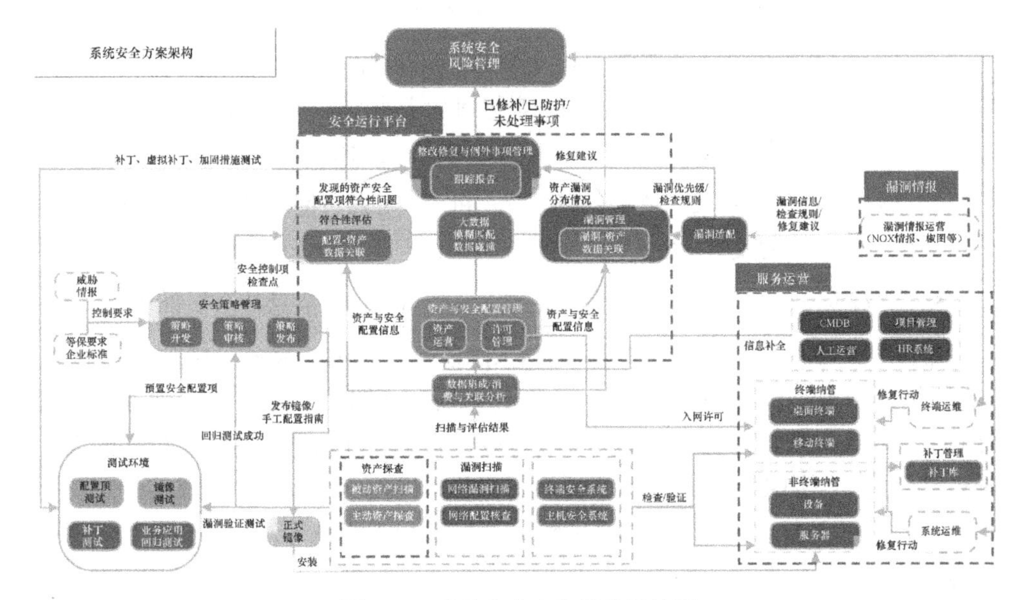

图 11.3　系统安全方案架构设计图

1. 测试验证环境搭建（参见图 11.3 左下方“测试环境”部分）

在企业内部搭建与生产环境高度相仿的测试环境，对各种设备、系统镜像模板和业务环境中的预置安全配置项、漏洞验证措施、修复或加固措施进行测试验证，开展补丁测试、镜像测试、配置项测试、业务应用回归测试，提高漏洞修复与配置变更工作的有效性、稳定性和确定性。

2. 构建资产安全管理系统

- 多源丰富的数据源（参见图 11.3 中部下方 “资产探查”部分）

建设面向企业 IT 服务的资产管理系统，通过基于网络的主动扫描、基于流量的被动扫描、主机代理、CMDB（Configuration Management Database，配置管理数据库）等多源导入方式，获取终端、主机、中间件、数据库等资产属性信息，继而对资产信息进行统一的标准化处理，最终形成企业资产管理数据库，实现完整资产的全量覆盖，并实现未备案资产违规上线的快速发现。在此过程中，应充分利用各种数据导入方式的特点并发挥其各自的优势，以实现最大程度的自动化和属性粒度的细化，为后续人工补足资产属性降低难度和减少工作量。

- ➢ 主动扫描：基于网络通过 IP 进行扫描，并进行指纹比对以确认资产类型。主动扫描的粒度介于被动扫描与主机代理之间，但无法保证基于 IP 的扫描不被企业各种网络设备干扰拦截。
- ➢ 被动扫描：基于流量收集获取企业网络中所有的五元组信息（源 IP 地址，源端口，目的 IP 地址，目的端口，传输层协议）。被动扫描的粒度最粗，但能够确保资产无遗漏。
- ➢ 主机代理：基于在资产端部署主机代理并通过插件工具进行主机信息和属性的收集。生机代理的粒度最细，但无法保证所有资产的安装覆盖。

- 与企业现有系统集成（参见图 11.3 右方中部 “信息补全”部分）

系统安全平台应与政企机构现有的 CMDB、HR（Human Resource，人力资源）、PMS（Project Management System，项目管理系统）等系统集成，以获取资产的所属业务、责任人、归属部门、重要程度等资产管理属性信息，并结合后期的人工运营梳理工作，切实补全遗漏的系统属性和管理属性。通过资产的属性信息补全夯实，为系统安全后续的漏洞信息适配、系统安全风险分析、整改责任落实提供坚实的基础。

3. 构建系统安全配置管理体系（参见图 11.3 中部“资产与安全配置管理”部分）

- 验证配置有效性

在测试环境中验证配置方案的有效性继而进一步发布和推广，明确系统安全配置项。基于最小化特权的安全原则，实现系统的最小化安装，避免不必要程序的安装而引入的额外风险，且有效确保已部署的系统得到正确配置。

- 建设配置策略管理系统

按需编写和调整配置核查策略，基于策略对资产安全配置性进行检查，得出安全配置符合性检查结果。采集资产生命周期配置信息，持续跟踪和监控资产配置变化，为配置脆弱性的修复提供全面、准确的数据基础。

- 灵活的定制能力

与配置管理体系相匹配的系统还应具备根据各政企机构自身的安全需求进行

灵活定制的能力，建立可以满足信息安全管理体系的安全配置要求的基线。如系统应具备灵活创建核查任务的能力，在创建核查任务时可按需选择立即检查、定时执行、周期检查和离线检查等检查方式。核查策略可以选择不同的检查规范模板，被检查设备可选择新增设备、设备库导入和文件导入方式。

- 丰富的配置核查项

内置丰富的配置核查知识库、多种命令行库，使其覆盖市面上大部分设备，且系统支持自定义的核查项编写，能根据特殊设备情况编写适用的命令行，获取设备配置信息。

- 核查项目自定义

提供可视化的编辑界面，可对核查项的标准值进行自定义修改，便于根据企业自身情况进行调整，增加核查的灵活度。

- 基于规范模板的配置核查

系统内置丰富的配置安全规范，运维人员根据需要选用固定的规范模板，即可直接执行配置核查任务。

4. 构建漏洞管理体系（参见图 11.3 中部 “漏洞管理”部分）

在测试环境中验证漏洞的存在情况以及漏洞修复方案的可行性，并得出漏洞修复的可行性结论。

通过漏洞扫描工具开展资产漏洞扫描，通过情报源获取漏洞情报数据，评估漏洞影响程度与漏洞修复优先级，且情报源应为多源综合的漏洞情报，避免单一情报源的漏洞信息遗漏。

通过资产版本号匹配、漏洞特征扫描、系统配置项对比，搜索出与漏洞信息相匹配的资产，建立漏洞与资产的关联关系，为漏洞修复方案提供全面且准确的基础。

5. 构建系统漏洞缓解体系

建设补丁管理系统，并进行全周期管理，针对当前环境存在的配置不符合项与漏洞设计修复方案，并在测试环境验证。该过程包括获取补丁、分析兼容性及影响、回滚计划、补丁测试、监控及验证等过程。

6. 建设系统安全运行平台（参见图 11.3 上方“安全运行平台”部分）

聚合资产、配置、漏洞、补丁等数据，持续监控信息系统的资产状态，并进行多维度数据的碰撞分析和关联分析，以分析配置符合性、漏洞状态等信息，判定风险环节优先级等。通过资产信息与配置信息结合，分析出重要配置项的符合性结果、资产脆弱性以及重要补丁；通过资产与补丁信息结合，分析出补丁视角的风险暴露结果；通过将资产与漏洞数据结合，分析出漏洞视角的风险暴露结果。

7. 与工单系统集成

建立与资产的所有者责任人、归属部门等相关联的漏洞修复或配置变更协同流程，并为 IT 运维人员提供脆弱性修复方案和操作手册，用于指导修复操作。修复方案应为“广义补丁”且具备多个选项可供企业选择，包括网络隔离、访问控制、安全产品白名单机制、系统加固等。

8. 建立并管理例外处理清单（参见图 11.3 上方“整改修复与例外事项管理”部分）

对未能完成修复的漏洞以及无法整改的配置，应加入例外处理清单，并纳入风险管理，然后进行持续监测、关注，以免在后续的业务系统安全能力建设工作中出现同类的问题。

9. 基于系统安全运行平台开展安全运行工作（参见图 11.3 右下方“服务运营”部分）

工作内容包括风险管理、资产安全配置管理、符合性评估、安全策略管理、漏洞管理、修复管理等。系统安全运行平台是以软件作为交付物的综合性系统，依托大数据架构，支持多数据源处理，从第三方系统内汲取资产与问题数据，通过数据预处理中心进行数据的清洗、富化、聚合，最终得出企业需要管理的资产与问题，然后依托工作编排架构，与第三方系统进行互操作，实现问题的处置闭环，以及资产的漏洞、配置、补丁的第三方验证。

综上所述，系统安全建设的核心目标是建设数据驱动的系统安全运行体系。通过系统安全大数据平台工具，聚合 IT 资产、配置、漏洞、补丁等数据，通过对多方数据实现两两关联分析，将系统安全防护从过去依靠自发自觉的模式提升到体系化支撑模式，实现及时、准确、可持续的系统安全防护。总体确保系统安全风险可控，保持良好的安全状况，为实战化安全运营提供支撑，实现系统级安全运行的闭环。

Chapter 12 

12

第12章 工业生产网安全防护

12.1 数字化转型与业务发展的新要求

12.1.1 工业联网带来新的安全挑战

工业控制系统（ICS）是工业生产网络的核心组成部分，由控制设备、传感执行设备、系统软件以及通信网络构成。典型的控制系统包括数据采集与监视控制系统（SCADA）、集散控制系统（DCS）、可编程逻辑控制器（PLC）等。工业控制系统广泛应用于能源电力、石油化工、装备制造、交通运输、食品医药、供水与污水处理等各行业，是工业生产网络的神经中枢，一旦遭受网络攻击，将造成不可估量的损失，轻则影响生产，重则导致环境破坏、人员伤亡，甚至危及社会稳定与国家安全。

长期以来，工业生产网络采用物理隔离、专用硬件、私有协议、定制软件等措施保障工业控制系统的安全性，但因此也带来技术升级缓慢、成本高居不下等问题。随着信息技术快速发展以及IT与OT的不断融合，通用协议、通用硬件和软件越来越多地应用于生产网络，对工业企业降本增效起到了显著的推动作用。近年来随着第四次工业革命的蓬勃兴起，工业数字化、网络化、智能化发展成为不可阻挡的潮流趋势，5G、工业互联网等新技术迅猛发展，为工业企业转型升级构建起新的基础设施，提供了强大的推动力。然而，安全隐患与技术革新相生相伴，工业生产网从封闭走向开放，设备联网，数据上云，工控设备、应用系统不可避免地与公共网络连接，生产数据高频度跨系统流动，给工业生产网络带来了前所未有的巨大安全风险。由此，工业生产网络的安全防护从过去的隐性话题升级成为工业企业关注的焦点问题。

12.1.2 工业生产网面临的安全形势

1．攻击频繁影响大，手段专业方法多

工业互联网安全涉及工业控制、互联网、信息安全 3 个交叉领域，面临传统网络安全和工业控制安全双重挑战。自从震网病毒被发现至今，针对工业控制系统进行破坏活动的网络攻击频发。

近年来，一系列针对工业控制系统的破坏性攻击被曝光，如 2015 年 12 月 23 日，乌克兰电力系统遭遇了大规模停电事件，数万“灾民”不得不在严寒中煎熬；2016 年 1 月，CERT-UA 通报称乌克兰基辅鲍里斯波尔机场遭受 BlackEnergy 攻击；2016 年，BlackEnergy 还对乌克兰境内的多个工业控制系统发动攻击，并且在 2016 年 12 月，造成乌克兰某电力企业的一次小规模停电事故。

2016 年 11 月 17 日晚，沙特阿拉伯遭遇了 Shamoon 2.0 的攻击，包括该国民航总局在内的 6 个重要机构的计算机系统遭到严重破坏。Shamoon 恶意程序首次现身于 2012 年 8 月，当时的攻击致使石油巨头 Saudi Ameraco 公司大约 3 万台计算机中的文件损毁。

事实上，乌克兰和沙特阿拉伯的工业控制系统遭到的攻击离我们并不遥远。因为即便是在全球范围内，能够提供工业控制系统信息化服务的供应商也并不多。其他国家工业控制系统出现的问题和漏洞，在国内的很多工业控制系统中也同样存在。

2．工业控制系统广暴露，安全漏洞难修补

工业控制系统在互联网上的暴露问题是工业互联网安全的一个基本问题。所谓“暴露”，是指我们可以通过互联网直接对某些与工业控制系统相关的工业组件，如工业控制设备、协议、软件、系统等，进行远程访问或查询。根据 Positive Technologies 研究数据显示，全球工业控制系统联网暴露组件总数量约为 22.4 万个。

同时，工业互联网系统，特别是底层的控制主机，由于系统老旧，常存在高危安全漏洞。根据中国国家信息安全漏洞共享平台（CNVD）最新统计，截至 2019 年 12 月，CNVD 收录的与工业控制系统相关的漏洞高达 2306 个，2019 年新增的

工业控制系统漏洞数量达到 413 个，基本与 2018 年持平。工业控制系统漏洞数据居高不下，形势依然比较严峻。CNVD 工控新增漏洞年度分布如图 12.1 所示。

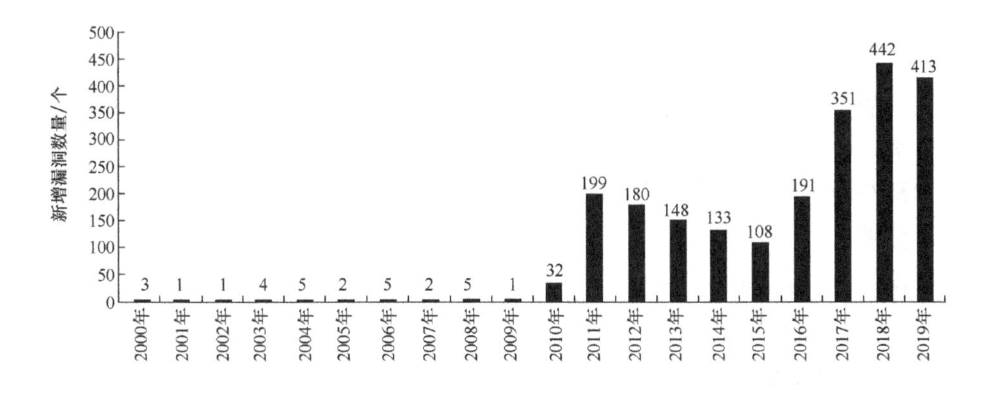

图 12.1 2000—2019 年 CNVD 收录的新增工控系统漏洞数量

（资料来源：工业控制系统安全国家地方联合工程实验室）

漏洞在增多，且修复难度很大。通常情况下，修复过程必须保证不能中断正常生产，同时还必须保证漏洞修复后不会因兼容性问题影响正常生产。

工业控制系统操作站普遍采用商用 PC 和 Windows 操作系统的技术架构。任何一个版本的 Windows 操作系统自发布以来都在不停地发布漏洞补丁。为保证工业控制系统的可靠性，现场工程师通常不会对 Windows 平台打任何补丁，打过补丁的操作系统也很少会再经过工业控制系统原厂或自动化集成商进行测试，因此存在可靠性风险。但是，系统不打补丁就会存在被攻击者利用的安全漏洞，即使是普通的常见病毒也容易感染，从而可能造成 Windows 平台乃至控制网络的瘫痪。

黑客入侵和工业控制应用软件的自身漏洞通常出现在远程工业控制系统的应用上。另外，对于分布式的大型工业互联网，人们为了控制、监视的方便性，常常会开放 VPN tunnel 等方式的接入，甚至直接开放部分网络端口，这也给黑客的入侵带来了方便。

3. 病毒木马不敢杀，应对策略受局限

基于 Windows 操作系统的个人计算机被广泛应用于工业互联网系统，因此易受病毒困扰。全球范围内，每年都会发生数次大规模的病毒爆发事件。

有些蠕虫病毒随着第三方补丁工具和安全软件的普及，近些年来几乎绝迹。但随着永恒之蓝、永恒之石等网络攻击武器的泄露，蠕虫病毒又重新获得了生存空间，其代表就是 WannaCry 病毒。出于对工业控制软件与杀毒软件兼容性的担心，操作站（HMI）中通常不安装杀毒软件，即使安装有防病毒产品，其基于病毒库查杀的机制在工业互联网领域中也有局限性。网络的隔离性和保证系统稳定性的要求导致病毒库升级总是滞后。因此，工业互联网系统每年都会暴发病毒，出现大量新增病毒。在操作站中，U 盘等即插即用存储设备的随意使用，使病毒更容易传播。

针对工业互联网存在的安全问题，业界也早已提出了一些安全防护架构和管理策略，其中典型的代表是NIST SP800-82、IEC 62443 等国际工业互联网领域指导性文献的纵深防御架构。

但是，上述原则在实践中经常遇到挑战，且存在局限性。例如，在工业互联网中，由于网络边界模糊，有时需要动态地在不同区域使用同一设备，会用到软件定义网络的高级功能，静态分区存在难度；虚拟区域边界部署防御，如防火墙、网闸、安全远程访问 VPN 等，这些设备或技术只能实现对部分已知规则的防御，进行及时动态更新的难度较大。

常见防御手段还包括在终端加入审计和应用程序白名单；运营过程中的防御则是进行漏洞扫描，并打补丁。但是，在工业互联网中，为保证可用性、稳定性，很难做到在线扫描或实时扫描，而且即使扫描到了漏洞，企业也可能会因为担心系统的可用性和稳定性被破坏，而最终选择放弃补丁升级。此外，在工业控制系统中，也确实有大量的漏洞难以找到合适的升级补丁。

因此，工业互联网实际上需要建立一种能够跨越物理世界（包括直接可观测性）、网络世界（包括保留数据的使用权）和商业世界（包括产权和订立合同的权利）的一体化安全手段，并且可以对攻击进行追踪和溯源。

12.1.3 传统安全防护机制不适用于工业生产网

工业生产网络在技术标准遵循、功能优先设定、安全管理目标等多方面与传统 IT 网络存在显著差异，因此不能照搬传统网络安全防护方案，必须根据工业生产的特点采用新的安全框架和防护措施。工业企业中常见的安全措施包括安装通用杀毒软件、通过双网卡隔离信息网与控制网、部署通用防火墙来防范网络攻击等，这些安全措施无法应对日益复杂的工业网络威胁，存在的主要问题如下。

● 传统杀毒软件不适用于工业主机安全防护

工业主机是工业网络的高危攻击点，在生产优先、专机专用、够用即可等原则下，工业主机普遍存在硬件低配、系统老旧、不打补丁、软件定制等工业领域特有的问题，通用杀毒软件很难适配，实践中发生过多起工业软件被误杀的案例，因而许多工业主机宁愿“带病运行”，也不安装杀毒软件。

● 传统防火墙不适用于工业网络边界防护

传统的防火墙、网闸等网关设备，在工业环境中面临两大挑战：硬件设计不适应工业现场 DIN 导轨安装方式（一种工业标准，元件设备可方便地卡在导轨上而无须用螺丝固定；方便维护）和高温、高湿、粉尘以及酸碱环境；不能识别工控协议，只能设置粗粒度的安全策略，甚至采取流量全部放过的策略，安全策略形同虚设。

● 传统审计系统不适用于工业网络监测预警

由于传统的网络审计设备不能识别工控资产，不了解工控系统漏洞，对于针对工控系统的攻击行为、异常操作都无法识别，无法提供有价值的工业安全审计与异常报警。

● IT 安全措施在 OT 领域几乎无效

较多工业企业在 OT 设置中使用 IT 安全措施，但没有考虑其对 OT 的影响。例如，国内某汽车企业的 IT 安全团队按照 IT 安全要求主动扫描 OT 网络，结果导致汽车生产线 PLC 出现故障，引起停产。

从实践来看，较多工业企业基本不进行 OT 安全评估，即使进行 OT 安全评估，也是由 IT 安全服务商执行。而 IT 安全评估通常不包括 OT 网络的过程层和控制层，即使对这两层进行评估，也只能采用问卷方式，不能使用自动化工具。再就是，执行这些评估的人员通常是 IT 安全专家，对 OT 领域也不甚了解。

12.2 什么是工业生产网安全防护

12.2.1 基本概念

1. 工业生产网

工业生产网的范围伴随生产自动化、信息化的发展不断扩展，早期的生产网通常指狭义的工业控制系统及其通信网络，但随着产业水平不断提高，生产管理与经营分析需要及时获取生产过程数据，以及对生产过程进行控制管理，因此控制网络需要与企业管理网络联通以便交换数据，与生产过程相关的管理系统（如MES）、数据库服务器也纳入到工业生产网范畴。在实践中，工业生产网已形成了广获共识的层次结构模型，按功能分为5个层级，依次为企业资源层、生产管理层、过程监控层、现场控制层和现场设备层，如图12.2所示。

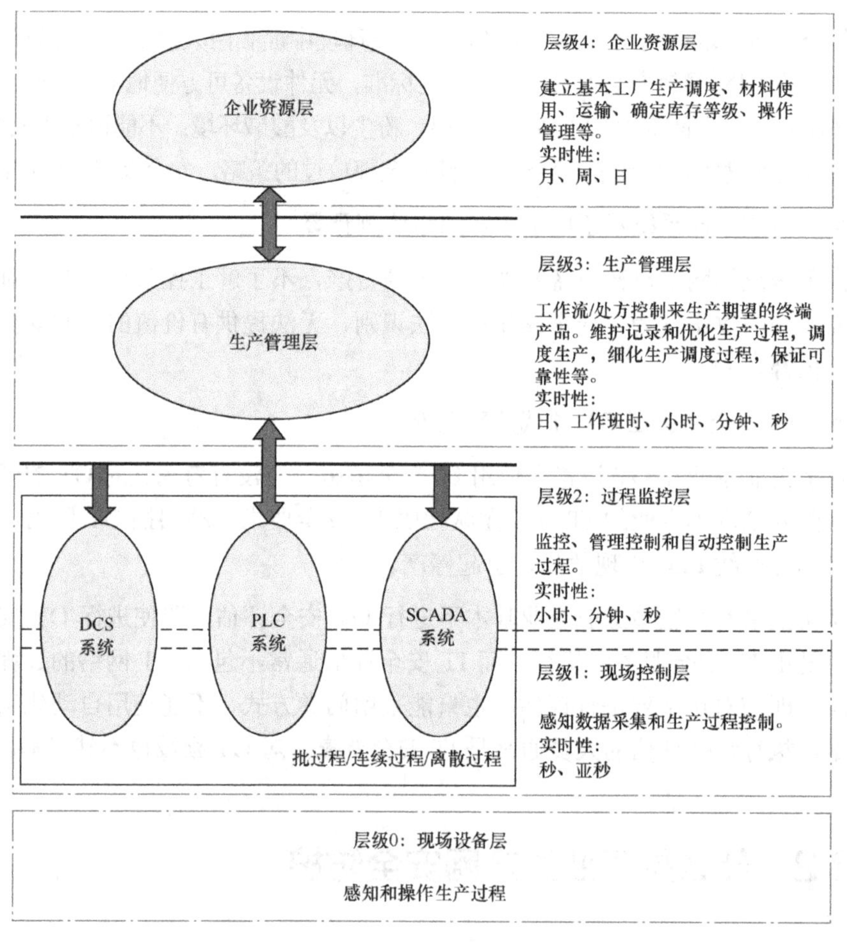

图12.2 工业生产网分层模型

- 企业资源层主要包括ERP系统功能单元，用于为企业提供决策运行手段。
- 生产管理层主要包括MES系统，用于对生产过程进行管理，如制造数据管理、生产调度管理等。

- 过程监控层主要包括监控服务器与 HMI 系统功能单元，用于对生产过程数据进行采集与监控，并利用 HMI 系统实现人机交互。
- 现场控制层主要包括各类控制器单元，如 PLC、DCS 控制单元等，用于对各执行设备进行控制。
- 现场设备层主要包括各类过程传感设备与执行设备单元，用于对生产过程进行感知与操作。

随着工业互联网的发展，工业生产网的范围得到进一步扩展，工业互联网通过人、机、料、法、环[①]的全面互联，实现工业生产全要素、全产业链、全价值链的连接，推动新一代信息通信技术与工业经济深度融合。传统的游离于生产过程之外的企业经营活动，比如客户需求分析、产品设计改进、合作伙伴协同、市场营销拓展等，也与生产管理与过程控制紧密地联系起来。与此相适应，生产网在网络结构和技术形态上也将发生重大变化，5G 和 TSN（时间敏感网络）技术将逐步替代现有庞杂的工业总线和 WiFi 网络，生产过程的实时监控与反馈控制将推动企业建设边缘计算中心，生产大数据的分析处理将优先在边缘云处理，经过协议转换和归一处理的汇总数据再上传至工业互联网平台。在工业互联网新场景下，传统生产网与企业边缘计算中心将构成工业生产网的新形态。

2. 工业生产网安全防护

工业生产网的安全可以从工业生产和网络连接两个视角分析。从工业生产视角看，安全的重点是保护智能化生产的连续性、可靠性，关注智能装备、工业控制设备及应用系统的安全；从网络连接视角看，安全主要保障个性化定制、网络化协同以及服务化延伸等边缘云计算的安全运行，防止重要数据泄露，保护工业 App 安全，并提供持续的服务能力。

相较于传统工控网络，新型工业生产网在防护场景和安全危害程度上都有明显的差异。

- 防护对象范围更大，安全场景更丰富

包含设备安全（工业智能装备及系统）、控制安全（SCADA、DCS 等）、工业网络安全（工厂内、外网络）、应用安全（边缘计算云平台、工业软件及工业 App

---

① 人、机、料、法、环是对全面质量管理理论中的五个影响产品质量的主要因素的简称。人，指制造产品的人员；机，指制造产品所用的设备；料，指制造产品所使用的原材料；法，指制造产品所使用的方法；环，指产品制造过程中所处的环境。

等）以及数据安全（工业生产、平台承载业务及用户个人信息等数据）。

- 网络安全和生产安全交织，安全事件危害更严重

工业控制网遭受攻击，将影响具体生产环节、生产流程的正常运行，而作为工业生产网大脑的边缘计算中心，一旦遭受攻击，除了信息泄露或数据篡改，还将引起大范围服务中断，使整个工厂的生产与经营陷入瘫痪。

12.2.2 设计思想

- 贴合工业生产业务逻辑，实施内生安全策略

工业生产的网络安全风险来自生产过程的脆弱性，如工控系统漏洞、工艺过程缺乏安全设计等，因此实施安全防护策略时，必须充分考虑生产逻辑和要求，准确理解工控协议中具体指令的含义。此外，工业生产的中断与重启成本非常高，不能为了过度追求安全性而影响稳定性与连续性。这要求产品的设计与策略的实施要充分考虑内生安全模式，把安全能力与业务过程融合起来，如硬件对环境的适配性、安全功能与工业软件的兼容性、极端情况下的安全逃生能力。

- 静态特征匹配与动态智能识别相结合的防护机制

相较于传统工控网络，新型工业生产网由于网络更开放，应用更复杂，传统静态的、基于特征匹配的防护机制已经不能有效应对新的挑战，必须增加动态的、基于行为识别的防御措施。工业生产的模型相对固定，机器与机器之间通信的频率、数据、流量可以通过大数据分析进行建模，任何偏离模型基线的行为都可能意味着网络攻击。工业安全产品具备基线建模和行为识别能力，能够发现网络攻击与工艺操作异常，及时进行报警处置。

12.2.3 总体架构

图12.3所示为一个典型的大型工业企业网络架构图，涵盖多个安全防护场景，主要包括工业控制网络、集团数据中心（边缘计算）和卫星通信网，每个区域内部以及区域边界都有多个安全策略实施点。

1. 工业控制网络

即传统的生产控制网络，一般分布在大型集团企业的二级或三级单位，执行具体的生产任务。

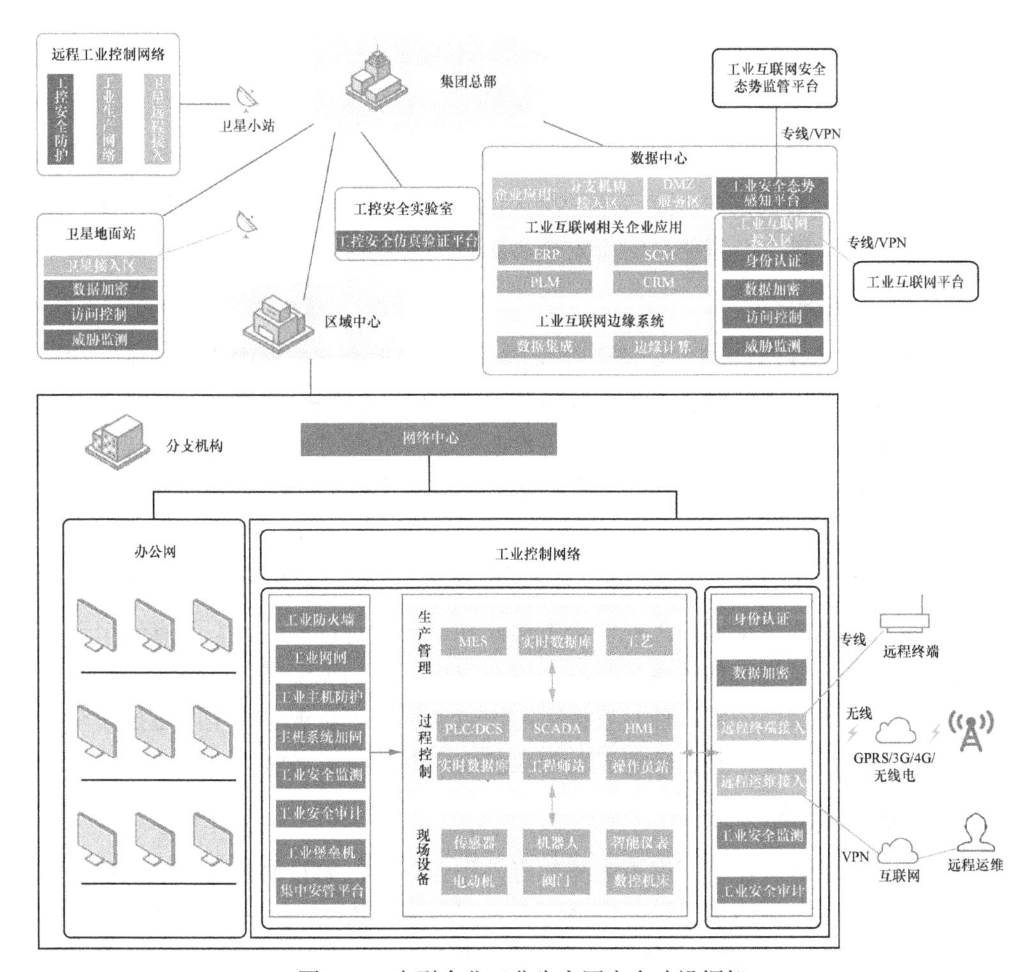

图 12.3 大型企业工业生产网安全建设框架

- 工业控制网划分与连接

一个合理规划的控制网通常采用分层结构，现场设备、过程控制、生产管理分布在不同的层级。现场控制设备通过工业总线彼此连通，控制设备与过程控制服务器通过工业以太网通信，过程控制层通过标准以太网与生产管理网交换数据，生产管理网通过专线连接集团总部，实现生产数据在集团层面的汇总管理。

- 控制网内部安全防护

在控制网内部，所有工业主机和服务器安装安全防护软件，保护设备免受病毒攻击，网络不同层级之间部署工业防火墙（有些场景需要工业网闸）进行隔离防护，在流量汇聚点部署工业检测审计设备，实时检测网络入侵与异常操作，构成控制网内部的纵深防御体系。

- 控制网边界防护

在控制网与办公网边界部署防火墙，防止办公网病毒或其他攻击流量进入控制网；对于远程数据采集、远程维护接入的场景，需要在控制网接入区实施身份认证、行为审计等安全策略；对于安全等级较高的业务，数据需要加密传输。

2. 集团数据中心

随着工业互联网、5G、AI等新技术的发展，大型企业数据中心的技术架构逐渐向虚拟化、云化方向演进，除传统经营管理系统（如ERP、CRM）集中部署在集团总部数据中心外，一些生产过程管理系统、新型的工业App应用也逐渐迁移到集团数据中心，如MES系统、质量检测实时分析系统、AGV智能导航系统，由此构建起以边缘计算为中心的工业互联网企业侧计算环境。工业生产数据在边缘服务器完成采集汇聚、协议转换、本地处理后，再统一上传至工业互联网平台。

数据中心是部署集团级工业安全态势感知平台的首选环境。态势感知平台汇总所有下属企业工控网络的流量数据与安全日志，自动识别工控资产类型与漏洞分布，统一分析威胁告警事件与安全风险，以大屏方式直观呈现全网工控安全态势与发展趋势，为工业安全风险应对与应急响应提供决策支撑。

3. 卫星通信网

对于远离城乡且通信网络覆盖差的野外作业环境，如石油勘探、水利建设、远洋航行，企业一般通过卫星通信网实现数据传输。VSAT（Very Small Aperture Terminal，甚小孔径终端，意译为“甚小天线地球站”，简称“小站”）小站组网是一种常见的卫星通信应用方式，具有灵活可靠、成本低、使用方便等特点，得到了广泛应用。小站通过卫星与企业的主站（中心站，即卫星地面站）建立连接，可把作业环境与生产数据及时传送至企业总部，并从总部接收管理指令。

小站对外接入卫星链路，对内连接本地生产网络。根据业务复杂程度不同，生产网可以是完整的分层控制网，也可以是以现场设备和过程控制为核心的简化网络，其面临的网络安全风险与前述工业控制网络相似，所采用的安全防护措施也基本一致。

卫星地面站是企业的卫星主站，汇总接收多个小站的数据，统一接入企业总部网络。在接入区需要实施身份认证、访问控制、行为审计等安全策略，对于安全等级较高的业务，数据应进行加解密处理。

12.2.4 关键技术

工业生产网防护场景复杂，设备与协议多样，涉及多项网络安全关键技术，组合成不同产品，共同构成一张完整的防护网，识别和抵御安全威胁，化解各种安全风险，构建工业生产网的安全可信环境，保障工业生产稳定运行。

- 工业主机白名单控制

工业主机由于长期不间断运行，不能及时打补丁，并且受到联网条件的限制，无法实时更新病毒库，因此传统杀毒机制不适用于工业主机。比较有效的方式是采用白名单控制技术，对工业软件相关的进程文件进行扫描识别，为每个可信文件生成唯一的特征码，特征码的集合构成特征库，即白名单。只有白名单内的软件才可以运行，其他进程都被阻止，以防止病毒、木马、违规软件的攻击。

- 工控协议识别与控制

为了保障数据传输的可靠性与实时性，工业生产网已发展了多套成熟的通信协议，主流的有几十种，大致分为工业总线协议和工业以太网协议两大类，如 Modbus、S7、OPC、Profinet、IEC104 等。工控协议的识别能力是安全设备工作的基础，也是评价产品能力的重要指标。

- 工控漏洞利用识别与防护

工控系统漏洞是工控网络安全问题的主要来源。由于工控设备很少升级或者不升级，因此普遍存在可被攻击的漏洞，而由于技术的专业性和封闭性，这些漏洞很容易被作为 0day 利用。因此工控安全产品对工控漏洞利用行为的识别能力，以及相应的防护能力，是工控安全防护能力建设的核心。

- 工控网络流量采集与分析

获取网络流量是发现网络攻击的前提，流量采集与分析广泛应用于网络安全方案，是一项比较成熟的技术。对于工控网络，除了基本的流量识别与统计分析外，还需要理解生产过程的操作功能码，根据业务逻辑判断是否发生异常。此外，根据设备间通信的规律建立流量基线模型，对多源数据进行关联分析，能够有效地识别异常行为和网络攻击。

- 工业网络安全态势感知

态势感知是安全防御的重要手段，对于工控网络，通过安全态势感知平台，可以直观地了解网络中的资产分布、漏洞分布、网络攻击事件，对网络的整体风险水平进行量化评估。态势感知平台需要多种核心能力支持，包括完善的数据获取能力、大数据分析与建模能力、网络攻击溯源分析能力、安全事件闭环处理能力等，是工控网络安全防护的核心产品。

12.3 工业生产网安全防护建设要点

12.3.1 关键建设点

工业生产网络安全涵盖多个场景，需要综合防护。整体上，在工控网络内部合理划分安全区域，构建工控主机安全防护体系，建设工控网络安全监测系统，建立安全纵深防御体系。

在工控网络与IT网络边界设置网络隔离与访问控制点，过滤来自IT网的非法访问；对于远程数据采集和远程运维操作，建立身份认证与加密机制，进行行为审计和威胁监测。

在总部数据中心设置工业互联网数据交换安全接入区，实施身份认证与数据完整性控制措施，保障数据传输的安全；在集团总部数据中心建设工业安全态势感知平台，全面掌握工业生产网的安全态势。

此外，在总部建设工控安全仿真验证平台，对安全防护方案进行可行性研究以及充分测试验证。具体来讲，网络安全保障体系规划可以梳理成九大重点任务，工业企业可以结合自身的业务特点，将其作为工业网络安全体系规划的参考。

- 调整优化工控网络架构

合理划分网络区域，建立进出工业控制生产网的安全控制点。在控制网与IT网之间进行安全逻辑隔离或者单向物理隔离；建立控制网与IT网之间可控的应用与数据交换区（视业务特点与数据重要程度）；在控制网内进行无线局域网（WLAN）安全组网与严格访问权限控制；对现场控制设备与非现场控制设备分离组网，通过独立管理区进行现场设备的控制管理（视网络规模与管理复杂度而定）。

- 建立工控网络纵深防御体系

对进出控制网的网络流量进行白名单控制，部署威胁检测、行为监测、访问控制以及安全审计设备，阻挡外网与控制网络的不安全通信。完整审计通信记录，实现对控制系统的安全防护与异常追溯。

- 加强工控主机安全防护

对工程师站、操作站（HMI）、SCADA 服务器、MES 服务器、实时数据库服务器等工业主机实施病毒查杀、白名单管控、系统加固、U 盘与外设管控等安全措施，确保工业主机与服务器设备的稳定运行。

- 建设工控网络远程访问安全接入点

在安全接入点对进出控制网的流量进行身份认证、数据加解密、访问控制以及威胁检测。若远端设备通过有线或无线拨号连接控制网，则建立 VPN 隧道，实现对远程运维接入和远程终端单元（RTU）数据传输的风险控制。

- 建设工业互联网安全接入点

在接入点对企业网与工业互联网平台之间的流量进行身份认证、数据加密、访问控制以及威胁检测。控制网内通过无线（WLAN、4G/5G）发送的数据，则统一导流至边缘计算安全网关，保障联网的工业设备、工业应用免受互联网威胁，保障工业数据的安全传输与使用。

- 建立工控网络安全监测体系

在控制网部署工业安全流量探针、日志探针，实时监测网络攻击行为，采集设备安全日志，获取工控资产、系统漏洞信息，监测非法设备接入（如非受控 U 盘、第三方运维设备）以及控制网设备非法外联。所有监测数据汇总至工业安全态势感知平台，实现工控网络安全可视，满足法律合规要求。

- 建设工业安全态势感知平台

采集工控网络的资产、漏洞、威胁、行为等数据，统一汇总至工业安全态势感知平台集中分析，并进行可视化呈现，实现对控制网的整体安全监控；对工业互联网安全态势监管平台开放接口，实现与行业监管机构的事件通报和处置联动。

- 建立边缘计算云平台安全防护体系

在边缘计算中心搭建可持续运营的弹性的云安全管理与服务平台，覆盖云外南北向访问控制、云内东西向访问控制、主机防护、漏洞管理、Web 安全防护以及流量与行为审计，通过虚拟安全资源池的方式为不同应用按需提供安全防护能力。在云平台部署零信任身份认证管理系统，严格控制用户访问云平台应用权限；部署数据泄露防护系统，保护工业大数据安全。

- 建设工控安全仿真验证平台

按照生产场景等比例搭建仿真环境，模拟实际生产控制过程，对工控网络安全进行全面渗透评估，对安全防护方案进行可行性研究与充分测试验证。除了评估现网系统的安全，仿真平台还可以进行核心控制设备（PLC、DCS）的可靠性研究，以及工艺安全研究。

12.3.2 安全能力需要长期积累

工业生产网本身的技术复杂度、面临的安全威胁的多样性，以及安全事件造成的危害都对工业企业提出了非常高的安全能力要求。安全保障体系建设本质上是安全能力的建设，全面、系统、有效的安全能力是安全保障体系建设的基础。对于大多数工业企业来说，安全能力的建设绝非一日之功，需要长期建设和积累，需要与信息化业务系统同步规划、同步建设、同步运营，并在运营过程中不断优化完善。

最后，除网络安全技术保障措施外，工业网络安全管理制度、安全意识的提升、工业网络安全人才队伍的建设等，都是不可或缺的规划建设内容。“人是安全的尺度”，大量的安全事件是由人的因素造成的，问题的解决最终也离不开人的参与。工业企业在网络安全保障体系的建设过程中，需要重视既懂工业自动化又懂网络安全的复合型安全人才队伍的建设和培养。

Chapter 13 

第13章 内部威胁防护体系

13.1 数字化转型与业务发展的新要求

13.1.1 数字化转型扩大了内部威胁的范围

2012年，美国国土安全部计算机紧急事务响应小组（US-CERT）提出了针对内部威胁的完整定义，业内对内部威胁有了相对统一的认知。US-CERT指出，内部威胁攻击者一般是指企业或组织的员工（在职或离职）、承包商以及商业伙伴等，他们具有企业或组织的系统、网络以及数据的访问权；内部威胁就是内部威胁攻击者利用合法获得的访问权对企业或组织信息系统中信息的机密性、完整性以及可用性造成负面影响的行为。

US-CERT的定义明确了内部威胁的主体、客体和结果。主体除了传统意义上的内部员工，还包括离职员工、承包商和商业伙伴，而且内部人具有相关的系统权限。客体是信息系统。结果是针对信息的负面影响，负面影响涉及机密性（如信息泄露）、完整性（如数据篡改）和可用性（如系统攻击）。

随着业务与信息化的发展，信息系统已经成为企业和组织的核心资产。数字化转型在提升生产效率和业务便利性的同时，也扩展了可接触到核心资产的用户数量和范围，由此带来了更多的内部威胁。

13.1.2 内部威胁攻击越来越频繁

内部威胁在信息安全领域一直存在。随着数字化转型和业务的发展，内部威胁呈现出不断增长和发展变化的形势。如 Cybersecurity Insider 发布的《2019 年内部威胁报告》中指出，绝大多数（70%）组织观察到，在过去 12 个月中，内部攻击越来越频繁。根据内部威胁产生的动机，大致可以将内部威胁分为主观恶意和非主观恶意两大类。

产生主观恶意行为的原因有很多，监守自盗、内外勾结、挟私报复、发泄不满、心理变态等因素都有可能引发该行为。通常将这样的人形象地比喻为企业的“内鬼”。例如，2020 年年初，国内某知名大型互联网公司的一个供应商的开发人员，因与公司发生矛盾，竟然在后台恶意删除了大量用户数据，直接导致该互联网公司上千万用户的相关服务被中断。Verizon 发布的《2020 年数据泄露调查报告》中指出，有 35%的金融和保险机构发生的数据泄露或攻击行为有“内鬼”参与。Securonix 公司发布的《2020 年内部威胁报告》中指出，计划离职的员工中，超过 80%的人可能随身带走一些敏感的信息，这些人士涉及 60% 的内部网络安全和数据泄露事件，他们往往会在离开之前的 2～8 周开始窃取数据。

非主观恶意行为，通常可以理解为内部员工违反管理规定或安全规范的行为，简单地说就是违规。这些行为绝大多数都是无意的，即使是有意的，通常也不是主观恶意的，而是没有意识到自己的行为可能会给单位带来网络安全风险。虽然表面看起来，内鬼的直接危害比较大，但内鬼的发生几率相对较低；而违规行为则几乎是时时刻刻都在发生，其实际危害往往还会大于内鬼。比如，在 2017 年 5 月爆发的 WannaCry 病毒事件中，很多机构的系统被病毒入侵，就是因为员工违规在内网中私搭乱建了 WiFi 热点。再比如，不小心写错了邮件收件人；把自己的密码告诉了同事；把不安全的 U 盘插入了内网设备等这些不起眼的小事，其实都是违规行为。类似事件经常会给政企机构带来巨大的风险和损失。

13.1.3 传统网络安全防护体系的问题

传统的网络安全防护体系注重安全边界的保护，容易忽视内部威胁的防护。传统的网络安全防护手段更多基于单点的监测和防护，对于风险场景更复杂、与业务关系更紧密的内部威胁来说，安全能力非常有限。

传统的网络安全防护体系在面对内部威胁时，所暴露出的问题主要是由内部威胁的特点决定的。与外部威胁相比，内部威胁具有以下特点。

- 危害和损失更严重

由于内部人对组织结构、业务系统和相关知识更加了解，更容易获取系统权限，更容易接触到核心资产，更容易摆脱安全体系的防护，因此使得内部威胁造成的损失和危害更严重。美国 CSI（Computer Security Institute，计算机安全协会）与美国 FBI（Federal Bureau of Investigation，联邦调查局）早在 2008 年，就在《计算机犯罪和安全调查》中对信息安全事件的来源进行了统计，发现内部安全事件所造成的损失明显要高于外部事件。

- 检测和防护更困难
  - 缺乏可见性

内部威胁来自组织内部，与外部威胁需要面对网络安全边界的层层防护不同，由于内部防护手段薄弱，内部威胁攻击者对于传统边界安全设备具有天然的透明性，相当于进入一个自由的世界随意发挥自己的破坏能力。

由于不便部署传统检测手段，业务向云的迁移使内部攻击的检测更加困难。大数据和数据集中使获取敏感信息的成本大幅降低。数据共享应用的增多使数据更容易离开传统安全边界。

  - 检测难度大

内部威胁攻击者（包括在职/离职员工、供应商和商业伙伴等）拥有内部信息系统的访问权限，恶意行为往往隐藏于正常业务行为中。恶意行为的发现变得更加困难，只能在事件发生后，进行有限的审计溯源工作。

  - 容易受组织壁垒干扰

安全培训和人员管理是内部威胁管理的重要一环。由于安全管理是跨部门甚至跨组织的活动，安全管理者缺乏有效的手段促进不同部门、不同组织间的协同协作。内部威胁的管控力度容易被削弱。

13.2 什么是内部威胁防护体系

13.2.1 基本概念

内部威胁防护体系是基于内部威胁的特征和企业（或组织）自身特点，针对内部威胁构建的安全管控体系。内部威胁防护体系包括：作为体系核心的内部威胁感知平台；作为数据源的业务系统、信息系统和网络安全系统；作为管理手段的信息安全组织和管控制度。

13.2.2 设计思想

通过研究大量内部威胁事件，可梳理出内部威胁的发生基本都遵循一个模型，即人、触发条件、行为、目标、结果的行为模型（见图 13.1）。人的要素中，一般会涉及心理因素、职位因素等特定要素，使之成为潜在的内部威胁攻击者。触发条件往往是一个事件，比如离职、降薪、矛盾、经济诱惑等；触发条件使内部人从潜在内部威胁攻击者变为有动机的内部威胁攻击者。行为元素即条件触发后，攻击者在现实和虚拟环境中一定会表现出针对信息系统或信息资产的偏离正常行为基线的举动。目标元素即行为元素作用的客体，往往包括数据、信息系统等各类信息化环境中的对象。结果元素则是异常行为导致信息系统或信息资产造成的负面影响，涉及机密性（如信息泄露）、完整性（如数据篡改）和可用性（如系统攻击）。

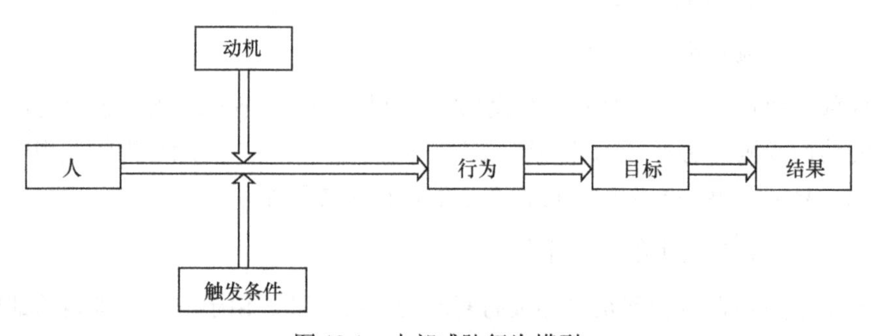

图 13.1 内部威胁行为模型

内部威胁感知平台的核心是结合内部威胁的行为模型和风险场景，通过技术手段建立内部威胁检测模型。内部威胁感知平台基于人的要素，结合日志数据和个人信息，分析人员的潜在风险。如特权账号用户的泄密风险高于普通用户，考勤异常表示可能存在离职风险。平台通过异常行为模型和算法进行内部威胁风险监测，并基于事件持续评估内部人员风险。系统基于历史事件总结和业务梳理，针对内部欺诈、权限滥用、数据窃取、意外泄露、系统破坏等内部威胁类型建立场景化的异常行为分析模型；结合身份安全系统和业务特点对特权用户、合作伙伴、普通员工等不同风险等级的内部人员，制定有针对性的分析策略，形成更准确、有效的风险分

析和识别能力，以期能够更准确、更快速地发现内部威胁攻击事件。

13.2.3 总体架构

内部威胁防护体系以内部威胁感知平台为核心，通过收集应用系统中的管理日志和业务行为日志、IT 系统中的系统日志、网络边界的 DLP 数据、身份安全系统中的用户信息/权限数据/特权账号数据、态势感知平台的数据安全和终端安全等数据，结合场景、模型、策略的分析，实现用户行为检测、风险用户管理、风险事件管理、异常告警管理、安全事件追溯，并且可以将内部威胁告警反馈回态势感知平台，如图 13.2 所示。

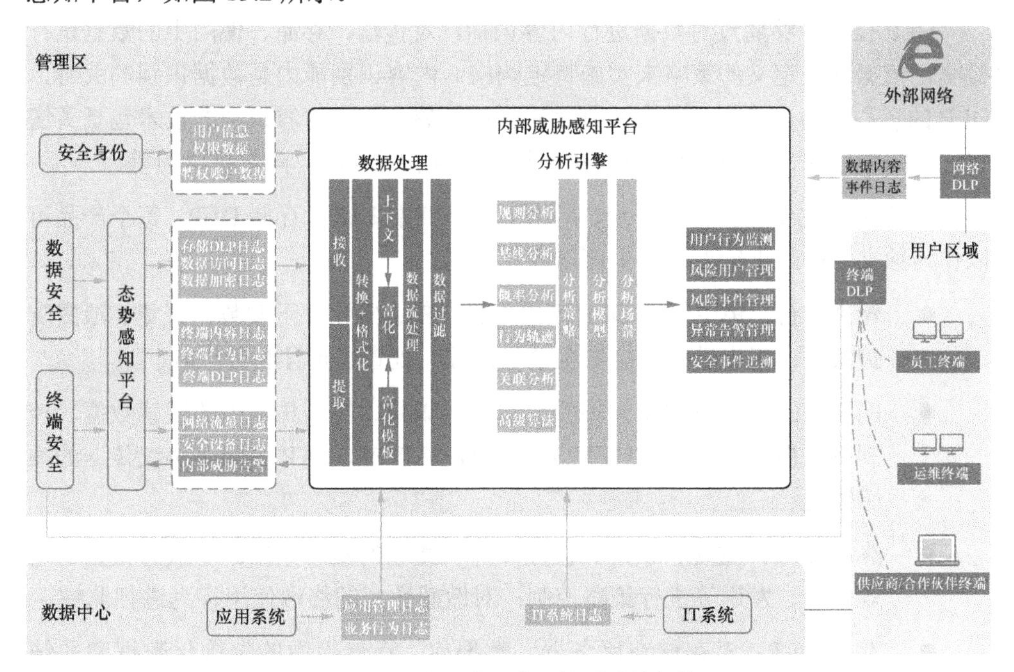

图 13.2　内部威胁防护体系总体架构

13.2.4 关键技术

1. 用户和实体行为分析（UEBA）技术

UBA（用户行为分析）由 Gartner 于 2014 年首次提出并将其定义为一类网络安全工具，用于分析网络空间中的用户行为，并应用高级分析技术来检测异常恶意行为。2015 年，Gartner 将其定义更新，增加了“E”，变为 UEBA（用户和实体行为分析），增加除用户外的实体（如路由器、服务器和端点）的行为分析。UEBA较UBA功能更强大，它可以分析包括用户、IT设备和IP地址等在内的行为，从而实现对复杂攻击行为的检测。

内部威胁和未知威胁是最难捕获的，也是传统安全工具无法检测的，并且可能是最具破坏性的。UEBA作为新型安全技术，用于帮助安全团队识别、响应可能被忽视的内部威胁。它采用业界先进的技术（如机器学习），用于识别、跟踪恶意用户在遍历企业环境时的行为，并通过一系列机器学习算法检测偏离用户规范的操作。

2. 数据泄露防护（DLP）技术

DLP技术能够通过对数据进行内容识别，对传输、存储、使用中的数据进行检测，依据预先定义的策略来实施特定响应。内容识别能力是数据识别的关键，DLP的核心能力就是通过内容识别精确识别敏感数据。内容识别的技术包括关键字、正则表达式、文档指纹、确切数据源（数据库指纹）、向量机学习等。

DLP系统主要包括管理平台、网络DLP、终端DLP、存储DLP。每个产品可以作为独立的产品进行部署，也可以联合部署。

- 管理平台：集中管理DLP产品组件；集中制定、下发数据采集、泄露防护策略；集中进行数据安全事件监控、处置、审计和分析。
- 网络DLP：在网络出口或安全域边界识别、控制传输中的敏感数据，控制或监视通过HTTP/HTTPS、SMTP/SMTPS、FTP等网络协议传送的敏感数据。
- 终端DLP：发现、识别、监控计算机终端的敏感数据；对敏感数据的违规使用、发送等进行策略控制；对敏感数据的终端使用行为进行监控。
- 存储DLP：对存储在服务器、数据库、存储库中的结构化数据和非结构化数据进行扫描，根据策略发现、记录敏感数据，并对违规存储事件报警。

13.2.5 预期效果

内部威胁防控体系建成后，能够通过内部威胁感知平台实现用户行为检测、风险用户管理、风险事件管理、异常告警管理、安全事件追溯等功能。

13.3 内部威胁防护体系建设要点

13.3.1 内部威胁防护体系建设的前置条件

在建设内部威胁防护体系之前，需要企业（或组织）已经完成安全项目的基本建设。在安全数据采集中，需要重点采集安全身份的用户信息、权限数据和特权账号数据。采集态势感知平台中存储的DLP日志、数据访问日志、数据加密日志、终端内容日志、终端行为日志、终端DLP日志、网络流量日志、安全设备日志等信息。因此需要提前建设好相关的身份管理与访问控制平台、系统安全平台、态势感知平台、终端安全防护平台、数据安全管理平台。

在采集安全数据的同时，也会采集应用系统的应用管理日志、业务行为日志、IT系统的IT系统日志等信息，也同样需要对接IT运维管理系统。

13.3.2 网络数据泄露防护系统

除上述安全平台建设外，还需要单独建设网络数据泄露防护（DLP）系统，来保护敏感数据并采集其日志。

网络DLP系统基于内容识别、自然语言处理、机器学习、数字指纹、OCR等技术，对常见数据格式和网络协议进行深度解析。它可以有效识别敏感数据，监控敏感数据的使用情况，防止特定的敏感数据或信息资产以违反安全策略规定的形式流出企业。

网络DLP系统可从网络流量中采集数据内容级别的检测日志和数据泄露事件日志，日志数据可作为一种重要数据源汇总至平台用于执行内部威胁分析。

13.3.3 数据采集

在内部威胁防护体系中，数据是最重要的要素之一，是感知内部威胁的前提，是威胁分析的基础，因此建立完善的数据采集方案，获取高质量的日志数据是构建内部威胁防护体系的重要一环。

- 主体数据

人是内部威胁的主体，内部威胁检测围绕人的行为进行大数据分析，因此需要把人的要素进行系统化的梳理。人的要素中会有个人的属性，如性别、年龄、家庭情况、病史、职位、绩效、考勤和人际关系等，这类数据可作为心理状态评估的原始依据，可从人力系统、考勤系统、办公系统等业务系统中获取。基于海量的数据，可通过统计计算出个体的行为基线，以用于行为风险分析。

- 行为数据

行为数据是内部威胁的客体，通常是各类信息系统。用户的行为数据可从针对信息系统的各种审计日志中获取。有些数据可以从信息系统直接导入，有些则需要从其他安全系统进行采集或者导入。针对用户行为数据的采集和汇总，可使用网络 DLP 采集网络敏感数据日志，从身份安全系统导入人员信息、权限数据、特权账号数据，从态势感知平台导入网络日志数据，从数据安全平台导入数据安全相关日志，从终端安全系统导入终端行为和操作日志，从应用系统和 IT 系统导入应用操作日志和系统日志。

- 数据集

基于全面的日志导入、采集、处理来构建分析数据集，在整个防护体系中同等重要。分析数据集如果基于组织机构自身的日志数据，通常需要通过安全事件取证处置或涉及机密等要素触发，需要长期的数据积累和专家知识总结。分析数据集也可从外部获取，多为安全研究机构的公开数据集。就这两种方式来说，外部数据集获取便捷，但内部数据集则更适配自身的业务场景。因此，通常可以两者相结合，取长补短，从而及时获得高可用的分析数据集。

13.3.4 内部威胁感知平台

内部威胁感知平台基于终端日志、网络日志、应用日志、数据安全日志、系统日志等数据，形成大数据建模分析能力。再利用机器学习、UEBA 等技术，从身份、设备、权限、行为等多个维度分析安全风险，生成告警，及时有效预警内部威胁事件。告警事件可与网络空间态势感知平台同步。

- 数据处理

在内部威胁感知平台中，数据处理模块负责接收或提取各系统的日志数据。数据经过转换和格式化变成分析引擎的可用数据。系统结合上下文信息和内置模板富化数据。数据最终经过流处理模块和过滤模块进入平台的存储和索引单元。

● 分析引擎

分析引擎是内部威胁感知平台的核心。内部威胁检测需要与场景相结合，风险场景是某类异常的集合，往往与业务强相关，需要大量的模型积累和专家知识，并通过场景定义和规则/策略的结合，才能形成适用于业务环境的分析模型组合。

平台根据内部威胁的特征，建立场景化的分析模型，有效应对内部欺诈、权限滥用、数据窃取、意外泄露、系统破坏等多种内部威胁类型。系统需要重点关注高权限用户群体，同时针对特权账户、外包人员、普通员工等不同用户、实体类型建立有针对性的风险分析模型。

有了数据和场景的基础，还需要适当的检测分析方法。分析方法是系统提供的异常检测方法、技术、算法或者能力的统称。在新环境下，分析方法越来越丰富，从基础的规则分析到基线分析、关联分析，再到机器学习、人工智能、社区发现等算法和技术，都可以在内部威胁感知平台中得到应用。这些分析方法可以极大地提高风险分析的效率和准确率。

● 威胁呈现

威胁可视化通过异常人员和威胁事件两个角度进行呈现。异常人员的角度便于监控用户异常访问行为，有利于快速发现异常用户。威胁事件的角度，便于直观快速地获取内部威胁整体态势，评估安全影响，进而进行快速处置。在通过内部威胁感知平台的分析引擎的分析后，可实现用户行为检测、风险用户管理、风险事件管理、异常告警管理、安全事件追溯。

13.3.5 人员管理制度

内部威胁的主体是内部的人，人的管控是内部威胁防护的核心。脱离人这一关键要素的安全防护体系是不完整的，也必定不是一个高效的防护体系。

因此内部威胁防护体系的建设，除完善的技术手段和庞大的经济投入外，还需要建立职责明确的内部威胁安全管理组织，制定完善系统的信息安全管理制度，并在此基础上建立内部人员管理和培训机制。

人员管理制度应包括员工认同、激励机制、心理疏导等，培训内容除安全制度外还应包括风险认知、安全意识、法律意识、价值观文化认同、情绪管理等。通过不断强化的人员管理，减少内部威胁攻击者的潜在动机，从而达到防范内部威胁的目的，也许是一种事半功倍的低成本防护手段。

Chapter 14 

第14章 密码专项

14.1 数字化转型与业务发展的新要求

14.1.1 新技术新业务发展挑战

密码作为保护网络与信息安全的重要手段，在身份识别、安全隔离、信息加密、完整性保护和抗抵赖等方面发挥着不可替代的重要作用。密码分为核心密码、普通密码和商用密码。在商用密码领域，国产密码产业涉及以基础密码设备为主的硬件产品以及以安全信息系统为主的软件产品，并衍生出相关安全运维服务，广泛应用于金融、政务、通信等领域。我国关键信息基础设施建设和各领域信息化、智能化的业务发展，以及《中华人民共和国网络安全法》《中华人民共和国密码法》的颁布实施，对各领域的密码应用提出了新的挑战。

在金融方面，2013年，中国人民银行发布《中国金融集成电路（IC）卡规范》，首次支持SM算法；2014年，中国银联修订发布《中国银联金融IC卡技术规范》，对SM算法提供了支持。自此，金融IC卡开始试点应用SM算法并逐步规模化应用。近年来，金融领域国密改造以及移动支付、区块链等新应用的出现，对密码应用的有效性、可用性和合规性都提出了新的要求。

在工业与物联网方面，业务应用和数据长期以来并未得到有效的保护。密码技术的应用尽管可以有效地实现身份认证和数据加密，但仍需解决低延时、高可靠、低功耗等需求，针对不同行业和领域的工业及物联网密码应用，需要定制化的解决方案。如在视频监控领域，可通过终端接入管理，加强安全认证，保障视频安全传输，免遭人为破坏。在车联网领域，通过建设证书认证系统、授权管理系统、密钥管理系统，可为智能运输系统提供身份鉴别、授权管理、安全传输、数据保护、责任认定和安全管理等安全服务。在工业互联网领域，密码技术可用于加强平台双方的身份认证，防止数据被篡改，实现安全连接、安全执行和安全存储。

在云密码服务方面，云计算技术和产业的发展，以及业务的服务化转型，对传统的密码技术和产品提出新的挑战。如何实现密码能力的虚拟化、资源化、服务化成为密码发展的重要挑战。云密码服务是一种全新的密码功能交付模式，是云计算技术与身份认证、授权访问、传输加密、存储加密等密码技术的深度融合。密码服务提供商按照云计算技术架构的要求整合密码产品、密码使用策略、密码服务接口和服务流程，将密码系统的设计、部署、运维、管理、计费等组合成一种服务，来解决用户的密码应用需求。用户不再“购买”密码硬件或密码系统等密码产品，而是以“租用”的方式使用云中提供的各种密码功能，因此云密码服务也是一种新的商业模式。

新的挑战带来新的需求，同时也催生新的应用模式。随着网络安全与密码技术的不断演进，基于内生安全的密码与网络安全融合发展逐渐成为新的趋势。

14.1.2 基于内生安全的密码与网络安全融合发展

在国家专项支持和应用需求的有力牵引下，我国密码技术和产品供给能力进一步提升，支持商用密码算法的密码产品已达1390多款，其中安全芯片127款。密码产品的检测能力显著提升，信息系统的密码应用安全性评估试点逐步展开，首批10家密评机构已经由国家密码管理局认定，并稳步开展密码应用安全性评估试点工作。密码标准体系建设逐步健全，已发布68项商用密码行业标准；密码标准国际化实现重要突破，祖冲之算法成为3GPP标准，SM2和SM9算法成为ISO国际标准。长期以来，密码应用作为信息安全的关键技术和产品体系发挥着重要作用，但并未与网络安全实现紧密的结合。

随着网络信息技术的发展，传统网络边界消失，安全问题需要建立内生安全机制来解决。密码与信息系统、数据和业务应用紧密结合，是内生安全的基础和重要支撑，密码法的实施也为密码技术的应用和评估提供了法律依据。

14.2 什么是密码专项框架

14.2.1 基本概念

在内生安全的密码专项框架下，密码应用能够满足网络安全产品线对密码应用的需求，密码体系全面对接身份安全，为终端安全、安全网关、数据安全、云安全提供密码模块，为应用安全提供密码中间件，为安全服务提供密评服务能力，为5G、物联网、区块链、数据安全治理等创新应用提供密码应用支撑能力。

14.2.2 设计思想

密码专项旨在大力推动密码在网络安全领域的应用和融合，使密码技术与信息系统、数据和业务应用紧密结合，为内生安全的网络安全系统提供基础支撑。

在架构方面，密码专项向平台化和服务化方向发展，通过密码基础设施平台、密码应用虚拟中台和密码应用管理平台，形成平台化的密码支撑能力，同时实现应用开发密码支撑和密码应用测评，形成整体的密码平台和服务能力，并与信息系统、业务系统及网络安全体系对接。

在技术方面，密码专项本着基础性、系统性、前瞻性的原则，在完善现有应用的基础上，积极发展创新领域的新型密码应用，以适应当前和未来数字化转型与业务发展的需要，重点解决密码技术与设备高性能、高可用性、合规性和国产化替代问题，实现对新型信息基础设施和业务应用的支撑能力。

在应用方面，密码专项通过对信息基础设施的全面覆盖和与业务应用的聚合，提供全面的身份认证、数据加密、传输安全和完整性保护能力与服务，并与网络安全系统实现全面对接。

14.2.3 整体架构

在内生安全框架下，密码应用向平台化和服务化方向发展，企业应通过实施密码专项建立完整的企业级密码体系，如图14.1所示。

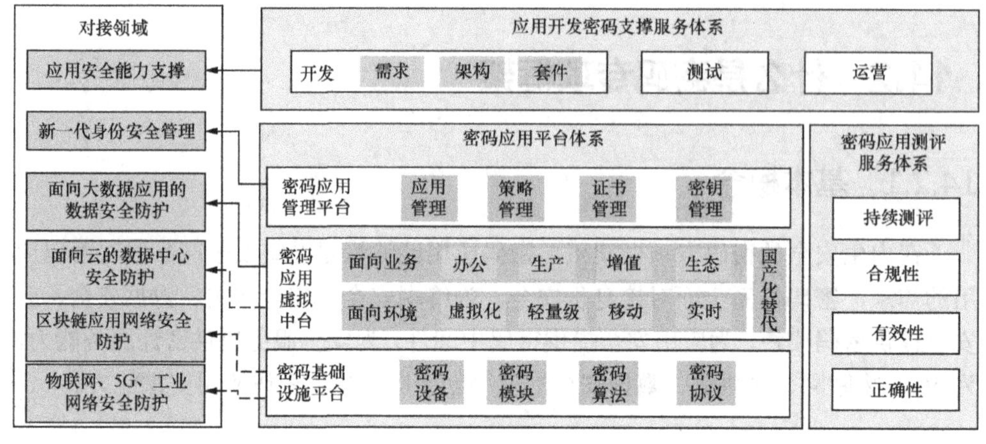

图 14.1　内生安全框架下的密码应用

建设密码基础设施平台，形成对密码算法、协议以及软硬件实现的统一部署和对云安全、工业安全、物联网密码模块的统一支撑，并根据身份安全、数据安全、应用安全等领域的需要进行功能开发和性能优化。

建设密码应用虚拟中台，针对企业办公网和生产网，以及虚拟化、轻量级、低延时等新兴应用场景的需求，开展密码应用适配与国产化替代，为数据安全、身份安全提供密码应用接口。

建设应用开发密码支撑服务体系，为应用开发的密码需求、架构设计和开发过程提供开发套件，并为应用测试与运营提供密码服务支撑。

建设密码应用管理平台，统一管理上述平台与体系，针对密钥、证书、签名等关键元素进行全生命周期的结构化管理。

建设密码应用测评服务体系，对接等保和关键基础设施防护，依据密码法和密码应用测评规范，对密码应用的正确性、有效性和合规性开展持续的测评与改进。

14.2.4　关键技术

与内生安全密码应用架构相对应，重点布局硬件设备、软件模块、密码系统、密码应用、密码支撑、密码测评、应用创新等领域，形成密码应用技术体系化布局，如图 14.2 所示。

密码应用技术体系

应用创新	云密码应用	物联网/5G	区块链	数据安全治理
密码测评	测评工具	测评规范	关基保护	结合等保
密码支撑	身份管理	信息系统安全	大数据安全	应用开发安全
密码应用	身份识别	保密传输	隐私保护	可信认证
密码系统	安全认证	密钥管理	数字证书	签名验签
软件模块	软加密	软可信	密码SDK	手机盾
硬件设备	密码机	加密卡	UKey	密码卡

图 14.2 密码应用技术体系化布局

- 硬件设备

重点布局具有国密资质的加密机、加密卡、可信密码模块、密码卡等硬件产品，满足密钥管理、高性能加解密、可信接入，以及轻量级密码应用的需要，满足标准化、高性能要求，并与密码系统和软件有良好的适配性。

- 软件模块

重点布局具有国密资质的软加密、软可信、密码 SDK、手机盾等软件产品，满足应用透明加解密、桌面及移动设备和物联网终端软件可信环境、虚拟化及分布式平台环境需要，具备定制开发能力，具备面向密码应用环境的高适应性和灵活性。

- 密码系统

重点布局具有国密资质的密码认证系统、密钥管理系统、数字证书系统、签名验签系统等基础密码系统，为网络安全产品和系统提供底层密码支撑。

- 密码应用

重点布局密码技术在身份识别、保密传输、隐私保护、可信认证等领域的应用，与业务相结合，形成统一的网络安全解决方案。

- 密码支撑

重点促进密码技术与身份管理、信息系统安全、大数据安全、应用开发安全等业务的融合，并以密码技术为核心实现网络安全与信息化和业务的融合，形成以密码为核心的内生安全支撑能力。

- 密码测评

重点布局密码应用测评工具开发、密评规范制定、密评与等保，以及与关基保护相结合的综合测评类，实现密码应用测评能力，并对接密码产品测评。

- 应用创新

重点布局密码技术在云密码应用、物联网与 5G、区块链、数据流通等领域的创新应用，并与上述领域的创新网络安全技术相结合，依托密码应用在网络安全创新应用中取得突破。

14.2.5 预期效果

1. 建立基于密码技术的统一身份认证机制

建立以 SM2 算法 PKI 系统为基础的统一认证体系，为企业用户、业务应用和设备提供数字证书的生命周期管理、强身份认证和安全可控访问，并以此为基础为信息网提供完整的数字证书服务、综合认证服务、安全审计服务和集中管理监控服务。

统一身份认证体系的构建，将作为企业信息化网络基础认证设施，不仅可为应用系统提供集中强身份管理认证，还能够为其他需要证书服务的应用和设备（如网络加密模块、SSL VPN、网络密码机等）提供数字证书的生命周期管理，并可依托模块化认证架构，为身份安全及应用安全，以及 5G、工业、物联网等领域的应用奠定基础。

2. 建立面向大数据的数据存储加密机制

数据是驱动网络安全的核心要素，对数据的分析是确保网络安全的主要方法。但随着云计算的普及和业务系统中存储着大量重要和敏感的数据，数据存储的加密成为必选项。因此必须将业务系统中的用户口令、重要数据、重要配置文件、敏感内容等信息进行加密存储，同时采取磁盘加密、分布式加密、文件加密、关键字段加密等灵活的加密方法，并配合高性能的加解密工具，实现数据加密与分析的良好配合。

- 敏感数据的加密保护

应用系统中存在大量的重要信息，可以直接调用企业统一密码服务管理平

台的加解密 API，使用主密钥直接加密或解密其中的敏感数据。也可以使用数字信封对数据进行加密保护，将主密钥存放在统一密码服务管理平台中，只部署加密后的数据密钥。仅在需要使用数据密钥时，才调用统一密码服务管理平台获取数据密钥的明文，以在本地加解密业务数据。

- 口令存储、传输加密保护：

服务器端不允许存储用户的明文口令，客户端一般调用密码服务浏览器插件或 App 端的 SDK，针对口令生成 SM3 摘要，然后通过安全通道传输到服务器端进行存储。

3．建立对用户透明的数据传输安全通道

用户使用浏览器访问应用的时候涉及重要和敏感数据的传输，这就需要对相应的数据进行保护。可以通过在终端用户的电脑上安装国密算法客户端，该客户端在终端与通道加密服务之间建立安全通道，通道加密服务转发数据到应用，实现用户访问的安全传输。通道加密服务除认证服务端口外，每个应用有一个对外服务端口。在终端完成统一密码服务平台的配置后，用户打开浏览器访问地址即可——访问方式和原来相同，没有任何变化。

4．建立可信的日志完整性保护机制

根据等级保护要求，应用系统的操作日志、审计日志、告警日志等关键日志，需要进行完整性保护。企业可以通过调用统一密码服务平台的服务接口针对日志文件或者相关数据库表生成消息认证码（MAC），同时在验证完整性时对权限列表的消息认证码（MAC）进行验证，以确定完整性是否被破坏。

14.3 建设密码专项框架的方法与要点

14.3.1 建设方法

- 密码基础设施平台

对现有的密码模块和设备进行梳理和整合，包括支持国密、美密等不同算法，软件、硬件不同形态，加密、认证等不同功能的模块和设备，从而为云安全、工业安全、物联网对特殊密码模块的需求提供统一支撑。

依据网络安全整体规划和身份安全、数据安全、应用安全对密码支撑能力的要求，在统一框架下对密码基础设施平台进行升级改造，在功能和性能上满足企业的发展需要。

- 密码应用虚拟中台

针对企业信息化业务，包括办公、生产、增值业务和产业生态的密码应用需求，统一开展密码应用中间件的开发、适配和升级改造。

针对云、5G、物联网等新兴应用环境，适配满足虚拟化、移动性、低功耗、低延时等新兴应用环境要求的新型密码机制。

针对身份安全、数据安全领域的密码应用进行适配，实现密码算法的国产化替代，对通信协议的密码应用进行国产化改造。

- 应用开发密码支撑服务

对接应用安全领域，在应用开发的需求确定、架构管控、编码开发、测试评估等环节，提供密码应用需求分析、架构设计、开发套件和测试工具。

在应用上线运行阶段，为应用运行的监测、维护和远程管理提供必要的密码服务支撑。

- 密码应用管理平台

建设统一密码应用管理平台，对密码基础设施平台、密码应用虚拟中台、应用开发密码支撑服务体系以及密码应用测评服务体系进行统一管理。

针对密钥、证书、签名、签章等关键元素的全生命周期，包括生成、存储、分发、导入、导出、使用、备份、恢复、归档、销毁等，实现申请、分发、更新、撤销和恢复等管理和服务。

针对密钥、证书等关键元素实施分类、分级的结构化管理，包括对称密钥、非对称密钥，以及有证书和无证书的在线和离线管理，在必要的情况下采取分级管理的方式，建立分布式密钥管理系统。

- 密码应用测评服务体系

对密码应用的正确性、有效性开展持续评估，确保密码算法、协议、密钥管理、密码产品和服务使用正确、设计合理，在系统运行过程中能够发挥密码效用。

对密码应用的合规性开展持续评估，对接等保和关键基础设施防护要求，符合法律、法规及国标、行标，密码产品和模块通过密码管理部门核准，密码服务通过密码管理部门许可。

依据密码应用测评的结果，对现有密码应用体系进行持续改进和升级。

14.3.2 建设要点

- 开发关键技术以适配新应用

开发云密码服务、轻量级密码、国产化替代、高性能密码硬件、全业务密码应用等技术，适配以云、大、物、移、智为代表的数字化转型与业务发展的新要求。

- 建设三个平台和两个体系

建设密码基础设施平台、密码应用虚拟中台、密码应用管理平台三个平台，以及应用开发密码支撑服务体系、密码应用测评服务体系两个体系。

- 对接网络安全系统

对接身份管理与访问控制平台、多因素认证系统、云平台管理系统、数据安全管理与风险分析平台、终端安全防护平台、云安全管理平台、工业安全态势感知平台等系统。

- 覆盖信息基础设施

全面覆盖网络（企业办公网、生产网、物联网、工业网、有线网、无线网）、计算环境（固定终端、移动终端、计算服务器、存储服务器、私有云、公有云）、数据（数据存储、数据传输、数据共享、隐私保护）和应用（应用开发、应用测试、应用运行）等信息基础设施。

- 实现与业务聚合

实现与基础设施（采购、集成、升级）、中间件（开发、适配）、业务应用（开发、测试、运营）、统一管理（流程、可视化）、安全测评（密评与等保结合）等IT 业务的聚合。

Chapter 15

第15章 实战化安全运行能力建设

15.1 通过安全运行回归安全本质

15.1.1 安全运行在业务发展中面临的挑战

随着信息化和生产力建设的发展，政企机构的业务架构、信息系统架构与技术架构逐渐体系化与完备化。与此同时，信息化资产的体量也愈加庞大，业务变更与互联互通关系也愈加复杂，这给安全运行保障建设提出了若干挑战。

- 安全运行基础事务繁重

在生产业务中，以人员为主线的身份、凭证、权限管理，是业务逻辑安全运行的基础。在信息化系统中，以资产为主线的资产、配置、漏洞、补丁管理，是信息化资产安全运行的基础。这两类安全运行事务需要投入可观的人力和物力来满足基础的安全保障需求。在对安全产品与工具提出更高可运行要求的同时，也对安全运行团队的工作承载能力提出了挑战。

- 安全运行技术职责广泛

除基础安全运行事务外，在纵深防御领域，以信息化系统与安全产品的安全策略、访问策略为主线的策略生命周期管理事务，来确保策略与威胁控制、风险控制等需求持续匹配；在积极防御领域，以威胁猎杀、风险评估为主线的安全事件响应处置事务，确保快速发现安全缺陷，并依据标准流程完成处置动作；在威胁情报领域，以情报应用为主线的本地威胁档案化管理事务，持续追踪与归档内部已攻破的高级威胁特征，以及可被攻破的风险特征。彻底完善纵深防御策略、积极防御流程，并为威胁猎杀训练与对抗案例培训提供数据素材，以提升安全对抗水平。

以上在纵深防御、积极防御与威胁情报领域的安全运行保障事务，对安全运行团队的技术职责有各不相同的要求，对安全运行团队的组织建设规划提出了挑战。

- 安全运行组织建设滞后

业务架构的演变会直接驱动生产业务团队的组织结构进行迭代。管理者着手设计新的生产业务岗位，负责新的业务系统，执行新的业务流程。如果不能及时在组织治理层面与生产业务团队的组织结构层面进行集成，在已有的安全运行事务中，安全运行团队与生产业务团队的职责划分与协同配合会受到影响，最终影响安全保障水平的表现。由于并非由生产业务直接驱动，安全运行团队的组织建设相对滞后，需要及时调整自身的组织编制与规模，来满足生产业务新的安全运行需求。这对安全运行团队的组织建设执行提出了挑战。

- 安全运行的质量控制迎来新挑战

统一的组织治理是生产业务与安全运行质量控制的基础，细致的安全运行流程与安全操作规程是安全运行质量控制的核心。安全运行流程的细致程度决定了组织间协同配合与信息传递的质量，安全操作规程的细致程度决定了安全运行团队是否能够在特定情况下做出符合预设的安全决策，采取恰当的安全措施，以在预期时间完成安全保障事务。安全运行质量向流程、规程的细致程度提出了挑战。

15.1.2 安全运行与安全运维、运营

“安全运行”并不是当下的热词或新概念。相反，在政企中，不论是生产业务还是安全业务，业务相关的运行体系建设是一系列最基础、最庞杂、最具体的事务的集合。同时，运行体系建设也是实现企业架构愿景最核心、最重要的事务的集合。虽然新的信息系统方案、技术方案是支撑业务发展的关键条件，但是“可运行性”是实现业务发展的必备条件，“运行保障水平”是评价业务成熟度的关键评价体系。

相对于安全运行，安全运维与安全运营是出现更多的两个词汇。安全运维与安全运营均属于安全运行的一部分。安全运维着重于运行体系的流程、规程方案的建设，通过一系列操作步骤与规范、保障预案，实现安全运行过程的质量控制。安全运营着重于运行体系的评价、决策方案的建设，通过运行过程记录、数据采集与指标设计，实现安全运行水平的评价，并促成安全运行决策。

因此，优秀的安全运行保障水平必定需要做好安全运维与安全运营的相关工作，但做好安全运行所需考虑的关键要素并不局限于此。安全运行与生产运行同属于一个概念维度，而生产运行体系的建设归属于企业架构中的业务架构部分，所以为了更好地为企业架构服务，安全运行还需要梳理与企业架构的关系。

15.1.3 安全运行与企业架构

图15.1所示为TOGAF 9.2中定义的企业架构的内容元模型。企业架构的愿景与需求是通过业务架构、信息系统架构与技术架构三个架构体系来支撑的。为了更加稳定、可靠地支撑企业架构的愿景与需求，需要在这三个架构体系上进行安全架构的对等设计。这也是“十大工程、五大任务”中工程建设、体系建设的立足点。

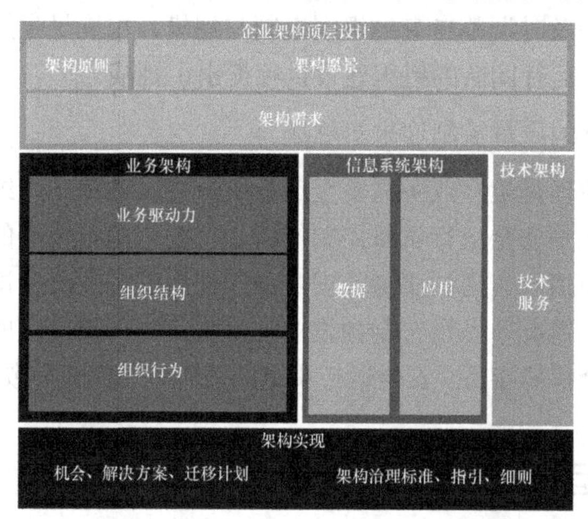

图15.1 TOGAF 9.2中定义的企业架构的内容元模型

“十大工程”中的各个建设内容是以政企信息系统架构、技术架构为基础衍生出安全架构的工程建设解决方案。它通过识别系统架构、技术架构在应用层、逻辑层、物理层的被保护对象，推动安全架构进行对等设计。并通过工程建设的有序推进，完成安全架构与信息系统架构、技术架构的逐步集成，实现工程建设的目标。最终政企的信息系统架构、技术架构作为工程建设的直接受益对象，在工程设计与实现层面更加安全可靠。

而“实战化安全运行能力建设”则是以业务架构为基础衍生出安全架构的组织体系建设解决方案。它通过识别业务架构中支撑“生产运行”的业务驱动力、组织构成和组织行为，并以此为基础推动支撑“安全运行”组织建设的对等设计。

通过组织治理层面的集成工作，实现支撑"安全运行"的组织能力建设，实现支撑实战化的安全服务资源，从而整合"十大工程"的建设投入，以及全面服务化工程建设与体系建设的投入，最终把"十大工程、五大任务"相关的安全能力参数承诺转化为实战化的安全保障水平承诺。

15.2 什么是实战化安全运行能力

15.2.1 基本概念

"实战化安全运行能力建设"是以业务架构为基础衍生出安全架构的组织体系建设解决方案。它通过识别业务架构中支撑"生产运行"的业务驱动力、组织构成和组织行为，并以此为基础推动支撑"安全运行"组织建设的对等设计。

15.2.2 设计思想

通过识别企业架构中的业务架构的业务驱动力、组织结构与组织行为（见图 15.2），"实战化安全运行能力"分别在这三个层面完成与业务架构的集成。依托于统一的组织治理体系，实现"生产运行"与"安全运行"的同步运行。配合"十大工程"安全建设项目在信息系统架构、技术架构的集成，最终形成实战化的安全架构。

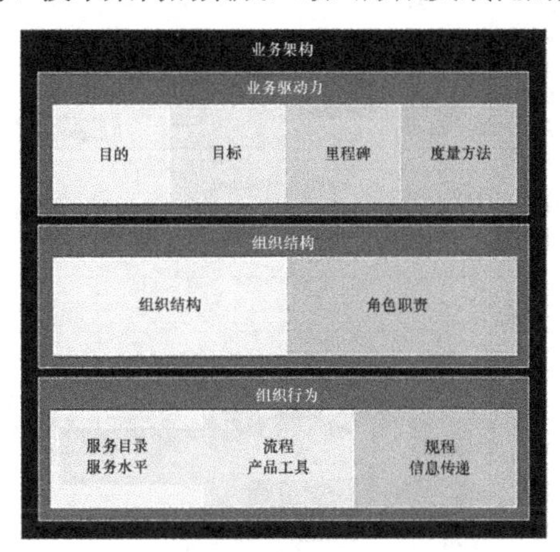

图 15.2 TOGAF 9.2 中企业架构内容元模型中的业务架构部分

15.2.3 总体架构

"实战化安全运行能力"集成于业务架构中，因此安全运行的业务驱动力、组织结构和组织行为方面的架构设计是必不可少的。图 15.3 所示为实战化安全运行的整体架构图。

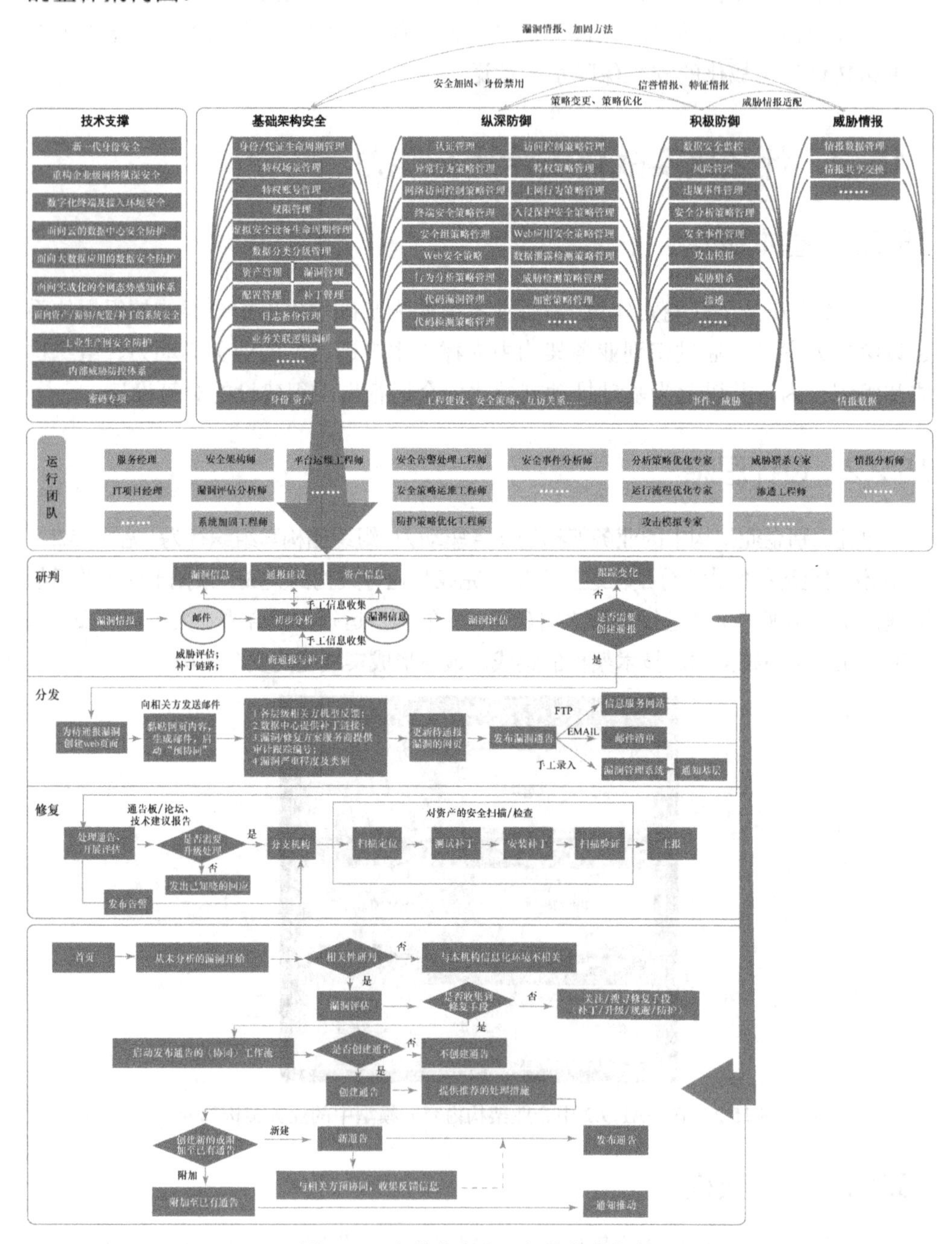

图 15.3 实战化安全运行的整体架构

1. 业务驱动力层面

在业务驱动力层面，安全运行的实战化体现在如下4个领域。

- 在“基础架构安全”领域，以人员为主线的身份、凭证、权限管理，和以资产为主线的资产、配置、漏洞、补丁管理是安全运行的基础。这涉及身份/凭证生命周期管理、特权场景管理、特权账号管理、虚拟安全设备生命周期管理、数据分类分级管理、资产管理、漏洞管理、配置管理、补丁管理、日志备份管理、业务关联逻辑调研等工作。
- 在“纵深防御”领域，以安全策略和访问关系为主线的纵深防御安全策略管理是安全运行的保证。这涉及认证管理、异常行为策略管理、网络访问控制策略管理、终端安全策略管理、安全组策略管理、Web安全管理、行为分析策略管理、代码漏洞管理、代码检测策略管理、访问控制策略管理、特权策略管理、上网行为策略管理、入侵防护安全策略管理、Web应用安全策略管理、数据泄露检测策略管理、威胁检测策略管理、加密策略管理等工作。
- 在“积极防御”领域，通过以安全事件响应处置为主的威胁监控、威胁猎杀、关联分析、风险评估、策略优化、缓解加固来提升安全防护与风险控制水平。这涉及数据安全监控、风险管理、违规事件管理、安全分析策略管理、安全事件管理、攻击模拟、威胁猎杀、渗透等工作。
- 在“威胁情报”领域，通过以情报数据应用为主的本地威胁特征采集、可攻破风险情报采集、本地情报档案化、对抗案例培训、威胁猎杀训练来提升威胁对抗水平。

2. 组织结构层面

在组织结构层面，需要定义安全运行团队的组织结构和角色职责，并体现出组织单元、角色单元在能力上的具体表现与需求。由于安全运行集成于业务架构，所以“生产运行”业务中定义的角色职责，同样会参与到“安全运行”组织结构中，形成“安全运行虚拟工作组”。合理的组织结构设计，能够在覆盖并安全保障各个分管领域的同时，使“生产运行”与“安全运行”业务团队高效配合，有效支撑“安全运行”在业务驱动力层面定义的四个领域的实战化要点。

3. 组织行为层面

在组织行为层面，需要定义出安全团队所遵循的安全运行流程和安全操作规程（图 15.3 中模拟了研判、分发、修复等环节的流程），使流程中每个环节有清晰的工作内容和工作步骤的定义，并在“安全运行虚拟工作组”中有明确的职责划分。合理的组织行为设计，有清晰的安全运行服务目录以及服务水平承诺，在安全运行流程上能体现出清晰的信息传递与价值传递的过程，形成流程闭环以实现安全保障目标，在安全操作规程上有清晰的操作步骤描述与机械化决策方法，形成安全运行预案，提升安全运行质量的控制水平。

15.2.4 预期成效

安全运行在业务架构中的集成实现能够促成“十大工程”建设成果的服务化，把“十大工程”建设的安全能力参数承诺转化为具体的安全保障水平，最终达成实战化的效果。

15.3 实战化安全运行能力建设要点

15.3.1 安全运行能力建设的内容元模型

“实战化安全运行能力建设”属于组织体系建设的内容，需要与业务架构在组织治理层面进行集成，同时与“十大工程”集成后的信息系统架构、技术架构配合，最终为企业架构的愿景、目标服务。因此在清楚了解“实战化安全运行”所服务的“终端客户”后，实战化安全运行能力建设的首个要点是需要采用企业架构的运行视图，识别实战化安全运行的建设要点。

图 15.4 所示为 TOGAF 9.2 中定义的运行视角下的企业架构的内容元模型。在运行视角下，政企机构对外提供的各类业务和服务均是由组织治理过程来支撑的。有若干对象参与了企业架构的运行过程，这些对象在“实战化安全运行”的总体架构中也有不同程度的体现，与“业务架构”也十分契合。

为了便于建设要点的理解，我们对参与企业架构运行的对象进行进一步抽象。实体中的“角色”和“职责”可以抽象为在协同管理方面的建设要点。“技能”和“流程”可以抽象为在技术工作方面的建设要点。“业务能力”“信息流（价值流）”“操作规程”可以抽象为在保障方案方面的建设要点。“协同管理”“技术工作”和“保障方案”是实战化企业架构运行的建设要点，这同样也是实战化生产运行、实战化安全运行的建设要点。

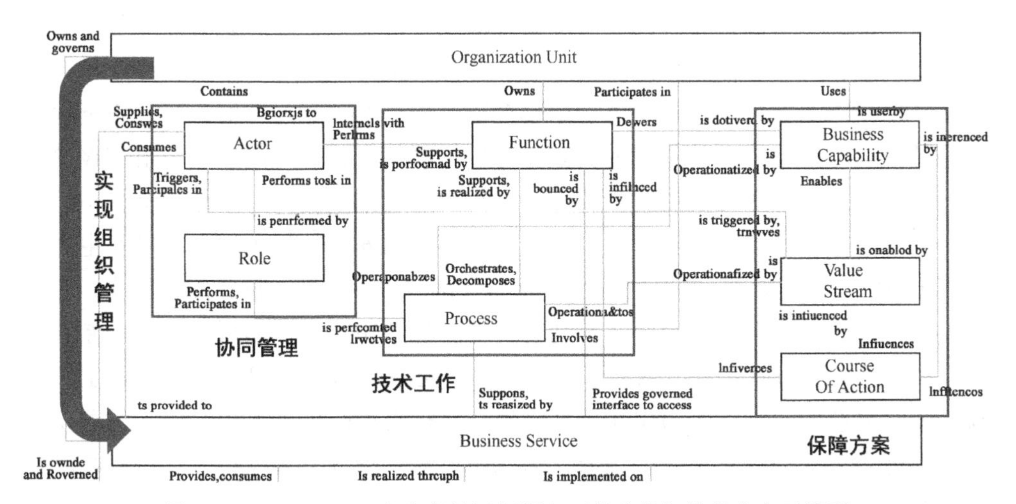

图 15.4 TOGAF 9.2 中定义的运行视角下的企业架构的内容元模型

以此为基础，再结合安全运行业务驱动力在“基础架构安全”“纵深防御”“积极防御”“威胁情报”四个安全运行保障领域的定义，可以更加详细地解读实战化安全运行能力的建设要点。

15.3.2 “基础架构安全”领域建设要点

在“基础架构安全”领域，主要工作在于基础“框架设计”。这包括设计“安全运行虚拟工作组”框架来启动组织治理层面集成实现组织间的协同配合，设计“安全域划分”框架来明确安全运行保障责任归属的划分，设计“设备资产管理”“信息化系统管理”“业务应用管理”“身份与权限管理”“密钥管理”框架来明确它们在生命周期的各个阶段以及是否安全标准和运行原则，设计“供应链管理”框架来明确供应商与外包服务的管理原则。最终落实“安全管理制度”和“安全管理办法”，明确安全运行中各组织的权责，以及基础架构层面的运行所需的支撑流程。

1. “基础架构安全”领域的“协同管理”要点

“基础架构安全”领域中的“协同管理”建设要点，需要关注“安全运行虚拟工作组”的框架设计与需求澄清，并得到决策者的支持，从而推动组织治理层面更好地集成与配合。“安全运行虚拟工作组”通常由领导小组、专家小组，以及执行小组三部分组成。领导小组由信息化安全总负责人，以及各生产业务线的负责人构成。他们负责监督各小组职责的履行情况，协调冲突，并负责与外部监管部门保持沟通。专家小组由信息安全主管、各生产业务线主管、分析监控专家，以及安全运维专家组成。他们负责制定安全运行相关的计划与方案，监督安全运行工作的执行，对安全事件进行解决方案与优先级的研判，并向领导小组汇报安全运行工作进展与计划，指导分析监控小组与安全运维小组开展工作。执行小组包括分析监控小组和安全运维小组，分析监控小组由安全分析工程师，以及生产业务线 IT 接口人组成，负责对突发性安全事件进行关联分析，进行威胁核实，追踪威胁来源，评估业务影响范围，罗列威胁缓解与解决方案，然后上报综合专家小组。安全运维小组由安全运维工程师以及生产业务线 IT 接口人组成，负责生产系统与安全系统的日常维护与生命周期管理，执行与控制安全变更。由于信息安全主管可能有多人并分管不同的领域，因此相对独立的分管领域和分支机构可以建立平行小组。

2. “基础架构安全”领域的“技术工作”要点

“基础架构安全”领域的“技术工作”建设要点，需要关注各类框架在设计完毕后，能够落地执行并持续更新。这包括在设计“安全域划分”框架后，通过安全运行相关工作来梳理 IP 地址规划，依据安全域严格划分子网，使用白名单策略来控制跨安全域间的通信，并通过建立网络 ACL 的管理制度与申请流程来持续维护“安全域划分”框架的有效性；还包括在明确设备资产、信息化系统、业务应用、身份凭证和密钥的“生命周期管理”框架后，通过安全运行相关工作，完成生命周期中的安全初始化工作、变更安全测试工作、纳管与许可维护工作、运行状况监控工作、临时特权与例外维护工作，以及最终吊销回收工作，以持续维护“生命周期管理”框架的有效性。为了避免框架的有效性被持续挑战，需要通过相关安全管理制度来明确组织上的责任范围与责任归属，通过安全管理办法来明确场景下的行为准则与支撑流程，最终通过安全运行流程与规程的落地，使“基础架构安全”中的技术工作得到有效执行。

3. “基础架构安全”领域的“保障方案”要点

“基础架构安全”领域的“保障方案”建设要点，需要关注的是通过网络边界设备的策略梳理以及网络边界流量的采集分析来持续保障安全域的有效隔离，通过系统监控与网络扫描持续监管资产纳管与许可管理的执行，通过互联网探测服务进行攻击者视角的资产盘点，通过可控的模拟攻击来检测员工安全管理制度的学习质量与安全意识。通过以上方面安全运行保障方案的探索与实践，持续确保安全运行在“基础架构安全”领域是实战化的。

15.3.3 “纵深防御”领域建设要点

在“纵深防御”领域，主要工作包括安全运行的“流程规程”与“安全规范”的落地。“流程规程”工作围绕工程项目中的安全系统与安全平台的建设，将常态化运行事务的流程与规程落地，制定安全更新方案、策略维护方案、故障排除方案，以及数据统计方案。“安全规范”工作包括制定安全保障团队建设方案，以及人员技术能力规范，还包括制定策略配置规范、评价指标规范、安全决策规范。确保通过安全运行活动将静态的安全产品构筑成为存在纵深防御的动态安全防护体系。

1. “纵深防御”领域的“协同管理”要点

“纵深防御”领域中的“协同管理”建设要点，需要关注安全运行团队建设方案，以及人员技术能力规范的需求澄清，并得到决策者的支持。需要根据当前纵深防御部署情况，澄清安全运行团队中的人员规模需求、能力需求，以及相应的获取与培养方案。需要随着生产业务、安全业务的发展，提升安全运行成熟度的需求，更新团队建设方案，以及人员技术能力规范。

2. “纵深防御”领域的“技术工作”要点

“纵深防御”领域中的“技术工作”建设要点，需要关注安全纵深中各领域的策略配置规范（包括默认安全配置方案），以及不同业务环境、不同业务级别下的策略配置建议。这包括但不限于访问控制策略、异常行为策略、特权策略、网络访问控制策略、上网行为策略、终端安全策略、入侵安全防护策略、安全组策略、Web 应用安全策略、数据泄露检测策略等。除此之外，需要制定以上纵深领域的常态化安全运行方案，包括：计划性完善部署，以识别盲区与推动安全部署；计划性更新，以推动更新测试与更新推广；计划性策略维护，以维护临时策略、例外策略、特权策略；计划性故障排查，以检查功能与性能异常；计划性数据统计，以统计安全运行成果。为了能够通过评价安全运行保障水平来促成安全决策，我们还需要关注用于制定各安全领域的指标监控与安全决策的规范，包括数据指标设计与参数配置，以及数据指标范围所对应的安全决策。最终通过安全运行流程与规程的落地，使“纵深防御”中的技术工作得到有效执行。

3. “纵深防御”领域的“保障方案”要点

“纵深防御”领域中的“保障方案”建设要点，需要关注以项目的方式推动安全运行流程与规程的迭代。以威胁分析能力识别安全运行保障所存在的缺陷，以跨领域的威胁缓解措施进行安全事件应急响应。通过以上方面的安全运行保障方案的探索与实践，持续确保安全运行在“纵深防御”领域是实战化的。

15.3.4 “积极防御”领域建设要点

在“积极防御”领域，主要工作包括安全运行的“威胁应对”与“风险应对”相关的工作。“威胁应对”工作包括制定常态化的安全监控事务来提升威胁响应速度。制定突发性安全事务预案，以对威胁类型与严重等级执行既定的解决措施与缓解措施。落地跨组织的威胁响应协同流程，使威胁核实、溯源分析、响应处置过程更加全面彻底。制定关联分析与产品联动方案，实现跨防御纵深的威胁线索有明确定义且做到有效共享。“风险应对”工作包括与安全配置符合性相关的评估加固方案维护、计划维护，以及系统与员工行为基线的采集与建立、监控与维护。确保通过安全运行达成更高效、更敏感的威胁控制与风险控制。

1. “积极防御”领域的“协同管理”要点

“积极防御”领域中的“协同管理”建设要点，需要制定突发安全事件的应急响应预案，这包括明确突发安全事件的类型、事件等级与 SLA（服务等级协议）。明确组织在事件中的职责与工作流程、可以提供的技术支持，以及期望得到的技术支持。最终通过既定运行方案实现突发事件的协同处置。除此之外，还需要制定跨安全纵深的通用威胁检测响应技术工作流程，统一威胁核实、追溯来源、评估影响、灰度处置、持续遏制 5 个阶段的定义。在管理上，实现跨安全产品在威胁响应阶段上的概念统一和技术思路的统一。最后，还需要制定跨安全纵深的威胁线索共享机制，通过威胁线索共享，触发相关团队的威胁响应技术工作流程。通过跨团队的关联分析、协同研判，更好地保证暴露威胁特征，实现更高质量的威胁响应效率，以及防护措施部署。

2. “积极防御”领域的“技术工作”要点

“积极防御”领域中的“技术工作”建设要点，在威胁应对方面，需要关注特定安全产品的常态化威胁检测响应工作清单，定义该产品有效威胁的监控能力，以及威胁线索获取来源。在执行方面，设计具体的操作流程与规程，来覆盖具体安全事件类型。除此之外，还需要关注跨安全产品的关联分析、协同研判工作方案，包括围绕网络五元组、身份凭证、文件样本方面的威胁线索共享，设计具体操作流程与规程，来覆盖具体联动的场景。在风险应对方面，需要关注维护安全风险评估标准、加固计划与加固实施方案，确保采用的风险评估方案采纳了最新漏洞情报、厂商指南，以及合规政策的建议。最后，还需要关注安全行为基线分析，包括采集安全行为数据、设计系统与员工行为基线、使用与维护基线，以发现早期安全风险。最终通过安全运行流程与规程的落地，使"积极防御"中的技术工作得到有效执行。

3."积极防御"领域的"保障方案"要点

"积极防御"领域中的"保障方案"建设要点，需要关注关键信息系统在行为基线应用上的优势。关键信息系统对安全威胁的容忍度低，而威胁检测类安全产品不能满足安全保障需求。所以，需要为关键信息系统应用对安全风险更加敏感的解决方案。由于关键信息系统的业务变更周期长，行为稳定，因此可以以一段时间内的系统行为为基础建立行为基线。在威胁被检测到之前，相关威胁行为会隐藏在业务行为中，还会导致行为基线偏离，因此能够更早地介入，核实威胁，控制风险。具备行为采集能力的安全产品可以从各个业务关系的角度，为关键信息系统设计与应用带有基线监控功能的保障方案。

15.3.5 "威胁情报"领域建设要点

在"威胁情报"领域，主要工作包括安全运行的"威胁采集"与"风险采集"相关工作。在"威胁采集"工作中，包括本地情报的档案化管理、实现威胁新特征的持续监控与采集、安全策略的持续更新，以及围绕威胁档案开展威胁狩猎培训。除此之外，高阶情报运营相关的情报采集的规则与模型维护，配合机器学习、数据挖掘等技术领域的支撑，以及安全运行团队的支撑，可以实现威胁情报的生成工作。

1."威胁情报"领域的"协同管理"要点

"威胁情报"领域中的"协同管理"建设要点，在威胁采集方面，需要关注本地化的威胁档案管理机制，包括通过统一的威胁情报平台维护本地已发生威胁的情报特征，并形成档案；通过各团队围绕威胁档案的持续监控，补充行为与 IOC 特征，以维护档案。最终围绕威胁档案所配置的安全策略，建立引用关系，完善策略配置，并应用档案。在风险采集方面，需要制定有计划的渗透测试活动，以及后续整改计划，包括针对生产业务设计渗透测试方案，收集可被攻破的风险情报，同时以项目的方式推动渗透测试与整改的执行，形成闭环。

2.“威胁情报”领域的“技术工作”要点

“威胁情报”领域中的“技术工作”建设要点，需要关注通过云端情报收录的已知威胁，以协助威胁检测，完善安全策略。这包括关注各领域的安全产品，通过它们的安全运行实现情报驱动威胁检测，以及关注跨领域的安全产品，基于它们的威胁检测结果，完善纵深防御的安全策略。除此之外，还需要通过情报运营能力，完善新型威胁的情报采集，包括通过机器学习、人工智能、数据挖掘等技术领域的支撑，完成情报素材数据的清洗、整合与初筛。通过监控规则、行为分析模型完成新型威胁的特征情报采集工作。最终通过安全运行流程与规程的落地，使“威胁情报”中的技术工作得到有效执行。

3.“威胁情报”领域的“保障方案”要点

“威胁情报”领域中的“保障方案”建设要点，需要关注围绕本地化威胁档案的威胁狩猎培训方案。在安全运行过程中，并不是所有的团队成员都能经历各类安全威胁的对抗过程，所以需要一个围绕威胁情报的模拟狩猎方案，对更多的安全运行团队成员进行技能培训。这包括将本地化的威胁档案，以及产品采集到的历史威胁行为数据作为培训资料。在威胁狩猎训练中，将威胁档案的局部内容作为初始条件，展开跨时间、跨安全纵深的威胁狩猎，逐步还原完整的威胁档案，以及完成威胁检测响应相关的技术工作过程，提升团队威胁狩猎技能，实现培训目的。通过培训能够完善跨团队的应急响应预案和各产品技术的工作流程，以及威胁线索共享的落地。

Chapter 16 

第16章 安全人员能力支撑

16.1 数字化转型与业务发展的新要求

16.1.1 人在网络安全中的重要性越来越高

2020 年，安全界顶级盛会 RSAC 的主题是 Human Element（人的因素），强调了人在网络安全中的重要性越来越高。2008 年，美国发布的《国家网络安全综合计划（CNCI）》中提到，“美国政府已花费数十亿美元用于网络空间安全技术，但是决定成败的是运用这些技术的人是否具备充足的知识、技能和能力。然而，当前联邦政府或私营领域均没有足够的网络安全专家来落实 CNCI 计划”。CNCI 计划的第八项计划“扩大网络教育”，明确了美国国家网络安全人才培养的战略定位，成为美国国家网络安全人才政策发展中的重要里程碑。

网络攻防是一场人与人的对抗。隐藏在各种网络攻击行为后面的从来都是人——是拥有网络攻击能力、渗透能力的黑客，利用各种攻击工具、创新方法，对目标网络进行渗透和攻击。想仅仅依靠安全设备和产品实现对信息系统和数据资产的保护，这并不现实。只有将具备网络安全能力的人员或团队与先进的产品技术、完善的制度流程相互配合，才能达到最佳的防护效果。

16.1.2 为什么需要安全人员能力

众所周知，人员、技术、流程是一个组织能够高效完成一项任务的三个关键要素。不同的领域，任务复杂程度不同，人员、技术、流程三者所占的比重也不尽相同。在相对传统、成熟的领域，产品技术比较成熟，流程也比较规范，对人员的数量和能力要求会比较低。而在新兴领域，产品技术更新快速，流程制度不断完善，对人员或团队的要求就相对较高。在网络安全领域，由于其天然的对抗性和威胁来源的复杂性，因此对人员或团队的依赖和能力要求会更高。

随着网络安全进入内生安全时代，网络安全行业对人员的要求越来越高。内生安全归根结底还是要靠人的聚合，既要保证 IT 建设运维与安全防护的职责融合，又要实现 IT 技能与安全技能的融合。以某个大型实网攻防演习为例，需要汇聚组织方、攻击方和防守方三支队伍，才能完成对系统安全性和运行保障有效性的检验。防守方一般由系统运营单位、攻防专家、安全厂商、软件开发商、网络运维团队、云提供商等多方人员聚合组成。

另外，由于网络的联通性，网络攻击常常不受时间、地点限制，攻击瞄准的对象不仅包括各种信息系统，也包括企业中的人员，比如企业自身员工、外包服务团队、合作供应商人员等，甚至是这些人的家人、朋友。所有这些人员的安全意识水平也决定了企业安全水平的高低。

综上所述，企业与组织在建设自身安全体系时，应提前进行安全人才储备，将 IT 人才和安全人才聚合起来，全面提升安全人员能力，以此作为后续安全发展的根基。

16.2 什么是安全人员能力

16.2.1 基本概念

企业网络安全人员能力是指为保护企业的信息系统及其数据资产所需的企业所有人员的整体网络安全软能力的总称。

安全人员能力包含企业安全管理人员的安全规划和管理能力、安全运行团队人员的技术能力，还包含企业全员的安全意识。

16.2.2 设计思想

对于数字化程度越来越高的现代企业来说，如果不能持续保持稳定的安全人员能力，则后果非常严重。企业安全人员能力建设应从网络安全的组织能力和人员能力两个方面开展。

合理的安全组织机构设置和明确的安全岗位职责是保障企业安全人员能力可切实落地的重要措施。仅靠几位专家或几次培训，安全能力无法形成并稳定运行；仅靠 IT 部门负责人或“安全部门”负责人，也难以推动安全能力的有效落地。这都是因为缺少组织保障和岗位职责规范。

另一方面，随着业务的发展，技术在不断更新升级，外部环境也在不断变化。在这种背景下，可持续运行的实战化、场景化的实训机制（实训平台、实训靶场），是安全人员能力能够适应变化、不断成长的必要保障。

还需要提及的是，除安全人员组织能力和人员能力外，企业全员的网络安全意识也很重要。因为与企业信息系统相关的每个人都可能成为被攻击渗透的目标，这包括从事企业业务运行、企业管理的各类人员，以及服务外包人员、供应商人员等。企业的安全运行团队或安全管理团队一般缺乏足够的号召力去驱动企业的这些人员，所以企业的全员网络安全意识教育应该是“一把手”工程，应该由 CIO 或 CSO 负责，才能落地见效。由于涉及的人员都是各个部门的业务人员，实施过程需要场景化、实战化。

16.2.3 总体架构

安全人员能力的总体架构如图 16.1 所示。

1. 网络安全团队设计

根据企业信息化系统的建设以及网络安全策略和规划来设计网络安全团队，包括组织结构、汇报关系、成员构成、岗位设置、职级划分、岗位职责、薪酬体系等内容。

2. 网络安全岗位能力模型

基于网络安全岗位职责，结合安全运行工作要求，参考网络安全人才框架能力模型，制定企业自身的网络安全岗位能力模型，明确不同岗位类别对应的专业领域、工作角色、工作任务，以及所需的知识、技能和能力（KSA）。

3. 网络安全实训课程

根据不同网络安全岗位的能力要求，开发网络安全实训课程体系。针对不同的岗位类别，结合实际的安全运行场景和网络攻防案例，进行安全管理、安全运行、安全开发、风险评估、渗透测试等安全课程培训，确保企业网络安全团队具备实战化的网络安全运行能力。

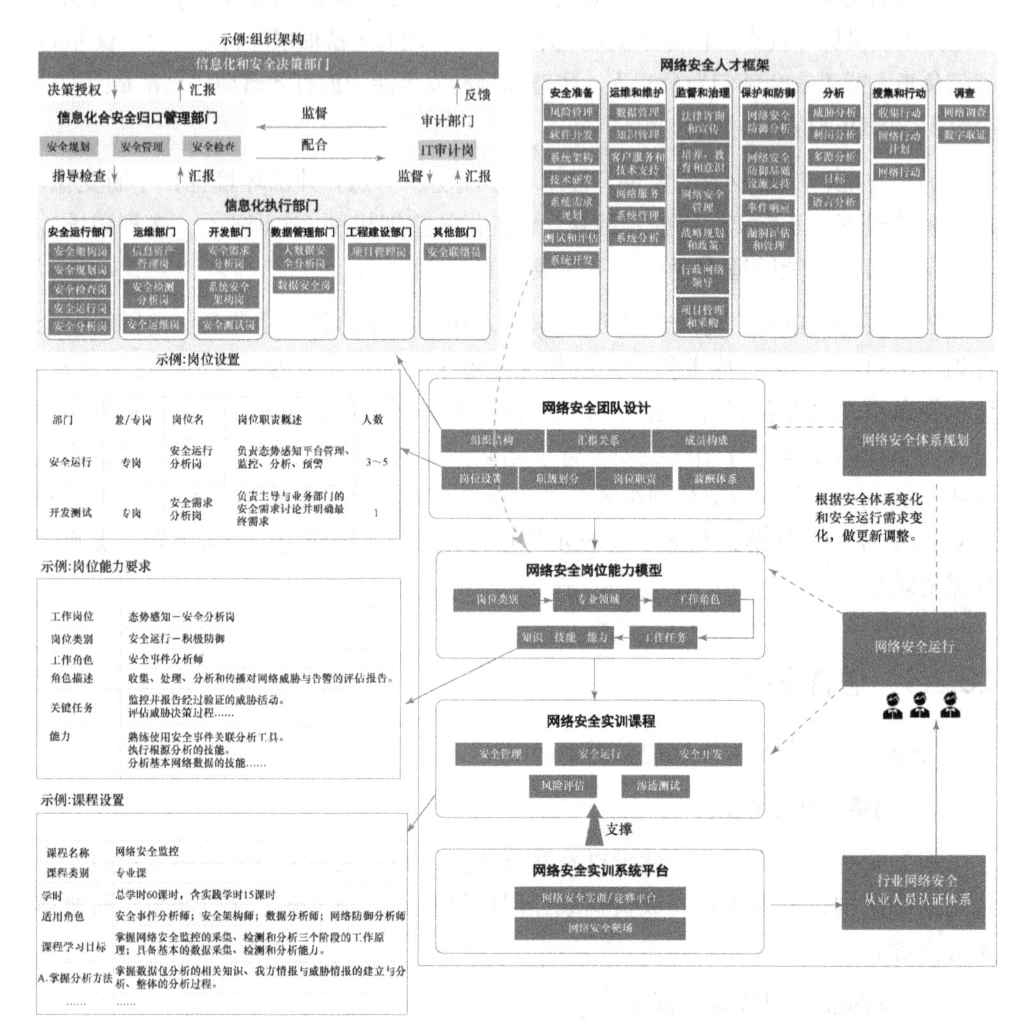

图 16.1 安全人员能力的总体架构

4. 网络安全实训系统平台

建设用于支撑实战场景课程体系的网络安全实训系统。

- 建设用于网络安全学习和实践的网络安全实训/竞赛平台。该平台集知识培训、技能训练、仿真演练、科研测试、攻防对抗、管理考核于一体，可自定义网络拓扑和课程场景，可持续更新实训课程内容。

- 建设用于网络安全实战和应急响应的网络安全实战训练靶场。该靶场可最大程度地仿真用户的真实业务场景，可根据真实攻防案例构建攻防实训场景，可根据网络安全团队的岗位和角色训练团队的整体实战能力。

5．行业网络安全从业人员认证体系

建立不同岗位的人才评价标准，设计符合行业网络安全岗位能力要求的网络安全能力认证体系。对于大型的企业和行业客户，可以建立自己的网络安全从业人员认证体系；对于中小企业，可以根据自身情况选择国家或企业的网络安全认证，如奇安信公司的网络安全工程师认证。从关键岗位开始，逐步实现网络安全人员的持证上岗。规划网络安全人员的职业成长路径，促进从业人员能力的持续提升。

6．网络安全运行和网络安全体系规划

通过上面几个环节，培养出具有实际工作能力的网络安全团队。在实际工作中，当安全体系伴随业务演进发生调整变化时，或安全运行体系对安全人员的岗位和能力提出新的要求时，需要更新岗位设计和能力要求，进一步更新网络安全实训课程的内容和实训平台的场景。这是企业安全人员能力建设闭环的重要一步，只有不断根据实际需要进行调整，才能建设出符合企业需求的安全人员能力。仅依靠外部的培训和学校中的学习是很难做到的，这也是企业要建设有自身特色的安全人员能力的原因。

16.2.4 关键要点

高效建设具有实战能力的网络安全团队涉及两个方面：一是能够根据企业、行业的业务需求和信息化建设要求，设计或选择合适的网络安全从业人员认证体系，同时根据认证体系的要求设计合理的实训课程体系，用于衡量人才水平，为人才培养指明方向；二是能够适应网络安全领域的对抗性特点，提升人员解决实际安全问题的能力（一般通过实训系统或网络靶场等技术平台开展网络安全实战训练）。

1．网络安全从业人员认证体系

对于网络安全从业人员的认证的选择，需要结合企业的实际需求。如 CISP 认证属于大而全的知识体系认证，覆盖面广（但不会太深），可使学员对信息安全有体系化的总体了解。如果需要渗透方面的能力，可以考虑 CISP-PTE 认证考试等。而对于大部分企业需要的安全运营、数据分析等方面的认证，则可以参考奇安信公司推出的网络安全工程师认证。图 16.2 所示为奇安信网络安全工程师认证体系。

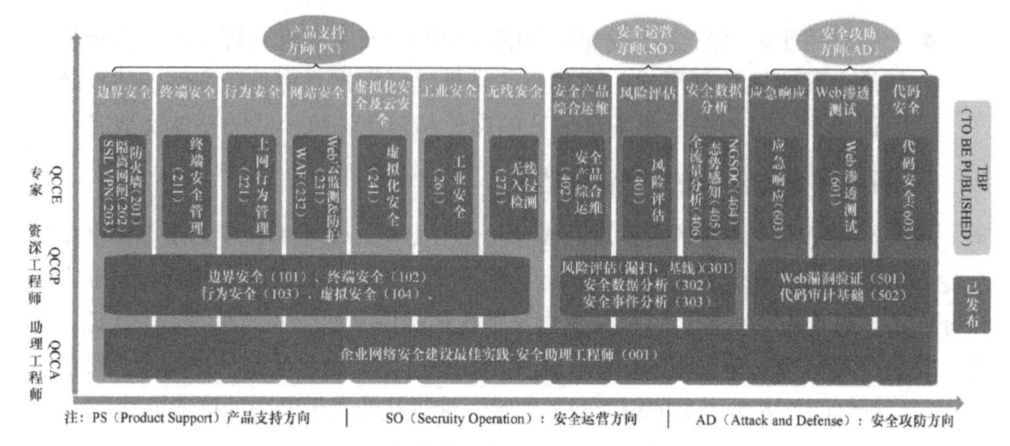

图 16.2　奇安信网络安全工程师认证体系

对于有鲜明行业特色的大型行业，可以与网络安全专业服务厂商一起，设计符合行业特色的从业人员认证体系，以便更好地满足行业的网络安全能力建设需求。图 16.3 所示为某金融机构设计的认证体系。

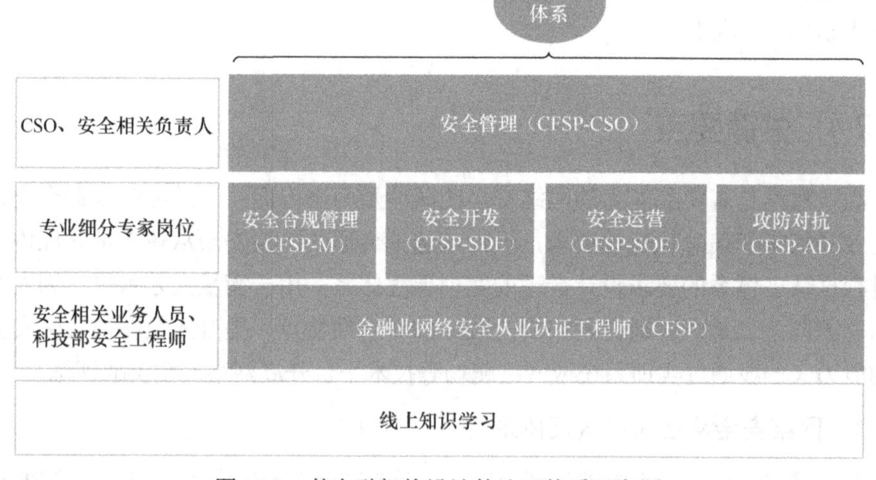

图 16.3　某金融机构设计的认证体系示意图

有了合适的认证体系，就可以根据需求开发建设配套的课程体系。有针对性的课程体系是保障安全人员获得与岗位相适应的能力的重要环节。图 16.4 所示为某金融客户设计的实训课程体系。

内控合规管理实践：低成本合规建设	金融行业信息安全	金融行业最新安全态势、信息安全目标、2019-2020年监管单位合规解读、信息安全与业务和监管的关系
	内控事规管理	风险管理、监督检查、制度管理、业务连续性管理
安全技术实践1	互联网应用安全	Web应用安全、系统安全、网络安全、数据安全、业务安全、DMZ区安全
	移动应用安全	App渗透测试、App安全开发、App业务安全
	数据安全	数据安全治理、终端数据安全、网络数据安全、存储数据安全、应用数据安全、数据脱敏、水印与溯源、UEBA、CASB
	业务安全	业务逻辑漏洞、账号安全、爬虫与反爬虫、API网关防护、钓鱼与反制、大数据风控
	邮件安全	邮箱账号暴力破解、密码泄露、垃圾邮件、邮件钓鱼
安全技术实践2	金融业热点解决方案	DDoS攻击、勒索病毒、补丁管理、堡垒机管理、加密机管理
	内网安全	安全域、终端安全、网络安全、服务器安全、重点应用安全、蜜罐建设
	活动目录安全	常见攻击方式如Kerberoast攻击、内网横向攻击抓取管理员凭证、内网钓鱼与欺骗等；维持权限的各种方式、安全解决方案
	安全资产管理	安全资产管理面临的问题、矩阵式监控
	安全运宫	安全运营概述、安全运营架构、安全运营工具等
	应急响应	事件分类、事件分级、应急流程、PDCERF模型
银行实战化攻防学习实训		攻防学习概述、组织及职责分工、准备阶段、安全自查和整个阶段、攻防学习阶段、正式防护阶段、演习组织及工作规划、银行实战化攻防演习实训重点漏洞分析及防护建议

图 16.4　某金融客户设计的实训课程体系

2. 网络安全实训平台/实战靶场

在确定认证与课程体系后，网络安全知识获取过程中最重要的实操验证就是通过网络安全实训平台（或教学实训靶场）来完成，用以配合学习理论知识，强化实操训练。

在知识、技能、能力（KSA）的体系中，实训平台（或教学实训靶场）是学习网络安全知识，并通过实操、实训把知识转化成技能的平台。而如何将技能转化为能力并积累经验，就需要有场景化的实战演练靶场系统来辅助。场景化的实战演练靶场的定位是在最接近真实的场景中体验真实的攻击，帮助企业安全团队提升安全事件的检测、分析、处置能力。具备完善的教师与学员的角色、丰富的攻防场景、强大的自动化攻击场景定制功能等，这些是选择这类靶场的关键考量因素。

在平台功能及技术方面，为了支撑在统一的硬件平台上满足不同的虚拟演练环境，需要实训平台能柔性、可视化地构建各种仿真业务场景及虚实结合（信息架构下无法虚拟的系统需要硬件接入）的网络环境，且所构建的网络环境与底层支撑硬件平台的拓扑结构无关。支撑平台采用虚拟化技术和 SDN 技术，实现网络虚拟化，并结合基于 OpenFlow 的虚实结合的技术，将实物设备接入到虚拟环境，从而柔性构建出虚实结合的网络环境。通过虚拟化的隔离技术、VLAN 隔离技术以及访问控制技术，可并发支持多个相互隔离的网络环境，从而支持多个用户及多个实验同时进行实训。

16.2.5 预期成效

安全能力建设最终会使企业、机构具备与自身业务和信息化需求相匹配的安全人员能力，能够与企业投资的各种安全设备与安全流程配合，最大程度地保护企业的系统与数据安全。

该过程有两个方面重要的输出成果：

- 在企业内建立一套至少由 CXO 牵头负责的组织机构并设立明确的岗位职责；
- 建立一套可持续运行的实战化、场景化的安全人员培养机制（包括配套的实训课程体系、认证体系等），能够持续地为企业培养相关人才，保障人员安全能力持续稳定的输出。

16.3 安全人员能力建设的方法与要点

16.3.1 总体流程

企业网络安全人员能力建设的内容不仅包含网络安全运行团队人员技术能力的培养和建设，还包含为保障能力有效落地并在企业运行中持续保持，所需要的组织机构、岗位职责等方面的建设，同时还包含全员的安全意识教育。

在图 16.5 所示的安全人员能力提升流程图中，可以概括为以下 3 个方面：

- 网络安全组织机构建设；
- 网络安全人员能力建设；
- 全员网络安全意识教育。

需要说明的是，企业网络安全人员能力的建设，并不意味着所有的能力都要由企业来建设，有些可以依靠外部咨询服务来完成，有些可以通过外包服务达成相应的能力，还有一些则是企业自身必须具备的安全能力。

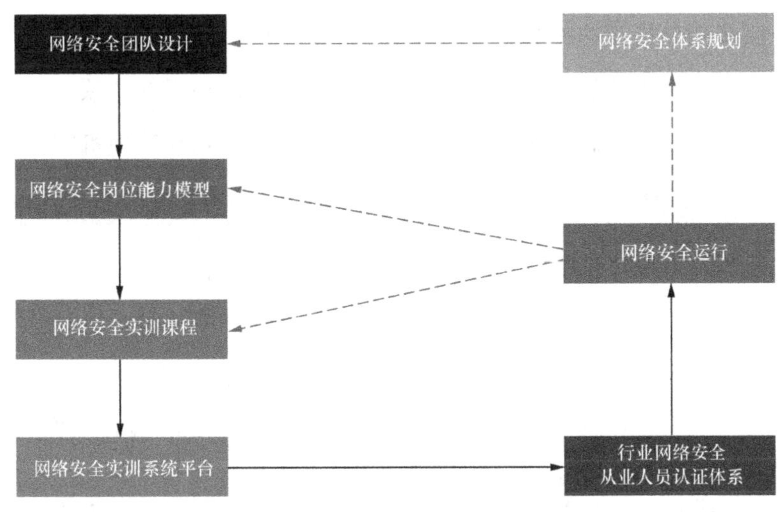

图 16.5 安全人员能力提升流程图

16.3.2 网络安全组织机构建设

1. 网络安全团队设计

作为一个在数字化时代能够保障业务安全有序运转的机构，网络安全团队应基于安全体系规划和安全运行体系，结合信息化体系和人力资源特点，进行系统化设计，使其涵盖组织结构、汇报关系、成员构成、岗位设置、职级划分、岗位职责及薪酬体系等方面。

综合国家相关标准的基本要求，结合企业安全管理实践，一个典型的企业中网络安全组织机构如图 16.6 所示。企业网络安全组织机构一般包含网络安全与信息化决策部门、网络安全归口管理部门、应急处理工作组和网络安全执行部门。

（1）网络安全与信息化决策部门

网络安全与信息化决策部门（如网络安全与信息化领导小组）是网络安全的最高决策机构，负责研究重大事件、落实方针政策和制定总体策略等。该部门的正职由公司负责人担任，副职由公司科技部门的领导担任，公司各部门负责人为小组成员。网络安全与信息化决策部门一般为机构内的虚拟组织，其主要职责如下：

- 根据国家和行业有关信息安全的政策、法律和法规，批准机构信息系统的安全策略和发展规划；
- 确定各有关部门在信息系统安全工作中的职责，领导安全工作的实施；

- 监督安全措施的执行，并对重要安全事件的处理进行决策；
- 指导和检查信息系统安全职能部门及应急处理小组的各项工作；
- 建设和完善信息系统安全的集中管控的组织体系和管理机制。

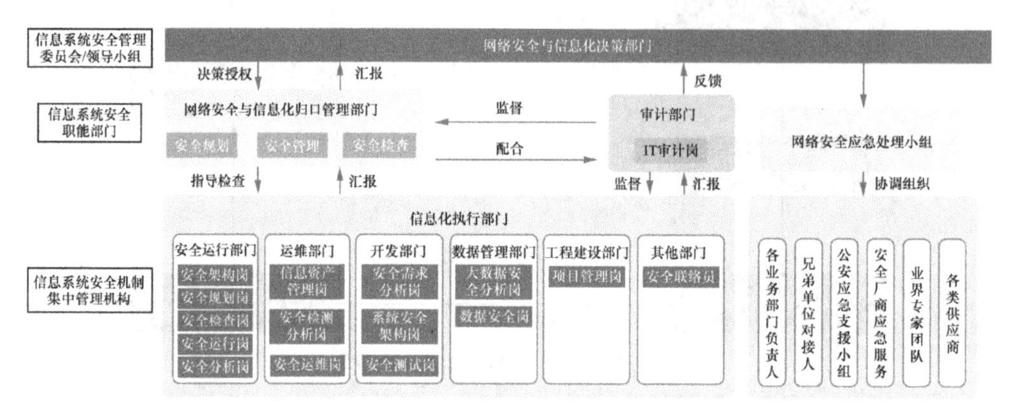

图 16.6 企业网络安全组织机构示意图

（2）网络安全归口管理部门

决策部门下设网络安全归口管理部门（信息安全职能部门）作为日常工作执行机构。网络安全归口管理部门的关键岗位建议专人专岗，不建议兼职。该部门的主要职责如下：

- 根据国家和行业有关信息安全的政策法规，起草组织机构信息系统的安全策略和发展规划；
- 管理机构信息系统安全日常事务，检查和指导下级单位信息系统安全工作；
- 负责或组织安全措施的实施，组织并参加对安全重要事件的处理，监控信息系统安全总体状况，提出安全分析报告；
- 指导和检查各部门和下级单位信息系统安全人员及重要岗位人员的信息系统安全工作；
- 应与有关部门共同组成应急处理小组或协助有关部门建立应急处理小组，以实施相关应急处理工作；
- 管理信息系统安全机制中管理机构的各项工作，实现信息系统安全的集中控制管理；

- 完成信息系统安全领导小组交办的工作，并向领导小组报告机构的信息系统安全工作。

（3）应急处理工作组

应急处理工作组（可作为虚拟组织设立）的组长由信息技术部门负责人担任，成员由信息安全工作组负责人提名，报信息安全领导小组审批。应急处理工作组的主要职责如下：

- 制定、修订公司网络与信息系统的安全应急策略及应急预案；
- 决定相应应急预案的启动，负责现场指挥，并组织相关人员排除故障，恢复系统；
- 每年组织对信息安全应急策略和应急预案进行测试和演练；
- 落实、执行信息安全领导小组安排的有关应急处理的工作。

（4）网络安全执行部门

网络安全归口管理部门下设网络安全执行部门，负责对安全管理员、系统管理员、数据库管理员、网络管理员、重要业务开发人员、系统维护人员、重要业务应用操作人员等信息系统关键岗位人员进行统一管理。

2. 网络安全岗位能力

在安全管理机构及岗位确定后，需要考虑如何培养相应岗位上的人员能力，明确不同岗位的岗位职责、工作流程、能力要求。

网络安全技术岗位的类别及领域划分可以参考 NICE[①]网络空间安全人才框架进行设计，如图 16.7 所示。NICE 网络空间安全人才框架将网络安全从业人员分为 7 个大类、33 个专业领域和 52 个工作角色，并为每个角色设置了应执行的任务（Task），以及应具备的知识、技能和能力（KSA）。

NICE 网络空间安全人才框架像是一部安全人才字典，是内容丰富全面的参考手册，但对于大部分企业来说过于庞大，需要根据企业的实际情况，与专业的安全服务厂商配合，梳理规划出适合企业实际情况的岗位设置。图 16.8 所示为某机构对岗位设置的具体描述。

---

① NICE（美国国家网络安全教育计划）是美国政府出台的一项旨在加强政、产、学各界合作，关注网络安全教育、培训和人力开发的国家级计划。

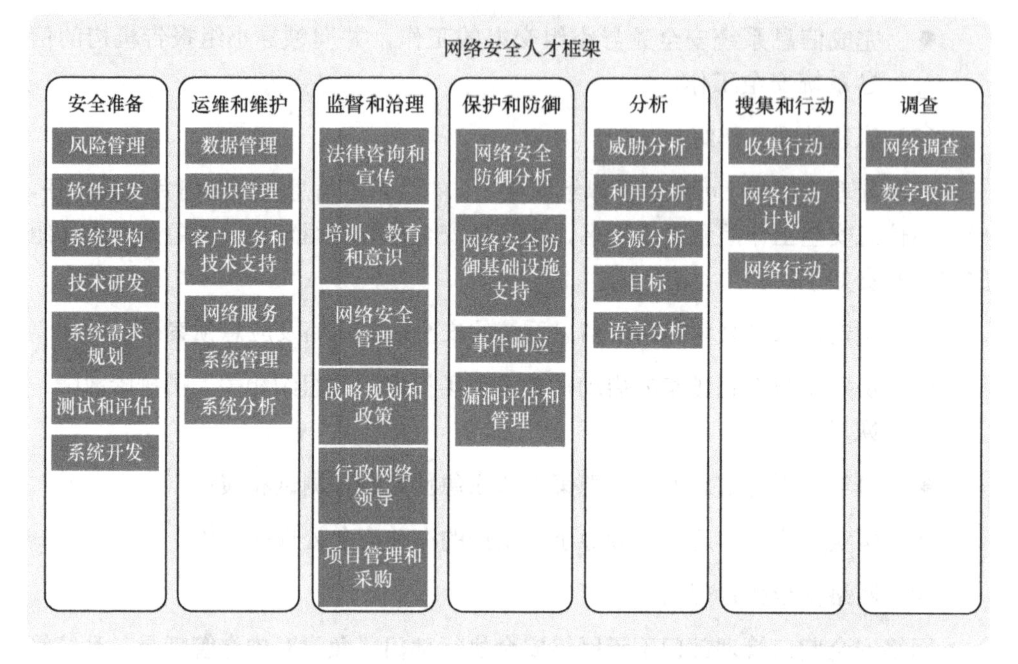

图 16.7 NICE 网络空间安全人才框架（NCWF）中的类别及专业领域

岗位设置（示例）				
部门	兼/专岗	岗位名	岗位职责概述	人数
安全运行	专岗	安全运行分析岗	负责态势感知平台管理、监控、分析、预警	3～5
开发测试	专岗	安全需求分析岗	负责主导与业务部门的安全需求讨论并明确最终需求	1

图 16.8 岗位设置示例

规划出岗位设置即可明确岗位描述，在这个基础上可以梳理出岗位的典型工作任务和工作流程，由此总结提炼出该岗位的通识能力和专业技术技能。后续可以基于这些来规划人员安全能力建设的相关实训课程体系和实训内容的规划，如表 16.1 所示。

表 16.1 岗位职责、工作任务及所需技能梳理示例

序号	职业岗位	岗位描述	典型工作任务	工作过程	通识能力	专业技术技能
1	网络安全运维工程师	主要参与企事业单位网络安全软硬件设备的安装、部署、配置、升级、运行维护与管理；对客户信息系统及服务器进行监控与管理，统计、整理运维数据并撰写安全运维技术文档；关注最新安全动态和安全漏洞，及时提供安全漏洞预警	设备安装	1. 安装前检验设备、确认机房环境 2. 按照网络结构设计布线 3. 设备安装上架、加电、联网调试 4. 设备初始化、检查、基本配置	1. 使用常用办公软件能力 2. 查阅资料、阅读专业文档、撰写技术方案能力	1. 熟悉网络安全相关法律法规 2. 企业网组网技术应用能力 3. 操作系统安装与基础应用能力 4. 网络安全设备的部署和维护能力 5. 网络安全产品的故障排除能力 6. 操作系统安全配置能力 7. 病毒与木马防治基础能力 8. 数据灾备基础能力 9. 网络安全运维综合实践应用能力 10. 网络安全工具软件使用能力 11. 网络流量分析和协议分析能力 12. 漏洞扫描能力 13. 日志收集处理能力 14. 网络安全应急响应能力 15. 云安全技术应用能力
			策略配置优化	1. 客户需求分析 2. 安全策略制定 3. 策略配置、策略优化 4. 监测策略效果，持续优化		
			日常运营	1. 系统状态监控 2. 确认告警信息，排除安全隐患 3. 验证漏洞，制定加固措施 4. 撰写日报、周报		
			安全巡检	1. 执行安全巡检 2. 排查可疑事件 3. 撰写安全巡检报告 4. 处理安全事件 5. 提交巡检报告		
			应急响应	1. 事前预防准备 2. 事中安全检测和事件定位 3. 事后快速恢复 4. 撰写事件报告、应急响应总结 5. 配合安全应急演练		

组织结构及岗位职责规划一旦完成，则不应经常变化，除非业务流程及业务系统发生重大变化。因此网络安全组织结构及岗位职责规划可由企业牵头，借助专业的安全厂商来进行规划。同时，应根据企业的业务特点和人力资源规划，进行科学设计，确定哪些岗位可以通过专业的安全外包服务商来解决，哪些岗位是企业自身必须具备的。

16.3.3 网络安全人员能力建设

1. 网络安全实训课程体系和能力认证体系

在确立组织结构和岗位职责后，最重要的落地工作就是根据岗位职责，结合网络安全人才框架能力模型，确定各个岗位的安全能力要求。然后按照安全能力要求，综合设计网络安全实训课程体系。另外，需要建立不同岗位的人才评价标准，设计符合行业网络安全岗位能力要求的网络安全能力认证体系。

2. 网络安全实训/竞赛平台和实战训练靶场

建设用于网络安全学习和实践的网络安全实训/竞赛平台，以及用于网络安全实战和应急响应的网络安全实战训练靶场，提升人员的网络安全技能和安全团队的实战能力。这是人员安全能力提升的平台支撑。

图 16.9 所示为网络安全人才培养的 4 个主要环节。“理论学习”一般是在学校里进行的系统化的学习，在企业中往往是针对在实训中遇到的理论知识点进行学习。另外，由于网络安全本身的很多操作具有破坏性，或者改变网络防护策略可能会对业务有潜在影响，因此“实网演练”往往不会用于日常的人员实训，只在特定时间的演习中才能执行。由于网络安全本身的实战对抗性以及企业在职人员的团队特性，因此“实操实训”和“靶场演练”这两个环节尤为重要。

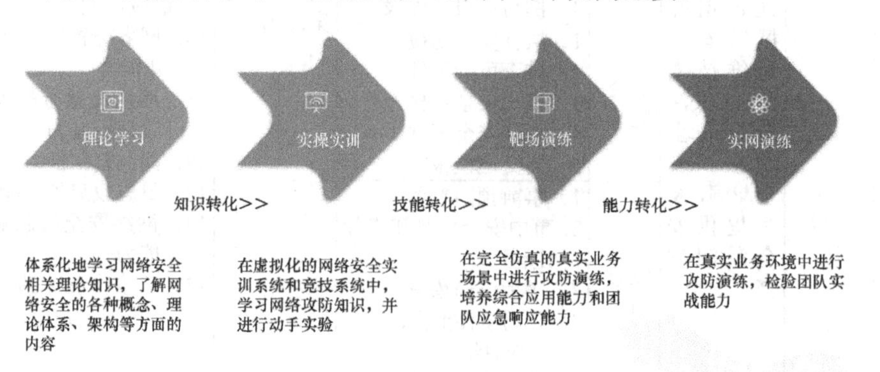

图 16.9 网络安全人才培养的各主要环节

在图 16.10 所示的网络靶场全景图中，“网络安全教学实训靶场”“网络安全竞技靶场”和“场景化实战演练靶场”用于人员安全能力建设，“网络安全综合测试靶场”主要用于科研和测试，“实网演习靶场”主要用于实网攻防演习，一般以服务的方式提供。

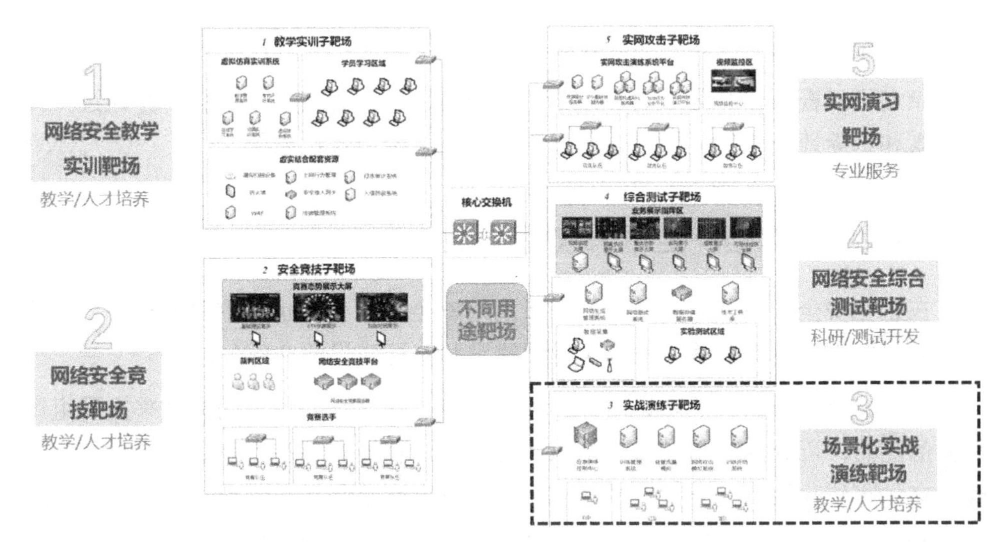

图 16.10 网络靶场全景图

“网络安全教学实训靶场”即我们常说的实训系统，内置了网络攻防、安全运营、云安全、代码安全、网络取证、逆向、安全管理等各个方向的课程、仿真实训环境以及考核评估功能，集成了十多款网络安全产品，可以进行各种网络安全知识的学习和实操训练，可以帮助安全工作人员掌握网络安全方面的各项技能。实训系统以单人学习训练为主，旨在把网络安全相关的知识（Knowledge）转化成技能（Skill）。

“网络安全竞技靶场”可以支持网络安全竞赛，包括常见的 CTF（夺旗赛）和攻防混战等比赛形式。通过举办网络安全竞赛，以赛促学、以赛代练，能够很好地提升企业安全团队的学习积极性，检验学习效果。

与实训系统的知识学习、单人的技能练习，以及竞技系统中专门设计的简单模拟攻防不同，“场景化实战演练靶场”强调在真实的企业场景中，使用真实的安全运营设备，模拟真实的网络攻击，以安全运营团队为组织，进行综合的网络安全应急响应演练。场景化实战演练靶场强调的是场景化、实战化。企业可以根据自己的实际业务的网络情况构建网络靶场的拓扑，把在真实网络中发生的各种网络攻击在靶场环境中重现。受训团队也按照实际工作岗位的情况，分成多个角色，如 SIEM 管理员、FW 管理员、Web 服务管理员等，以团队模式进行演练。通过“场景化实战演练靶场”，安全工作人员可以把所学的知识（Knowledge）、技能（Skill）有效转化为实际的能力（Ability）。“场景化实战演练靶场”的一个重要特性是简单易用，能够快速灵活构建攻击场景，使用户将注意力放在团队训练上，而不是花费大量的时间和人力去建设资源、开发场景、设计流程。

企业可以根据自身需求，建设符合自身特色的课程资源和平台，并通过持续地积累和不断地调整优化，形成自己的安全人员能力建设系统。

16.3.4 全员网络安全意识教育

在企业安全人员能力建设中，全员网络安全意识教育也是重要的一环。企业安全意识能力建设的落地主要包含资源建设和制度建设两个部分。

资源建设针对个人的知识技能和行为反应，通过个人能力的提升来提升组织群体的能力，可分为通用资源和特色资源建设。资源建设在内容形式上包括网络安全文化宣传、网络安全意识在线教育、网络安全攻防场景互动体验、社会工程学威胁演示演练等形式。有效的安全意识测评系统与实战演练项目，能够帮助企业有效量化和评估人员的安全意识学习效果。

制度建设主要是通过组织行为来保证个人能力能够有效提升，从而保障组织的整体安全人员能力。制度建设主要通过在绩效管理中纳入安全意识考核结果，并在岗位职责中明确安全意识能力，有效保障在职级晋升过程中相应岗位的人员具备相应的安全意识能力。

Chapter 17 

第17章 应用安全能力支撑

17.1 数字化转型与业务发展的新要求

17.1.1 数字化转型对应用安全提出新要求

随着产业的不断发展，数字化转型已经逐渐成为各行业发展的必然趋势。企业不再局限于利用信息技术来提升效率和改善用户体验，而是开始利用信息化来改善业务决策、增强创新、促进企业转型，从而确保企业在竞争中获得领先地位。企业信息化也从业务支撑工具逐渐转变成业务运行的基础设施。应用系统基于信息化能力承接业务需求，是企业业务在信息化环境中的投射。应用系统也成为业务需求和信息化技术最主要的结合点，以及企业数字化转型的关键，这也给应用安全提出了更高的要求。

- 快速交付带来的挑战

在数字化转型的背景下，应用开发、运维模式都开始向敏捷模式转变。在敏捷模式下，一个迭代往往在1～2周内完成，应用系统的开发、测试、部署是快速迭代并同时进行的，这对应用系统的安全保障提出了更高的要求。

- 集成中间件的增加带来更多风险

在数字化转型的背景下，应用系统开发团队会更多地使用中间件来提升开发效率。由于集成中间件的增加，软件供应链对应用系统安全性的影响增大，这将给应用系统安全带来更多风险。

- 自动化带来全新的要求

在数字化转型的背景下，应用系统的开发、测试、运维都需要广泛地使用工具和平台来提升自动化水平。在这些应用系统的生命周期内引入的自动化的工具和平台，对安全融入应用系统生命周期提出了全新的要求。

- 应用系统的安全要求不断增强

在数字化转型的背景下，随着网络安全法、密码法、“等保 2.0”的颁布，以及个人信息保护、数据安全相关标准和立法的不断推进，国家、行业对信息化的安全要求不断提升，对应用系统的安全要求也不断加强。与此同时，越来越多的应用系统随业务的发展不再局限于在组织内部使用，而更多地向合作伙伴、用户开放，这也将对应用系统提出了更高的安全要求。

17.1.2 网络安全形势与威胁

在数字化转型的背景下，企业在快速发展业务的同时，也会建立与客户、行业生态间的广泛连接，从而使得企业应用系统的业务价值不断提升。同时，这种变化也要求应用系统在快速适应业务变化的同时，能够与产业生态中的各类软件组件进行广泛交互和深入集成。正是这些业务层面的变化使得应用系统的开发从传统的瀑布模式转向了敏捷开发模式，并引入了包括移动应用、云计算、大数据、物联网、边缘计算、5G 通信、人工智能等在内的一系列新技术，这极大地扩展了企业暴露给外界的攻击面（Attacking Surface），使得企业数字化环境的安全边界逐渐变得模糊，给数字化转型的安全带来严峻挑战。

17.1.3 传统能力的不足

传统的应用开发安全能力支撑在应用架构管控、安全需求、安全能力支撑、安全工具与开发流程的集成方面存在较多问题和不足。

- 应用架构管控不足

在传统的应用开发中，架构管控组织中往往缺乏安全架构师，且安全团队参与的时间较晚。安全团队往往无法及时对应用提出架构层面的安全建议，也难以把安全因素融入到组织的应用架构管控流程中去，导致应用架构缺乏安全视角的有效输入，由此导致安全风险增大，安全能力长期难以提升。

● 缺乏系统化安全需求导入

应用系统安全往往跨越多个层次，涉及各个领域。而传统的应用开发往往缺乏对安全需求系统的梳理和分析，导致缺乏系统化的安全需求导入。

● 组件化安全能力支撑不足

由于缺乏安全基础设施的支持，在身份和认证、数据加密、业务安全、统一日志审计等方面都缺乏必要的支撑，导致各个业务系统的安全能力参差不齐，同时也导致这些方面的安全控制措施难以实施。

● 缺乏与开发流程集成的安全工具

在传统的应用开发中，安全大都通过流程卡点的形式与开发流程集成，实际的安全检查、审核的工作是由安全人员人工执行的，且不便与开发流程中的工具和平台集成。这种缺乏自动化的模式将阻碍敏捷模式下的快速交付。

17.2 什么是应用安全能力支撑

17.2.1 基本概念

应用安全能力是结合应用开发流程，充分考虑敏捷、持续集成、开发运维一体化（DevOps）等应用开发新模式，实现安全防护机制内生于应用系统，保持应用开发敏捷的同时，确保应用建成后满足合规要求，能够对抗风险，实现安全防护机制内生于应用系统的组织能力。这种综合性的组织能力覆盖了应用全生命周期的各个环节，包括应用全生命周期的人员、工具、流程。

17.2.2 设计思想

● 内生安全思想

内生安全是应用安全能力支撑的核心思想，需要将安全工具与应用系统开发、测试、运维的工具和平台进行对接与集成，使安全嵌入到开发乃至运维的每个阶段，实现安全工作的前置，将安全与应用系统的开发、测试、维护进行深度聚合。

● 系统工程思想

应用系统是业务信息化的主要载体，需要运用系统工程的思想，通过业务、应用、数据、技术的多视角分析来充分识别安全需求；通过安全架构规范、安全部署规范、安全基础设施、安全能力组件形成应用安全能力支撑；通过自动化工具、平台的整合，实现与应用系统从开发到运行的全生命周期融合，实现对应用系统各个层面、各个领域、各个阶段的安全能力支撑。

17.2.3　总体架构

应用安全能力支撑需要围绕应用开发流程，在需求分析、架构设计、开发、测试、部署、运行的各个环节将安全内置于应用生命周期的各项活动中，实现安全内生于应用的全生命周期（见图 17.1）。

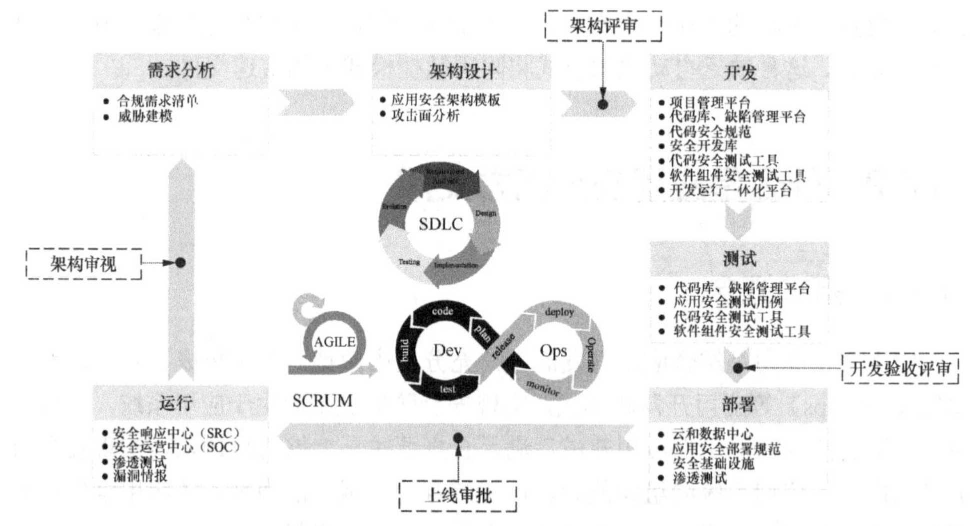

图 17.1　安全能力支撑总体架构

17.2.4　关键技术

● 设计模板化

设计模板化是应用安全能力支撑的重要基础，需要综合业务、应用、数据、技术等多个视角的安全分析，形成安全需求清单、安全架构模板，增强架构管控能力，奠定应用安全持续提升的基础，系统化提升应用安全支撑能力。

● 流程自动化

在数字化转型的背景下，开发运维一体化（DevOps）的敏捷模式将成为主流。

敏捷模式要求构建以工具和平台为基础的自动化持续集成（CI）和持续交付（CD）。在这种敏捷开发的模式下，安全也需要构建安全工具链，实现自动化的安全测试、软件组件分析与检查、代码安全检查。

- 工具集成化

为了确保在应用敏捷交付的同时确保安全，需要加强不同团队间的协作，实现安全措施的前置。这样的融合需要构建覆盖应用生命周期各个环节的安全工具链，并将其与应用持续集成和持续交付的流水线充分集成，促进“人人参与安全，人人为安全负责”安全文化的形成，实现安全与开发、测试、运维流程的深度融合。

17.2.5　预期成效

为了达成这个目标，需要围绕应用开发生命周期，构建应用安全能力支撑体系，优化应用开发流程，在需求确定、架构管控、编码开发、测试评估等环节添加应用开发生命周期安全控制机制。相应地，建立参考了最佳实践且覆盖了安全规范的应用安全通用需求清单；开发可导入安全基础设施防护能力的应用安全架构模板；建设可导入身份管理、特权管理等安全防护能力的开发运维一体化（DevOps）平台；制定代码安全规范，建设与应用缺陷（bug）管理平台打通的代码安全测试工具平台和软件组件分析工具平台；制定应用安全测试用例清单；设立安全应急响应中心，导入漏洞情报，开展渗透测试，建立漏洞评估和修复体系；依托身份安全、密码体系等安全工程，制备身份管理、访问控制、权限执行和密码操作等开发库；通过培训增强应用开发团队的安全意识和能力，使安全成为应用技术团队文化的一部分。

17.3　应用安全能力支撑的方法和要点

为了满足业务的需求，企业将应用系统部署在相应的计算环境中，并通过持续的监控和维护使其能够稳定地对外提供服务，从而实现对业务的支撑。因此，应用安全能力支撑的核心目标是确保企业具备持续获得安全应用系统的能力，以及通过正确的部署、运行来确保应用系统安全性的能力。

企业获取业务所需的应用系统的途径和方法是多种多样的。为了确保能够获得安全的业务系统，企业需要根据应用系统的获取途径（自主开发、购买商业软件等)，在应用生命周期中各个阶段的流程卡点，使用检查列表和检查工具，确保应用安全治理措施的落地；围绕应用系统开发模式（瀑布式开发、敏捷开发），通过集成数据安全、身份安全、业务安全等安全能力组件实现应用系统“内生安全”。除此之外，为了确保企业具有持续获得安全应用系统的能力，需要通过自动化、工具化、平台化使安全内嵌于应用系统生命周期，也需要通过安全治理使安全内嵌于相关应用系统生命周期的组织、流程、文化中。

为了能够将应用系统从软件系统变成实际的业务系统，企业需要将应用系统正确、安全地部署到计算环境中，并通过持续地运维、监控、响应来确保业务系统正常运行。而随着云计算、边缘计算的发展，企业的计算环境已经发生了显著的变化，企业需要结合应用系统的架构特点、应用系统的部署方案，构建适应于应用系统架构和计算环境的业务系统安全架构。除此之外，还应该建立覆盖应用系统及计算环境的实战化安全运行能力，从而确保应用系统的安全运行。

17.3.1 构建应用安全能力

构建应用安全能力，需要充分考虑以下几个方面。

- 应用安全治理

应用安全治理包括协助组织、管理和评估包括人员培养在内的各个层面的与应用安全相关的活动。这些活动包括：确定应用安全目标；规划和分配应用安全相关的组织、角色与职责；规划应用安全流程卡点，确定应用安全相关的预算和评估指标；针对合规要求确定安全控制措施，建立服务水平协议（SLA）等供应链管控措施以确保商业软件的安全；针对应用生命周期中涉及的架构师、开发人员、测试人员、运维人员等各类角色提供意识和专业类的安全培训，并建立相关的认证和考评机制。

- 应用安全情报

应用安全情报涵盖了在企业层面组织、汇集应用安全的相关知识，这些知识用于指导企业内的应用安全实践。这些知识包括：攻击案例、攻击技术、攻击模式、威胁建模等与攻击者相关的知识；合规需求清单、安全需求清单、安全编码规范、应用框架和中间件规范、软件供应商应用安全义务标准等在内的覆盖应用系统生命周期各项相关工作的标准和要求；满足安全需求所需的设计模式、中间件和通用库清单、安全架构模式、安全中间件、安全指南等。

- 应用生命周期安全

应用生命周期安全涵盖了进行应用系统安全分析、保障应用系统安全开发的各项实践，及其相关的流程、工具、文档等，包括：通过架构评审流程结合应用系统的软件架构、应用风险和威胁列表，进行应用系统安全架构分析，制定评估、修复、加固计划；通过代码审查工具结合应用系统特点，制定审查规则，针对应用系统生命周期中不同角色（例如开发人员、测试人员、安全审计人员）使用的工具制作自定义的配置文件来进行分析、跟踪并评估修复结果；把漏洞扫描、模糊性测试（fuzzing）、风险驱动的代码测试、攻击模型的应用、代码覆盖率分析等各种安全性测试与软件工程的标准质量保证（QA）流程、软件发布流程、应用上线流程进行深度融合，并将安全性测试的结果与软件缺陷进行关联和统一的管理。

- 应用安全部署和运行

应用安全部署和运行覆盖了传统的网络安全和应用系统运维组织的各项工作，其中包括通过安全应急响应中心（SRC）面向安全社区和用户收集应用系统的漏洞、安全事件、安全威胁；定期展开渗透测试与红蓝对抗，从应用系统的外部视角和攻击者视角获取应用系统在运行阶段的安全漏洞、安全事件和安全威胁；使用安全基础设施，对应用系统及其所在的计算环境进行监控，建立应用系统安全部署的架构指南和配置指南；建立应用系统和计算环境各个层面的基线（包括静态的配置，也包括动态的指标），然后进行有效的监控，并对安全事件和异常进行及时响应和处置；在配置管理、事件管理、问题管理等关键的流程中充分考虑安全相关的因素，把安全配置、系统补丁、应用升级、应急响应等安全工作与运行维护体系（如，ITIL）进行深度融合。

17.3.2 构建应用安全能力的重点任务

企业应用安全能力的构建可以拆分为以下重点任务。

- 任务 1：建立应用部署规范和检查清单，确保应用按照安全域划分正确地部署在基础设施环境中；建立应用运行环境规范和检查清单，确保应用运行环境正确地使用网络、主机和云基础的安全防护能力，并能够对应用的输入、输出进行监控。
- 任务 2：建立覆盖漏洞情报、漏洞扫描、渗透测试、众测等在内的漏洞收集渠道，并反馈到缺陷（bug）管理平台和安全防护平台；建立漏洞评估和修复体系。

- 任务3：建立应急响应机制，对应用漏洞、安全事件进行及时响应。
- 任务4：提供安全意识和技能培训，确保应用开发、测试人员建立对安全的理解，从而在相关组织中建立良好的安全文化。
- 任务5：优化应用开发流程，在需求确定、架构管控、编码开发、测试评估等环节添加软件开发生命周期（SDLC）安全控制机制。
- 任务6：编写涵盖国家和地方法律/法规、监管要求、行业标准、内部规范的安全合规要求检查表，建立安全通用需求清单，把安全需求导入到应用；编写覆盖身份验证、访问控制、数据管控、密码使用等安全功能的应用安全架构模板，确保应用在架构中导入安全基础能力。
- 任务7：建设涵盖静态应用代码安全测试（SAST）、动态应用代码安全测试（DAST）、交互式应用代码安全测试（ISAT）在内的应用代码安全测试（AST）平台，实现代码安全检查与应用开发测试的聚合；建设软件组件分析（SCA）平台，建立应用开发框架、中间件和通用库清单，结合漏洞情报，提高应用开发框架、中间件和通用库漏洞管理的准确性和效率。
- 任务8：制定应用安全测试用例清单，实现安全与测试的聚合。
- 任务9：建设融合身份管理、特权管理等安全管控措施的开发运维一体化（DevOps）平台，为应用开发团队提供支撑。
- 任务10：建立应用开发框架、中间件和通用库的黑名单，避免应用使用不安全的应用开发框架、中间件和通用库。
- 任务11：定义并制备身份管理、访问控制、权限执行和密码操作等开发库，通过架构模板、开发规范、测试清单等SDLC安全控制机制确保在应用中正确使用。
- 任务12：建立安全需求规范和架构模板的演进机制，根据威胁建模、攻击面分析，结合安全威胁和安全事件数据，在架构层面审视应用安全架构，确保安全通用需求和安全架构模板的演进升级。
- 任务13：更新供应商责任清单，明确供应商对安全漏洞和安全事件的响应义务，要求软件供应商遵循需求确定、架构管控、编码开发、测试评估等环节的SDLC安全控制机制。

Chapter 18 

第18章 物联网安全能力支撑

18.1 物联网支撑企业数字化转型带来新的威胁

物联网于1985年提出[①]，至今经过35年的演进完成了从概念到技术实现的转变，走进了人们日常的生产与生活。越来越多的行业、企业通过引入物联网技术帮助降本提效，实现业务自动化、智能化。物联网发展有三个比较明显的阶段：第一阶段是通信协同阶段，即以实现 M2M[②]为主要目标，机器间通过交换数据实现协同联动；第二阶段是感知使能阶段，以传感器的多元化发展为主要标志，伴随着多种新型传感技术的出现及传感器进一步的微型化，物联网极大地扩展了对现实世界的电子化、数字化感知能力；第三阶段是智能化阶段，随着芯片技术、通信技术、IT 技术的持续发展，物联网从业务智能化扩展到包括接入、组网、故障切换、可靠服务、运维等方方面面的自动化、智能化，极大地降低了人工成本。

在当前物联网向第三阶段智能化过渡、技术应用爆发性增长的环境下，企业如何在引入物联网技术、建设物联网系统的同时遵循安全“三同步”原则，同步

① Peter T. Lewis 于1985年9月在 CBC Foundation 的演讲中提出了物联网的概念。1995年比尔·盖茨在《未来之路》一书中提及物联网概念并使其广为人知。1999年麻省理工学院（MIT）的 Kevin Ashton 教授首次提出了物联网的定义。

② Machine To Machine、Machine To Man、Man To Machine 的统称，但早期含义更聚焦于机器之间的信息交换。

规划、同步建设一套行之有效的机制、体系来保障建成后的业务系统可以安全有序地持续运行，与引入物联网技术来支撑企业数字化转型同样重要。

18.1.1 物联网特性带来安全挑战

得益于通信技术尤其是 5G 的普及，其大带宽、低时延、海量连接的特性为物联网的海量接入、边缘计算提供了承载平台。为了实现海量设备实时智能响应，“边缘”成为物联网基础架构的重点建设目标。在物联网边缘区域，形形色色的海量设备承担了数据的采集、分析、处理工作，甚至包括对指令反馈的响应、动作，使得物联网边缘成为实实在在的现实世界与数字世界的转化边界，也决定了安全对于物联网来讲其意义包含功能安全（Safety）与信息安全（Security）的双重含义。物联网边缘侧的三大典型特征也是解决物联网安全时需要面对的挑战。

- 设备类型碎片化

由于感知层设备往往需要针对业务用途进行定制化，从初级方案到系统选择都需要依据自身业务的多种需求（如业务数据采集、安防监控、运维巡检等）从多个维度进行量身定制，故而形成了感知层大量类型不一、用途不一、性能不一的设备同时存在的情况（亦即碎片化），也无法统一所有感知层设备的终端安全能力。

- 部署泛在化

物联网依靠感知层实现对物理世界的感知、反馈，而一个企业在物理世界中的业务分布也必然不会局限在一个机房内，往往会依据业务需要分布在真实世界广泛的物理空间中。由于技术的限制，对物理世界不同的感知需求也需要不同的传感器来完成。以上两个方面决定了物联网感知层设备必然是依据企业业务的需要而形成多种类传感器共存的情况，且这些传感器需要依据业务覆盖的空间进行泛在部署。这也带来了两个问题：一是泛在化的部署使得在发生安全事件时难以依靠人员进行快速的应急响应处置；二是安全设备的部署成本与安全敏感度[①]之间存在如何平衡的问题。

- 网络异构化

为了实现数据交互，需要考虑通信技术的选择，而物联网技术与 ICT 技术的

① 减少抵近部署的安全设备必然会增加数据路径长度，同时也会降低威胁感知的敏感度。

发展紧密结合，导致物联网的网络架构也随之千变万化。通常需要考虑传感网数据交互频率、带宽需求、网络可靠性、网络可达性等多方面指标，来决定该采用哪种通信方式（如专线、LPWAN、3/4/5G、卫星网络等）进行通信。而感知层设备的离散部署往往又导致物联网边缘侧的接入网络通常会以多种组网方式组合构成，从而导致传统边界安全设备难以适配复杂的异构网络，无法全面、有效地对感知层网络实现安全保障。

18.1.2 物联网安全现状

在物联网发展的过程中，核心驱动力是通过新技术解决业务的自动化，加之在物联网第一阶段、第二阶段，网络安全的概念还处于发展早期，影响力有限，因此无论是设计还是应用几乎不考虑安全因素。然而，伴随着传感器、互联网、大数据、AI 技术的发展，物联网在提升智能程度的同时开始承载越来越多的企业核心数据。

随着网络安全概念日益深入人心，企业逐渐开始在建设、使用物联网时考虑安全保障问题。但是，长期以来不同业务部门根据不同需要引入的大量物联网设备，几乎没有系统化管理，如在设备方面，资产是否在用、状态是否正常、是否存在漏洞等关键信息缺少维护；在网络方面，由于设备多样、责任部门不一、没有统一规划而导致物联网设备混杂接入办公网、服务网，导致拓扑不清，网络出口不清；在设备管理方面，更多依赖设备厂商提供的管理系统，这也导致因多种物联网系统同时运行而带来的的管理、运维复杂性等问题，愈发凸显了物联网设备类型碎片化、部署泛在化、网络异构化带来的安全管理难题。

18.1.3 物联网安全保障能力缺失

经过对物联网系统进行泛化、抽象并结合复杂系统的分析方法进行建模分析后，我们发现，当前绝大多数的物联网边缘安全保障能力缺失，导致当前多数物联网安全规划、建设与安全预期严重脱节，很可能建成后无法切实满足最初的安全目标，甚至在安全事件爆发时防护完全无效。

我们仍然从物联网三大特点出发进行分析：

- 物联网设备类型的碎片化决定了物联网感知层设备无法通过传统上安全的终端安全地以低成本、快速的方式对所有终端设备统一部署端上安全能力并进行管理；

- 网络异构化导致感知层边界模糊，无法通过单一类型的边界防护设备实现感知层边界安全防护；
- 物联网设备的泛在化部署引发了边界防护设备部署成本考量和如何快速有效处置应急响应的难题。

以上三方面因素相互关联，最终迫使很多项目通过降低物联网安全防护预期来保障整体项目建设的可行性。

例如，对于感知层设备，在满足业务需要的前提下，选择成本较低的直接联网方式，业务数据通过互联网再经由企业网互联网入口反向访问服务器实现业务连接，认为业务数据在传输过程中增加加密要求就等同于物联网安全。

在网络安全建设中寻找更加明确的边界进行边界安全设备的部署，例如将准入控制、防火墙、入侵检测等设备部署在汇聚层，认为只要能阻止威胁深入渗透就等同于物联网安全。

在平台层通过大数据方式建设威胁分析平台，认为通过对全域数据的分析实现威胁识别就可以保证物联网安全等。

但是，这些方式的根本问题在于没有认识到相应安全手段在物联网场景下的局限性，例如低成本开发的设备，必然导致设备自身的安全是难以统一、直接管理的，而大量同样设备的存在也使得感知层设备天生就存在批量失陷甚至沦为工具的潜在风险；边界设备的部署难以下沉，更导致了感知层内部东西向流量的无监控状态，进一步导致威胁在感知层横向移动时难以被发现，更没有有效手段进行应急处置；而海量设备的大量数据传输、处理、分析都需要一定的时间，也就导致了以大数据方式进行物联网高级威胁分析的时延通常是以小时为单位的，这也成为留给攻击者在感知层的有效窗口。

综上，物联网安全最缺乏的是在边缘侧贴近数据源的安全保障能力建设。

18.2 什么是物联网安全能力支撑

18.2.1 基本概念

物联网安全能力支撑是针对当前物联网发展阶段，结合企业对物联网建设的泛化模型，以复杂系统的分析方法进行建模、分析后进行安全架构设计而得到的一个安全参考模型。它以建设边缘安全保障能力为主要目标，能够为遵循安全三同步原则进行物联网系统建设，帮助企业认清物联网安全的难点和安全能力需求，并提供可以与企业整体安全架构紧密结合的物联网安全建设参考。

18.2.2 设计思想

物联网安全能力支撑参考模型的核心设计思想是识别物联网安全与传统网络安全的差异所在，通过安全能力的更新、再部署来补齐企业物联网环境的安全保障能力与现实需求的差距。

设计过程则是针对物联网自身特点，以 EA 的设计方法，结合威胁建模、SANS 滑动标尺等多种工具，将安全能力进行细粒度拆解后，用构件化的方式进行能力部署规划。最终目标是实现物联网边缘设备可察、接入可信、风险可知、威胁可控，并具备一定的自学习、自进化能力，能够实现物联网系统全生命周期的安全保障。

18.2.3 参考模型

能力支撑参考模型无法脱离业务而独立存在，所以物联网安全能力支撑参考模型也抽象为端-边-云三层架构，分别为物联网终端基础安全、物联网安全接入平台和云端的物联网统一安全管理平台、物联网大数据威胁分析平台，如图 18.1 所示。

- 物联网终端基础安全

在终端侧通过软件供应链安全管控体系提高物联网设备进入生产环境的安全标准，可以采用固件分析、安全测评相结合的手段，并将相关分析、测评结果导入系统安全平台以补全物联网资产-固件-漏洞关系；建立物联网设备纳管体系，统一接入物联网设备上报数据要求与身份唯一标识运算标准。

- 物联网安全接入平台

通过对威胁感知、设备监控、资产探查、身份验证、日志采集、虚拟补丁、SDN、接入控制、配置管理、固件分发、漏洞感知能力的模块化再部署，建设更适应泛在化部署、多元接入方式的物联网安全接入平台。与密码服务平台、身份管理和访问控制平台实现接入设备的身份鉴权；打通流量、日志、审计信息至数据安全管理与风险分析平台的通道，实现数据协同，提高异常数据识别率；通过主被动结合的资产探查、SDN 与接入控制实现物联网设备的可信接入；通过设备监控、威胁感知、漏洞感知、虚拟补丁、固件分发等能力实现边缘区域的脆弱性防护。

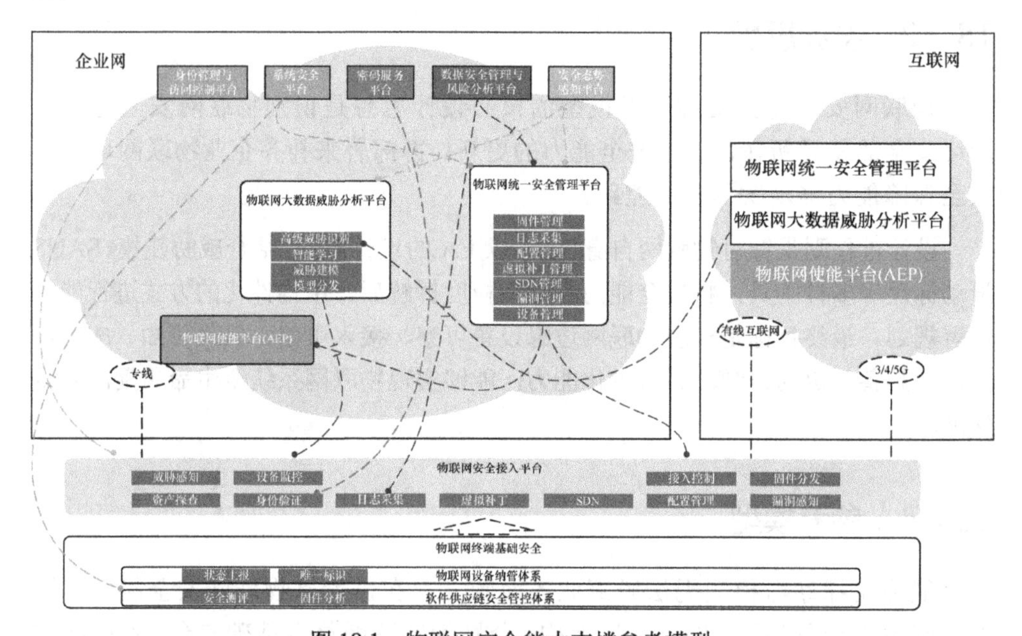

图 18.1　物联网安全能力支撑参考模型

- 物联网大数据威胁分析平台

在云端建设物联网大数据威胁分析平台，实现对全域数据的威胁分析及威胁感知模型的持续迭代，实现全生命周期的威胁感知自进化。

- 物联网统一安全管理平台

通过建设物联网统一安全管理平台实现包括软件定义网络（SDN）在内的全域纳管设备统一策略编排，与态势感知平台协同联动提高安全运维的决策效率；与物联网使能平台打通接口，实现资产设备信息的多源数据互补，为设备管理提供更翔实的数据，最终支撑全域物联网设备全生命周期的安全管理。

18.2.4 关键技术

- 设备唯一标识

实现感知层设备接入的身份鉴别是实现设备接入管控的基本要求，也是未来对接细粒度身份控制的基础。企业需要结合设备硬件特征，通过密码方法实现全域不可仿冒、不可篡改的唯一标识体系，并能够对所有接入设备通过唯一标识进行设备合法性验证。

- SDN

软件定义网络技术可以解决网络异构化带来的接入安全和通信管控难题。软件定义网络通过对物理链路的软件化，在实现安全通信的基础上，通过灵活编排、智能组网来提高传输网络的可靠性。

- 边缘计算

现阶段，物联网感知设备多数出于成本考量而算力有限，而海量设备的接入、智能化响应等需求也决定了物联网自身业务离不开边缘计算技术。在安全层面贴近数据源的边缘计算节点，利用其充足的计算能力实现安全运算是能够切实解决边缘侧威胁识别的有效技术手段。

- 边云协同

边云协同主要是结合边缘计算节点和云计算的优势，战略性地将数据处理进行分层实现以提高数据分析效率。在物联网安全能力支撑参考模型中，边云协同还代表安全运算能力的协同，通过技术手段将云计算威胁建模后部署在边缘计算节点，并由边缘计算节点使用威胁模型对边缘侧数据进行分析，以期在威胁发生的第一时间能够精准识别。

- 人工智能

物联网时代，海量感知设备在边缘侧接入并持续产生数据，想要在靠近数据源的边缘侧对海量多源异构的数据进行持续、智能的监控与分析，以及想在威胁发生的第一时间准确识别并自动选择合适的方式进行处置，人工智能与边缘计算的结合是可靠的技术实现路径。而两者结合的边缘智能演进方向，也是未来物联网设备爆炸性增长后能够保障边缘自治自律的必然发展方向。

- 流量指纹

对于接入设备的识别、行为分析等都依赖于设备特征的可读性，而物联网设备由于其碎片化而导致设备网络流量的辨识度极低，加之加密流量的存在导致在实际场景中基于流量来识别仿冒/篡改设备，识别设备风险动作、感知边缘网络威胁时误报率较高。因此需要对边缘流量指纹的识别进行技术迭代，需要研制新的引擎，并结合人工智能技术提高引擎多维关联分析能力，提高识别准确率。

18.2.5 预期成效

- 边缘设备可察

通过在安全接入平台部署接入管控、SDN、流量指纹等技术，对连接至安全接入平台的物联网设备进行主被动结合的辨识，再结合唯一标识就能够有效识别接入设备的合法性。

- 接入可信

通过安全接入平台与身份管理访问控制平台、系统安全平台之间的联动，可对接入设备的身份、访问权限进行动态鉴权，对于风险设备、非法设备能够进行通信隔离或接入阻断。

- 风险可知

在安全接入平台部署智能引擎，对边缘数据进行持续分析，并通过主被动结合的方式对接入设备进行脆弱性感知，将识别的威胁、脆弱性风险上报至管理平台、态势感知平台，从而做到边缘风险的动态监控。

- 威胁可控

除了可以部署威胁分析能力外，在边缘接入平台可以适当部署边界防护能力，如防火墙、IPS 等，使得与云端管理平台实现基于策略的协同联动后可以有效地实现接入阻断、通信隔离、网络防护、虚拟补丁等不同层次的边缘安全防护。

- 全生命周期安全运营

通过在云端建设统一安全管理平台，对上报的日志、数据进行集中分析，协同大数据威胁分析平台可以支持全域物联网的持续安全运营。不断地通过海量设备的行为、日志对威胁感知模型进行训练、迭代，使得边云协同方式的威胁感知能够在数据驱动下实现持续进化，从而能够保证物联网系统全生命周期的威胁管理能力。

18.3 物联网安全能力支撑建设方法与要点

18.3.1 物联网终端基础安全

1. 建设、健全软件供应链安全管控体系

物联网边缘设备的碎片化是导致物联网安全无法直接套用传统终端安全的直接原因。在设备混杂、可部署安全能力参差不齐的情况下，企业应当使用多种方式来尽量缩短感知层设备的安全能力差距，使“木桶”最短的板长更接近平均长度。

- 企业应当联合设备供应商，在可控范围内对设备的硬件设计、制造提出适当的安全要求。如依据设备预期使用场景考虑增加专用硬件安全模组，以实现硬件级别的 TEE/SE，在强保密需求环境下要求厂家对 MCU、MEMS、FLASH、密码芯片等重要芯片、电路增加电磁屏蔽罩/网[①]等。
- 对设备供应商、系统开发商的设备端系统、应用开发过程的安全保障提出要求，如建立开源组件、第三方组件的版本应用与漏洞风险信息管理机制，对软件供应链进行安全管理，并能够在发生风险时及时整改，条件具备时还应当打通供应商与用户之间的信息通道，使得在风险暴发时能够及时高效地协同用户对已上线设备进行应急响应。
- 建立设备安全符合性测评机制并建设相关系统、平台，对供应商提供的设备进行全面测评（包含硬件和软件）以评估设备是否符合之前对供应商提出的安全设计、开发要求，系统/应用涉及的开源组件、第三方组件版本是否存在漏洞，并要求供应商整改直至符合性达标。

以上三点是通过供应链安全管控的方法让感知层设备进入业务系统的安全基础。

2. 建立物联网设备安全纳管体系

如前所述，因为无法统一感知层设备的端上安全能力，也就意味着在数据层面会有所缺失，所以为了尽可能地补全数据，以支撑上层业务、应用以及安全维度的深入分析，需要能够有效补充终端侧关键信息。而想要实现物联网业务智能

---

① 电磁屏蔽主要是为了防止侧信道攻击。

化的核心技术——边缘计算，也意味着需要在边缘侧进行多维度的数据运算，因而终端关键数据的补全以及异构数据的融合处理成为影响边缘侧数据分析能力的基础因素。

为了能够对海量异构数据实现合理的分层、分布式处理，利用边缘计算节点实现安全数据关联分析，提高边缘威胁感知敏感度，企业应当建立设备纳管标准及相关能力体系。对设备接入的通信协议、通信格式、通信内容进行标准化约束，要求设备接入时提供可与设备管理系统进行设备身份验证的不可篡改的唯一标识，要求设备上报业务感知数据、关键状态信息（如资源占用、进程列表、监听端口等）、与管理和安全关系密切的监控信息。如果涉及通信加密与数据加密的信息，还应当接入统一密钥管理平台以实现边云协同的数据融合处理。

18.3.2 物联网安全接入平台

面对泛在部署的海量感知层设备的接入，利用边缘计算节点将威胁感知与安全管控能力在最贴近数据源的边缘侧落地，是网络安全关口前移思想的战术落地。在面对 5G 和未来通信技术大带宽、低延时、海量接入的特性时，可以通过虚拟化、服务化、AI 技术，在边缘侧构建物联网安全接入平台，来实现设备可信接入、边缘威胁感知、接入设备脆弱性感知、风险缓解。

- 设备可信接入

作为感知层设备的接入节点，可以实时感知设备的接入。通过对接入设备的唯一标识、证书的验证，识别接入设备的合法性。与身份管理与访问控制平台、密码服务平台的对接更可以对设备访问动作、访问对象的接入权限实现动态管控。而结合 SDN 技术建立的动态网络安全通道，进一步保障了数据传输层面的可信、可靠。

- 边缘威胁感知

物联网安全接入平台具有对感知层南北向流量和东西向流量全感知的先天优势，对于符合纳管标准，以及能够部署安全探针的物联网设备，可实现端上数据与边缘流量数据的补全。这使得智能分析引擎利用威胁感知模型能够快速、准确地实现边缘威胁感知，大大地缩短了安全分析的数据路径，提高了数据分析的时效性。

- 接入设备脆弱性感知

通过对边缘流量的多维度关联分析，以及结合主动扫描技术，安全接入平台能够对接入的设备实现漏洞发现、配置脆弱性感知。结合感知设备终端相应信息的上报与获取，能够进一步提升安全接入平台的脆弱性感知能力和识别准确率。

- 风险缓解

使用 NFV（Network Function Virtualization，网络功能虚拟化）技术将防火墙、入侵防御等网络防护功能模块化后再进行部署，可以使物联网安全接入平台具备对边缘风险的基本响应与处置能力。由此实现风险设备的接入阻断和通信隔离，实现威胁流量的网络阻断，以及对漏洞和脆弱性利用的网络特征进行封堵，提供网络层面的虚拟补丁能力，从而提高边缘侧感知设备风险处置的灵活性。物联网安全接入平台亦可作为固件分发、配置管理的代理设备，减轻海量设备对云端服务器的访问压力，提高固件分发、补丁更新的收敛速度及收敛统计准确性。

18.3.3 物联网云端相关平台

- 物联网统一安全管理平台

通过物联网统一安全管理平台实现与物联网管理/使能平台、系统安全平台、数据安全管理与分析平台、安全态势感知平台的横向打通，可以实现企业内部对感知层设备资产漏洞分布情况、运行状态与风险状况的掌握，实现对全域受管设备的统一策略编排、固件分发、虚拟补丁等安全管理能力，并实现与系统安全平台、安全态势感知平台、威胁情报通道的安全响应协同联动，完成架构安全、被动防御、主动防御、威胁情报等安全能力的贯通。

- 物联网大数据威胁分析平台

为了能够在物联网系统全生命周期内持续有效地保障边缘安全，企业还需要结合大数据、态势感知、机器学习、威胁情报等新技术构建上层主动安全能力。大量感知层设备的接入会产生海量的业务、行为、流量等多维度数据，通过机器学习技术，在大数据威胁分析平台对全域数据进行持续分析、建模、训练，以实现设备指纹特征、网络行为、威胁行为识别等感知模型的持续优化。通过对部署在边缘计算节点的感知模型进行持续更新，达成边缘安全保障能力，保持与云端大数据识别能力的同步自进化，进而通过安全态势感知平台打通边缘侧行为、事件与全域安全事件态势的关联，能够进一步提升安全态势感知的时效性和态势判断能力，提高安全决策效率。

Chapter 19 

19

第19章 业务安全能力支撑

19.1 业务转型与业务安全新要求

19.1.1 业务线上化转型成为发展新趋势

移动互联、云计算等新兴技术的广泛应用，推动着企业向数字化转型。伴随着“互联网+”的浪潮，越来越多的企业选择开始业务转型，“业务线上化”成为当前企业发展的主流选择。

伴随着业务线上化的快速发展，制造业将渠道电商化、线上化，以拓展销售边界；政府机关通过在线供应链平台实现线上化采购；服务机构、事业单位构建在线办公平台；金融业以提高客户黏性为核心，全力打造集所有业务为一身的线上应用。除此以外，远程医疗、电子商务、移动支付、在线教育等线上化业务不断进入人们的视野，各式各样的线上业务在颠覆人们与产品互动方式的同时，也改变着人们的生活及行为习惯。

19.1.2 业务线上化发展带来新挑战

- 外部威胁逐渐增多

企业重视自身与终端用户的便捷交互，在为用户带来更方便、更快捷、更强交互感的体验的同时，也不可避免地将自身业务风险暴露在充满威胁的开放式环境中。

随着企业间的营销竞争打破传统的实体边界，向更加开放、更加激烈的线上业务迈进，趋利本能驱动并促生了“地下黑产”的出现。地下黑产专门利用企业业务漏洞、风控不严等缺陷进行牟利，涉及范围之广，几乎横跨各行各业——从游戏业虚假登录注册到电商营销作弊，从社交媒体流量作弊到制造业商业机密外泄，从航空业恶意刷票到政府机关平台数据盗爬。其中，以银行业面临的风险场景最多，涉及申请欺诈、信息泄露、盗卡盗刷、交易欺诈、员工违规等。这些业务风险场景，若无有效风控对抗措施，将严重影响业务开展，并直接导致企业资产、声誉损失。

- 内部威胁日趋严重

除了面对来自外部的业务风险威胁，企业内部员工违规操作带来的业务操作风险、合规风险也不容小觑。企业员工内部欺诈、内外勾结违规操作的行为具有隐蔽性强、持续性久、暴发危害大、造成损失大的特点。尤其是一些隐藏多年、累积甚多的内部风险的暴发，给企业动辄带来上千万甚至上亿元损失，这些损失不仅会直接影响企业的盈利能力，甚至会影响企业业务整体的发展存续，是企业业务推进的一大阻碍。

19.1.3　新形势下的业务安全痛点

- 新技术的发展与融合，不断催生新的业务风险场景

随着业务不断复杂化，多风险场景、组合风险场景正逐渐成为业务风险场景新常态，这使得业务安全也面临不断升级的风险态势，风险形势更加错综复杂。

- 应用技术复杂化不断衍生新的业务安全风险

在技术不断推陈出新的当下，不仅企业会选择运用新型技术为业务赋能，外部攻击者也在持续更新自身技术以突破企业业务安全防护；内部员工在进行违规操作时也会选择更隐蔽、更方便的新技术来隐藏自己的身份。

- 黑产向专业化发展，产业链逐步形成

随着企业线上业务的不断开展，业务场景不断丰富，这给黑产提供的机会也越来越多。新技术的应用缩短了黑产上下游响应时间，消除了地理条件的障碍，再加上精细化分工，上下游产业职责明确，这在极大提升黑产获利效率的同时，也逐步形成了一条完整的产业链。

- 企业内部存在不合理的操作、不可靠的人员、不完善的业务和系统

不合理的操作往往会致使业务风险事件的产生。导致不合理操作的原因主要有三方面：不可靠的人员、不完善的业务、不完善的系统。不可靠的人员是指员工违规导致内部欺诈或与外部不法分子内外勾结，针对业务漏洞进行牟利。不完善的业务主要指因业务开展时风控设计未通过业务视角去发现风险安全问题，以致业务出现风险漏洞，而被内外部欺诈者攻击、利用。不完善的系统是指业务安全系统存在系统漏洞而被内外部欺诈者攻击、利用。面对这些风险，若采取传统的风控管控模式，则不具备动态适应业务发展的能力，极易形成业务安全防控盲区，形成猝不及防、疲于应付的被动局面。

- 业务发展与安全未能有效统一，存在割裂

首先，脱离业务谈合规，风控手段就会僵化，无法适恰业务甚至阻碍业务发展。脱离合规谈业务，业务发展没有合规的保障与约束，极易触碰监管红线，同时也会引起员工合规意识淡漠，导致内部违规事件产生。其次，企业内部数据资源利用不充分，取数难、数据孤岛现象普遍存在。数据无法充分利用，风控效果不佳；数据碎片化导致风险信息碎片化，无法获取内部的一手风险情报，不能及时探知业务风险点，业务保障功能达到瓶颈。最后，业务安全缺乏 AI 技术有效赋能，业务发展与风控应用技术不匹配，无法应对迅速迭代的业务带来的各类风险。

19.1.4 业务安全能力新要求

面对愈加复杂的业务安全态势，传统业务安全措施不断暴露出保障效果不佳、业务流程与风控措施割裂，甚至阻碍业务有序发展等问题。受技术、人员等多方面因素的制约，业务安全工作经常处于一种疲于应付的被动局面。

当传统的泛安全、统一化的风控安全已经不适用于当下迅速发展的业务节奏时，以业务为核心，自洽于自身业务的持续性对抗风险的业务安全能力，将成为衡量一家公司整体安全能力的关键要素。

19.2 什么是业务安全能力

19.2.1 基本概念

企业的业务安全能力，即以保障企业整体业务流程顺畅，帮助企业降低成本、

提升收益，进一步增强企业竞争力为核心目标，以业务中出现或可能出现的风险为场景，基于业务流程中的内生数据，充分利用大数据分析等技术，有效防范企业业务流程中出现的各类内外部风险威胁的持续性业务风险管控、安全保障能力。

19.2.2 能力范围

从广义上划分，在业务开展过程中，针对任何威胁业务的正常开展而采取的风控、安全措施均属于业务安全能力范畴，涉及信用风险、市场风险和操作风险等多方面。狭义上，业务安全能力范围与企业自身业务形态、产品模式高度匹配，多与业务中涉及的欺诈风险、操作风险相关。例如涉及账号管理的业务会存在虚假账号风险，营销活动会遇到营销作弊问题，支付交易业务会存在盗用资金的风险，信用贷款业务会存在违约欺诈风险，基于实名身份开展的业务会存在身份冒用问题，业务人员违规操作会带来操作风险等。

19.2.3 总体架构

业务安全能力体系的构建，以业务流程内生数据为基础，围绕四方面打造企业对抗业务风险的专项能力，即客户信息保护能力、反作弊能力、反欺诈能力及内容识别能力，覆盖业务不同环节，有效管控业务安全风险，如图 19.1 所示。

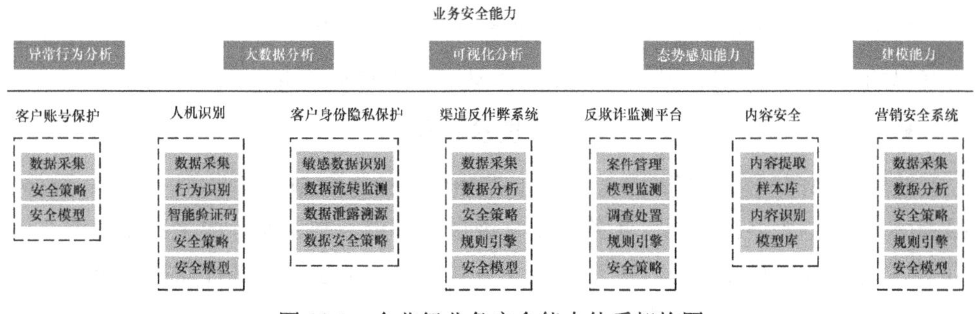

图 19.1　企业级业务安全能力体系架构图

19.2.4 核心技术

- 异常行为分析

通过关联用户活动和相关实体信息来构建人物角色与群组，定义个体与群组的正常行为，然后与不同异常行为个体、群体进行多维度的相互比对分析，将异常行为个体检测出来，从而能够检测出业务欺诈、敏感数据泄露，并能发现内部违规员工、找到有针对性的攻击等。

- 业务全局风险视图

通过业务全局风险视图，针对性地定制风险指标，精准展示各部门业务人员风险轮廓与特征，重点解决决策层面临的风险信息分散、不充分、结构化不高等问题，有效过滤冗杂信息垃圾，帮助决策人员及时掌握业务全流程风险态势，对业务安全风险做到及时预警、及时知晓、及时响应。

- 智能化模型分析

将专家规则“取其精华，去其糟粕”，利用大数据、机器学习技术将模型智能化，这不仅有效满足各类业务需求，而且也能支持后续工作进行智能化的持续迭代。

19.2.5 关键要素

- 充分利用企业内部数据资产

业务衍生的内部数据资源，能充分反映企业目前的业务发展状况、风险态势。利用内生数据和风控安全措施的有效聚合，建立起业务与风控安全统一的关系数据模型，可以打造企业针对自身业务特性以及立足于自己业务安全需求的安全能力。

- 有效发挥大数据分析等AI技术的能力

利用大数据分析等技术，把不同业务环节的数据聚合成一个完整的业务安全数据视图，通过AI智能模型发现隐藏在复杂关系背后的业务安全问题。

- 整合业务、合规、数据、AI技术能力

通过跨部门联动，打破业务安全管控环节的信息壁垒，将业务、合规、数据、AI技术进行能力整合。通过业务视角发现风险问题，利用业务内生数据资源，以AI技术为纽带，充分弥合风控安全与业务发展之间的割裂，进行业务安全一体化流程的重塑。利用内生业务安全能力有效对抗业务发展中出现的未知风险，将被动响应业务风险变为主动预警监测。

19.2.6 预期成效

- 弥合业务风险管理盲点和漏洞

通过建设业务安全能力，充分利用业内数据，以科技手段延伸至以前因各种限制而导致工作未能有效覆盖的区域，帮助发现业务深层隐患，填补业务风险管理漏洞。

- 有效降低由于内外部威胁带来的各类损失

通过建设业务安全能力，做到业务外部威胁及时预警、及时处置，业务内部违规风险实时监测，可知可控，确保覆盖风险盲区，保障企业资产免受、少受影响，将直接损失降至最低。

- 为业务发展“保驾护航”

通过建设业务安全能力，有效提升业务转型及新业务开展工作的效能，及时适应业务变化，弹性配置适合新业务开展的业务安全需求，为新业务的开展与业务转型扫除障碍。

19.3 业务安全能力支撑建设要点

19.3.1 业务支撑要点

- 互联网服务业务领域

主要关注为业务平台嵌入客户账户保护、人机识别组件，接入客户账号保护、人机识别的安全服务，强化注册、登录等环节的安全管控，实现批量注册、虚假账号的识别和拦截。

- 营销业务领域

主要关注建设营销安全系统，在隐私合规的前提下采用大数据智能技术，分析设备、环境、行为等信息，发现并防范刷单、薅羊毛等异常的“黑灰产”行为。

- 操作风险业务领域

重点关注建设反欺诈监测平台，通过大数据分析、可视化分析等技术增强内外部欺诈风险事件的检测能力，通过欺诈风险事件的检测、分析、处置、反馈的闭环流程，完善业务操作风险的防范工作。

- 渠道推广业务领域

在面向渠道推广业务领域，重点关注建设渠道反作弊系统，对抗虚假点击等流量作弊；在面向音视图文等内容业务领域，重点关注为业务平台嵌入内容安全组件，接入内容安全服务，发现并拦截涉恐、涉黄等非法内容，保障平台内容安全及业务合规。

19.3.2 建设技术要点

随着大量企业将业务线上化，越来越多的黑产、不法分子纷纷将目标转向企业的在线业务。企业在面对内外部威胁的同时，还需要将客户身份及隐私信息纳入企业数据安全防护体系，防范客户身份信息泄露和盗用。这也为企业在针对业务安全环节上的技术能力提出了新要求：首先，具有可以全面探知各业务领域风险点的业务风险态势感知能力；其次，具有有效整合内外部数据的大数据分析能力、可视化分析能力；再次，具有对抗内外部威胁的反欺诈情报能力；最后，培养自身不断助力业务发展创新的建模能力。以上 4 种能力是打造企业级业务安全所需的整体技术能力，所需的技术支持会因业务的不同而不同，举例如下。

- 建立账号安全保护机制

重点制备客户账号保护组件，在注册、登录页面嵌入客户账号保护组件，对接注册和登录系统，接入具备识别虚假注册、盗号登录、撞库盗号等安全能力的客户账号保护服务，结合威胁情报输出判定结果并反馈给注册和登录系统处置。

- 配置人机识别组件

将人机识别组件嵌入访问页面，对接业务系统，接入人机识别的安全服务，利用浏览器指纹、用户行为分析、自动浏览器检测等技术结合威胁情报输出判定结果并反馈给业务系统进行拦截，有效解决身份识别问题。

- 构建身份信息防护体系

将涉及客户身份及隐私信息的系统纳入企业数据安全防护体系，利用防护体系中的 API 安全代理、数据访问控制系统、数据脱敏系统加强 API 接口、数据的访问控制，进行数据脱敏，防范客户信息泄露。

- 建设营销活动安全系统

重点制备数据采集组件，在关键业务流程中嵌入数据采集组件，并搜集数据，通过团伙挖掘、异常行为分析等技术建立针对刷单、薅羊毛等异常行为的安全策略和模型并上线，结合威胁情报输出判定结果并反馈给业务系统处置。

- 建设反欺诈监测平台

针对业务中涉及的操作风险问题，应建设反欺诈监测平台，对接业务系统，通过业务访谈提炼业务风险点，利用大数据分析、可视化分析、用户行为分析等技术分析业务数据，结合威胁情报建立安全策略和模型并上线，实现欺诈风险事件的检测、调查分析、响应、反馈等闭环处置。

- 建设渠道反作弊系统

针对渠道推广业务问题，应建设渠道反作弊系统，通过制备数据采集组件，在业务平台添加数据采集组件，采集设备、环境、行为等数据，结合威胁情报建立针对虚假点击等行为的安全策略和模型，对接业务平台，实现作弊行为的实时过滤。

- 构建内容拦截机制

重点制备内容安全组件，为业务平台嵌入内容安全组件，对接业务平台，为接入内容提供安全服务，在发现涉黄、涉恐等非法内容时，结合威胁情报反馈给业务平台进行拦截，从而解决音视图文等内容业务问题。